地球環境論
―― 緑の地球と共に生きる ――

編著／山田 悦
著／山下正和・森家章雄・湯川剛一郎・布施泰朗

電気書院

まえがき

　「環境」の研究に関わり、環境教育、環境マネジメント、廃棄物処理、リスク管理など様々なことを行ってきたが、「環境」と人間、社会との関係を考えさせてくれるきっかけとなったのは、やはり公害、特に水俣病とイタイイタイ病である。環境問題は、公害のように地域規模で特定・固定の原因のものであったが、次第にオゾン層の破壊、地球温暖化など広域化して地球規模の不特定多数の原因によるものになってきている。20世紀末には、1992年にブラジルで「地球サミット」が開催され、1993年には日本で環境基本法が施行され、1997年にはCOP3が京都で開かれるなど、世界中で国際協調により人類は自然と共生し、環境問題を解決しなければならないという気運が高まった。しかし、その後の経済問題、戦争および先進国と発展途上国の意見の違いなどにより、21世紀になってからは、国際会議の開催数に比べて環境問題は進展していない。PM2.5の越境汚染や放射性物質による汚染の問題なども発生してきており、人間の生活スタイルを変革してでも複雑な環境問題を解決していく必要に迫られている。

　本書は、地球環境のこれ以上の悪化を防ぎ、人間の生活を自然環境に調和させ緑の地球を存続させるために何をすべきかを念頭に、環境科学、環境システム学、環境教育、農学などの専門分野の筆者らが講義の経験などをもとに取りまとめたものである。内容は、地球環境の成り立ち、地球科学の基礎、大気、水、森林生態系などにおける地域・地球環境問題の原因、影響および対策、化学物質と環境、農業と環境、廃棄物問題、エネルギー問題などから構成され、特に人口密集により様々な環境問題を凝集している都市環境、環境マネジメントなど国際的な取り組みをそれぞれ独立した章としている。

　本書では、田中正造やレイチェル・カーソンなど環境問題の提起に大きな役割を果たした人たちの業績を紹介すると共に、環境問題の複雑さをも詳細に説明している。環境問題解決のために、個人個人は何ができるか、今後何をすべきかを考える一助になることを願っている。

　本書を出版するにあたり色々とお世話いただいた㈱電気書院の田中和子さんには、心よりお礼申し上げる。

2014年3月

　　　　　　　　　　　　　　　　　　　　　　編著者　　　山田　悦

目　次

まえがき

第1章　地球環境の成り立ち —————————— 1

1.1　宇宙における地球と人間〜宇宙の進化と元素の合成　1
1.2　地球の歴史と生物の進化　7

第2章　地球科学の基礎 ———————————— 18

2.1　大気圏、水圏と固体地球　18
2.2　生物圏の概観　24

第3章　大気環境 ——————————————— 32

3.1　地球大気の形成　32
3.2　現在の地球大気　34
3.3　大気汚染の歴史　36
3.4　地球規模の大気環境汚染　39
3.5　黄砂、PM2.5など中国大陸からの越境汚染　40

第4章　地球温暖化 —————————————— 43

4.1　「地球温暖化問題」の難しさ　43
4.2　CO_2以外の温室効果ガス　52
4.3　アレニウスから気候変動に関する政府間パネル（IPCC）まで　55
4.4　最後に　62

第5章 オゾン層の破壊 ———— 64

- 5.1 オゾン層破壊の問題とは　64
- 5.2 オゾン層とは　65
- 5.3 紫外線とは　66
- 5.4 フロンの性質とその用途　67
- 5.5 大気中のフロンの観測　68
- 5.6 フロンによるオゾン層破壊のメカニズム　69
- 5.7 南極オゾンホールの出現　71
- 5.8 フロン原因説の疑問点　72
- 5.9 今、フロンはどうなっている　73
- 5.10 本当の原因はまだわからない　75

第6章 酸性雨 ———— 76

- 6.1 酸性雨とは　76
- 6.2 酸性雨の生成　77
- 6.3 日本における酸性雨とその影響　79
- 6.4 世界における酸性雨とその影響　82
- 6.5 酸性雨の原因物質（SO_2、NO_x）の排出源　87
- 6.6 酸性雨対策　89

第7章 水環境 ———— 91

- 7.1 地球上の水　91
- 7.2 水と文明　92
- 7.3 日本における1945年以後の水環境　94
- 7.4 湖沼・河川水の水環境　95
- 7.5 生活排水対策　103
- 7.6 下水道　104
- 7.7 水道水中のトリハロメタン　107

- *7.8* 地下水汚染　110
- *7.9* 海洋環境・海洋汚染　112
- *7.10* 水資源の危機とその対策　116

第8章　化学物質と環境　118

- *8.1* 水銀による環境汚染　118
- *8.2* 農薬による環境汚染　119
- *8.3* 有機ハロゲン化合物の環境への影響　121
- *8.4* 環境ホルモン（内分泌かく乱物質）　124
- *8.5* 環境汚染とリスク評価　126
- *8.6* 化学物質の規制　129

第9章　生物の多様性　130

- *9.1* 生物圏の環境問題　130
- *9.2* 森林破壊　132
- *9.3* 砂漠化　134
- *9.4* 野生生物種の減少　135
- *9.5* 生物多様性の保全　137

第10章　農業と環境　139

- *10.1* 農業生産をめぐる状況　139
- *10.2* 農業の持つ環境保全的機能　141
- *10.3* 農業による環境負荷と環境保全型農業　142
- *10.4* 農薬の使用規制と環境保全　147
- *10.5* 農業環境と食品の安全　151
- *10.6* 放射能汚染対策　152
- *10.7* 遺伝子組み換え作物　153
- *10.8* 食品産業における環境負荷軽減の努力　155

第11章　都市環境 ——————————— 157

- *11.1* 都市の人口増加　157
- *11.2* 都市の気温上昇とヒートアイランド現象　158
- *11.3* 地下水位の低下と都市型水害　163
- *11.4* 都市の騒音・振動問題　164
- *11.5* その他の問題　165

第12章　廃棄物問題 ——————————— 166

- *12.1* ごみの種類　166
- *12.2* ごみの処理方法　168
- *12.3* ごみの再資源化　171

第13章　エネルギー問題 ——————————— 178

- *13.1* エネルギー問題とは何か　178
- *13.2* エネルギーとは　179
- *13.3* 石油はあと何年分あるのか　180
- *13.4* 確認埋蔵量と可採年数　181
- *13.5* 変遷する石油の可採年数　181
- *13.6* 日本のエネルギー事情　183
- *13.7* エネルギー問題と地球温暖化　183
- *13.8* 原子力発電について　184
- *13.9* 原子力発電の問題点　185
- *13.10* 核廃棄物の問題　186
- *13.11* チェルノブイリ事故のその後　187
- *13.12* 使用済み核燃料の中間貯蔵施設　187
- *13.13* 水力発電の世界的な現状と一つの結末　188
- *13.14* 新しいエネルギーについて　190
- *13.15* 風力発電はどうなのか　191

- *13.16* 太陽光発電の今後の可能性　193
- *13.17* 水素エネルギーについて　194
- *13.18* 終わりに　195

第*14*章　環境管理など国際的な取り組み ─── 196

- *14.1* 環境マネジメントシステム（ISO14001）　196
- *14.2* CSR　202
- *14.3* 環境報告書　205
- *14.4* 環境に関連する法律　206
- *14.5* その他の国際的な取り組み　209

参考文献 ─── 213

索　引

第1章
地球環境の成り立ち

　地球環境とは、一般的に、人間あるいは生物を主体とする地球レベルの環境の状態をさす。人間を他生物と峻別し、仮に地球環境の主体とすると、46億年にわたる地球史のごく最近の期間のみ対象ということになってしまう。現生人類は、約40億年の生物進化史を踏まえて生み出された地球生物圏の新参者であり、最近縁の現生類人猿と分かれて700〜800万年にすぎないからだ。したがって地球環境は、主体を生物として考察する方が包括的にとらえることができるのである。ここでは、地球と生命存在のもととなる宇宙の進化と物質の起源、ならびに地球環境の歴史、生命の誕生と進化について概説する。

1.1　宇宙における地球と人間〜宇宙の進化と元素の合成

1.1.1　「宇宙の中心」の変遷

　本節では、宇宙観、物質観をも含めた壮大な自然像の認識から出発する。人間を含めた生物集団をはじめ、地球上のすべての事物はもちろんのこと、大宇宙に存在する万物の実体は物質によって構成されているからである。では、物質はいつ、どこでどのように創られたのか。その問いに答えるには、宇宙の歴史に関して集積されてきたこれまでの多くの研究成果を踏まえなければならない。

　太陽を中心とする地動説は、紀元前3世紀、古代ギリシアの天文学者アリスタルコスが唱えたが、支持者を得られず、忘れ去られた。そして16世紀にコペルニクスが登場するまで、人間の存在基盤である地球が宇宙の中心ととらえられていた。この天動説宇宙はアリストテレスによって体系化され、2世紀、プトレマイオス著『アルマゲスト』で数学的に整備、集大成された。コペルニクスが亡くなった直後に出版された『天球の回転について』（1543年）をきっかけに、ガリレオの宗教裁判（1633年）など紆余曲折を経ながらも、天動説から地動説への転換により、宇宙の中心は地球から太陽に変わった。ガリレオ以来、天体望遠鏡が発展するにつれて、人間はより遠くの宇宙

を観測できるようになり、われわれの太陽は天の川銀河を構成する恒星群のありふれた一員であり、かつ天の川銀河の中心でもないことが明らかになった。セファイド型変光星を利用して地球から遠くの天体までの距離を正確に測定できるようになり、アンドロメダ大星雲M31が天の川銀河の外側にある別の銀河であることが判明した。宇宙は、無数の銀河が散らばる果てしなく広大な世界だったのである。われわれの天の川銀河は、大宇宙に無数に存在する銀河の一つにすぎない。

　銀河の観測では、光のドップラー効果による赤方偏移の傾向から、遠くの銀河ほど、地球からより速く遠ざかっており、その距離と速度に比例関係のあることが発見された（1929年）。このハッブルの法則により、「宇宙は永遠不変」という従来の宇宙観は覆され、「宇宙は爆発的な勢いで等方的に膨張している」と認識されるようになった。ここで等方的とは特別な中心をもたないことを意味しており、天の川銀河は宇宙の中心ではない、といえる。宇宙全体の大きさは不明だが、これまで観測された最も遠い天体からの光は、地球に届くまで130億年ほどかかっているのである。

1.1.2　宇宙には始まりがあった

　現在の宇宙が膨張し続けているということは、時間を過去に溯ると宇宙はどんどん収縮し、極限では超高温で超高密度の状態に収束することになる。われわれの宇宙は、灼熱状態の小さな火の玉が大爆発するように急激な膨張を始めることで誕生した、というビッグバン宇宙論が1948年、ガモフによって提唱された。これは、宇宙は点から始まるというルメートルの先行理論を踏まえたものであった。当初は宇宙膨張の解釈について、空間的にも時間的にも宇宙は一様だとする定常宇宙論でも成立しうるという学説も出され、論争が続いていた。ビッグバンの第一の証拠は、ハッブルの法則で既述した宇宙の一様膨張である。第二の証拠は、宇宙のどこを分析してもほぼ同じ割合（質量比27%程度）のヘリウムが含まれていることである。ガモフの理論では、ビッグバンの直後にヘリウム原子核が大量に生成する、と説明しているからである。第三の証拠として、1964年、宇宙のあらゆる方向から地球に届くかすかなマイクロ波、宇宙背景放射が発見されたことで、ビッグバン理論は確固たる定説となった。宇宙背景放射はビッグバンの名残の光とみなされ、絶対温度2.7 Kの黒体放射に相当するものである。

ビッグバンの前の宇宙はどういう状態だったのか。現在、もっとも有力視されている仮説は、ほとんど大きさのない微視的な宇宙が巨視的スケールまで猛烈に加速膨張するという、インフレーション宇宙モデルである。インフレーションが起こる前の段階はよくわかっていないが、ある仮説では、時間も空間も存在しない量子論的な「無のゆらぎ」から、宇宙は誕生したという。

1.1.3　ビッグバン元素合成

　ビッグバンが始まると光子を含む大量の素粒子が生まれた。素粒子は、電子と陽電子、アップクォークと反アップクォークのように、「粒子」と「反粒子」とでペアの関係になっているものが多い。粒子と反粒子は、出会うと対消滅し、光子のような軽い粒子を生成する。ビッグバンでは粒子の方が反粒子よりも 10 億個に 1 個程度多くできたので、粒子だけが残り、現在の宇宙の物質のもとになったと考えられている。

　超高温の宇宙が膨張しながら冷えていく過程で、クォーク同士が結びついて陽子（水素 ^1H の原子核）や中性子ができた。さらに陽子と中性子が集まって原子核を生成するという、宇宙誕生直後約 3 分間のビッグバン元素合成の結果、^1H, ^2H, ^3He, ^4He, ^6Li, ^7Li, ^9Be などの軽い元素がつくられたと考えられている。生まれた原子核の総数のうち、リチウム、ベリリウムはごくわずかであり、水素が 92%、ヘリウムが 8% を占めていた。

　原子核生成後も、宇宙はまだまだ高温だったので、電子は大量に自由に飛び交っていた。光子はこの電子と繰り返し衝突するため直進できず、宇宙は霧がかかったように遠くまで見通せない不透明な世界だったのである。宇宙誕生から約 37 万年後、宇宙の温度が約 3,000 K まで下がると、電子は原子核にとらえられて「原子」となり、光は電子に邪魔されずに直進できるようになった。「宇宙の晴れ上がり」と呼ばれるこの段階に至り、宇宙は初めて遠くまで見通せるようになったのである。

1.1.4　宇宙の進化と重い元素の合成

　2013 年 3 月、欧州宇宙機関（ESA）の宇宙背景放射観測機プランクによる観測データに基づき、宇宙の年齢は従来の約 137 億年から約 138 億年に書き換えられた。また、「われわれにいま見える宇宙」の現在の半径は、約 450 億光年とされている。宇宙の歴史をみる、それは時間の経過と空間の広がり

の中で、物質やエネルギーとしてわれわれがイメージしている宇宙の成分がどのような変貌を遂げてきたのか、どんな場面があったのかを眺望することである。国立天文台の縣 秀彦らによって取り組まれたプロジェクトは、「一家に1枚宇宙図2007」を完成させ、宇宙進化の科学的「曼荼羅」を提示、普及させた。ここでは、観測機プランクの発表データに基づく改訂も加わった最新版宇宙図に掲載された数字を採用して、「宇宙の晴れ上がり」以降の展開をみていく。

約131億年前には銀河が存在していたことが観測されているので、原子同士が集合して塊になった天体「星」、それが巨大化し中心で核融合反応を起こして光り輝くまでになった「恒星」が最初に誕生したのはもっと以前である。それはビッグバンから約2億年後だった、と観測から示唆されたとの報告がある。

銀河は宇宙空間に網の目状に分布しており、その原因は「ダークマター(暗黒物質)」の空間分布に濃淡のゆらぎがあったためと考えられている。ダークマターは、重力は働くが直接観測できない未だ正体不明の物質である。宇宙の膨張はビッグバン以来減速し続けていると考えられていたが、近年の観測により、60億年ほど前から加速に転じ、現在も加速膨張を続けていることがわかった。この加速膨張の原因として、謎のエネルギー「ダークエネルギー(暗黒エネルギー)」の存在が明らかになった。現在わかっている宇宙の構成成分は、約68%がダークエネルギー、約27%がダークマターであり、われわれ自身や周りに観測しうるすべてのものの基本成分である普通の「元素」は5%程度にすぎないのである。

ともあれ、環境を語る世界も含め、われわれが扱う通常の物質は、100種類余りの元素を基本構成要素としている。ビッグバンの後、元素合成はどのように展開されたのか、ここでまとめておこう。

「宇宙の晴れ上がり」以降、生成して空間に散らばった原子やそれが結合してできた分子のガス、ダストは、物質間に働く引力によって集まり高濃度の分子雲を形成する。この雲は成長するにつれ、自身の重力で圧縮されて密度が上がり、丸い塊に凝縮される。塊が成長して内部にかかる重力が大きくなるにつれ、発熱して温度も上がる。塊の質量がわれわれの太陽の8%程度を超えると、中心の温度が1,000万Kに上昇して水素の核融合反応が始まり、ヘリウムの生成と共に莫大なエネルギーが生み出される。その結果、こ

の塊は強烈な光を放って輝き始める。

これが主系列星と呼ばれる最もありふれた恒星の誕生であり、太陽もこうして生まれたと考えられている。質量が太陽の0.46倍以下の恒星は水素からヘリウムへの核融合が起こるだけであるが、太陽質量（$M_☉$）の0.46〜8倍の恒星では、水素から合成されたヘリウムがさらに核融合を起こして炭素や酸素のような重い元素ができる。質量の大きい星になるほど核融合反応はさらに重い元素を合成する段階に進むことが可能となる。8〜10 $M_☉$の恒星では、ネオンやマグネシウムの合成まで進む。10 $M_☉$以上の恒星の内部ではさらに温度が上がってケイ素や硫黄など、より重い元素の合成が可能になる。こうして原子番号26の鉄まで合成される。鉄56の原子核はあらゆる原子の中で最も安定なため、通常の核融合反応ではこれ以上重い元素を合成できない。ただし、s過程と呼ばれるプロセスにより、原子番号82の鉛、83のビスマスまで合成されることがある。恒星は段階的に重い元素を合成し、進化していくにつれて重元素の層が順番に積み重なった「タマネギ構造」となる（図1-1）。

なお、ホウ素10のように、軽くて安定な原子核でありながら、ビッグバンでも恒星内部の核融合でも合成されないものがある。これらは宇宙空間にある炭素や酸素の原子核が高エネルギー宇宙線（陽子線など）の衝突で壊れる際に、その破片としてつくられると考えられている。

太陽質量の0.08倍から8倍程度までの恒星は、可能な核融合反応を終えようとする最後の段階で外層がぼやけて宇宙空間に流出し、惑星状星雲となる。中心は残り火のような白色矮星となる。太陽より8倍程度以上重い恒星は、内部での核融合がそれ以上進まなくなると、超新星爆発と呼ばれる劇的な最後を迎え、芯のところに中性子星あるいはブラックホールが生成したりする。超新星爆発の衝撃によって大量の中性子が生成し、既存の原子核に吸収されると、鉄より重い銀や金などの重元素が合成される。さらにはビスマスより重いウランなどの不安定な（すなわち放射性の）原子核も無理やりつくられる。超新星爆発は、星でつくられた元素が宇宙空間に撒き散らされるプロセスとしても、最も重要と考えられている。超新星の遺産は次の世代に生まれる恒星や惑星の材料に取り込まれることになるのである。実際、ビッグバンから90億年以上経って誕生したわれわれの太陽は、地球と同様に天然元素のすべてを含んでいる。太陽光線の連続スペクトルに現れる無数の暗

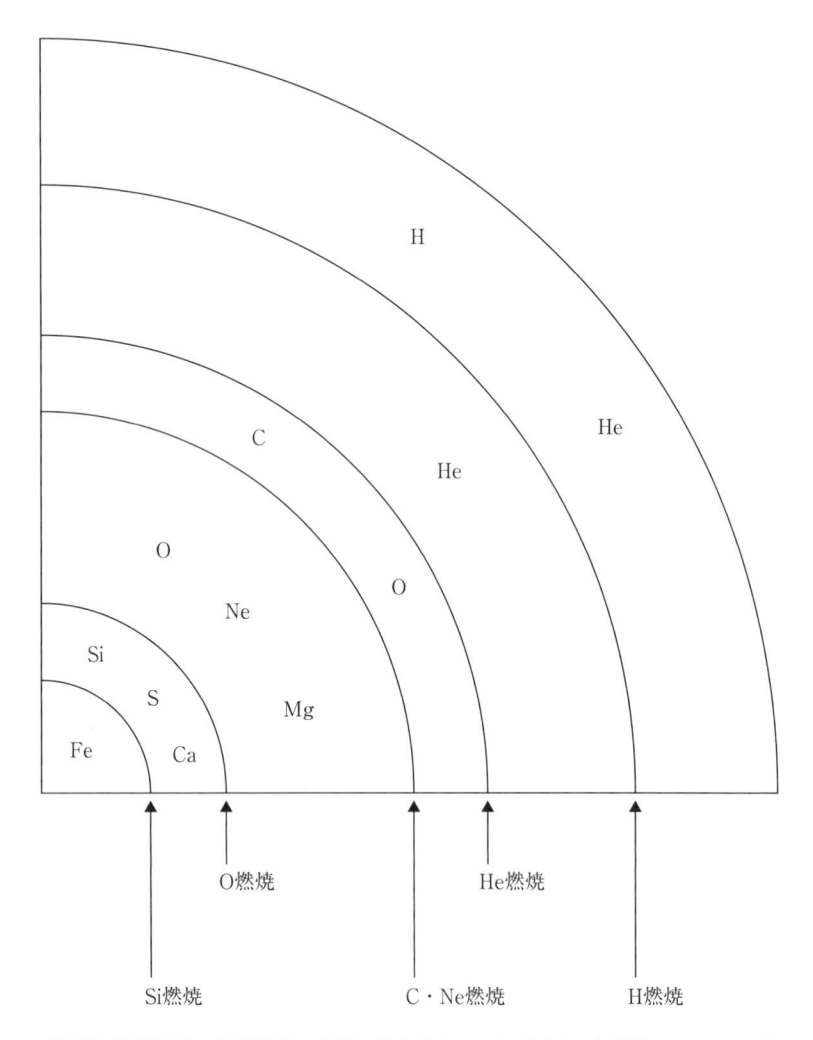

(出典) 望月優子, 佐藤勝彦：人類の住む宇宙, 3章「元素の起源」, p. 121, 日本評論社, 2007 をもとに筆者作成

図 1-1　恒星内部のタマネギ構造（断面の概念図）

質量が太陽の 20 倍の恒星が進化の終末段階でもつ内部の化学組成。各層内では表示された元素が多く存在する。矢印で示された各層間の燃焼過程では，主に表示された元素の核融合反応が進んでいる。スケールを忠実に再現したものではないことに注意。

線（フラウンホーファー線）はその証である。

　星は核融合反応を行う物質製造機、いわば巨大な天然の原子炉であり、これが誕生・進化し、時には超新星爆発を伴う世代交代を繰り返すことによって、重い元素はビッグバン以来、徐々に宇宙に生成・蓄積してきた。今日、ヘリウムよりも重い元素は原子の個数として宇宙のわずか0.1％を占めているだけであるが、これらによって初めて地球のような固い惑星や、生物、人間の存在も可能となった。われわれ自身の構成物質や周辺環境にある必要あるいは有益な物質はもちろんのこと、不要あるいは有害な物質も、すべて元をたどれば等しくビッグバンや星の子孫であり、宇宙の塵から誕生したのである。

　ここまで、天然に存在する原子番号92のウラン付近まで、元素の起源をたどってきた。しかしながら元素の周期表には、未公認のものも含めると118番元素まで掲載されている。加速器によって人工的に合成された超ウラン元素が20数種類知られているからである。これらはすべて放射性元素であり、原子力利用に伴って生成することで、環境汚染を招く恐れがある。

1.2　地球の歴史と生物の進化

1.2.1　生命の誕生と進化に必要な惑星環境の条件とは

　地球上に生命が発生し40億年かけて人類にまで進化するためには、惑星環境にいくつもの幸運がそろわねばならなかった。まず、宇宙の中の地球環境として現在考えられている要件から考えることにする。

　わが太陽系誕生以前に、星の進化や超新星爆発などによる元素の生成・蓄積が十分に進み、地球の構成材料として生体必須元素がすべて取り込まれ、各必要量も満たされていたこと。現状の地球は物質的に有限な孤立循環系とみなされるので、この要件は必須である。地球型生命に不可欠の水が液体として十分に存在すること、それを受けとめる表面をもつ岩石型惑星であることも特記しておこう。

　地球生物界にとっての太陽の直接的存在意義は、そのエネルギー源のほとんどを太陽の核融合反応に由来する放射エネルギーから得ている点である。太陽放射エネルギーの主成分は波長400〜1,000 nmの可視・赤外領域である。緑色植物の光合成には可視光線が必須であり、地表付近を生命活動に適

した温度に保つのに赤外線が役立っている。太陽放射エネルギーには生物にとって有害な紫外領域も含まれているが、その大部分が上空のオゾン層で遮られるおかげで生物は陸上での生存が可能となっている。

太陽系は天の川銀河の中心から約2万6千光年のところに位置しており、中心から適度に離れた生命生存可能領域（銀河系のハビタブルゾーン）の中にあるとみられている。銀河内の恒星密度や元素構成が一様でないこと、銀河中心に巨大ブラックホールが存在することなどが考慮されたのである。

核融合による地球へのエネルギー供給源として、60億年を超える寿命をもつ恒星、すなわち太陽の存在がある。ここで60億年とは、太陽系誕生から約46億年、生命誕生から約40億年を経た進化の結果として登場を許されることになった、われわれ人類に必要な時間から割り出した最小値の希望的数値例である。実際の太陽の寿命は約100億年あるいはそれ以上とみられている。恒星は質量が大きすぎると寿命が短く、生物進化の時間猶予を確保できない。小さすぎても核融合開始に至らず、恒星になれない。

生命の誕生・生存・進化に要する環境変動の穏やかさを考えれば、地球の自転と公転に安定性が求められる。大きな衛星月の存在が、地球の自転軸のふらつきを大幅に抑制してくれている。太陽が連星系の一員ではなく単独の恒星であることが、安定した惑星公転軌道の形成を可能にしている。極端な楕円軌道による彗星の激変からも理解できるように、生命の惑星の公転軌道は円形に近いものでなければならない。水が液体で存在しうる等、生命に適した温度環境が成り立つように、恒星の放射エネルギーを程よく享受できる公転半径（惑星系のハビタブルゾーン）と自転周期、自転軸の傾きが必要である。常に太陽から安定した量のエネルギーが入射する一方、その同量が地球外の宇宙空間へ散逸しており、地球はエネルギー的にバランスの保たれた開放フロー系となっている。わが太陽系のハビタブルゾーンの範囲は、金星の公転軌道と地球のそれとの間から火星の公転軌道の外側まで広がっていると考えられている。なお、木星による強い潮汐力がエネルギー源となりうる衛星エウロパなど、近年は太陽系のハビタブルゾーンを超えて生命存在の可能性が指摘されている。

惑星が表面に濃い大気をまとうためには十分な重力、その元となる質量、大きさが必要である。地球や金星と異なり、火星の大気は希薄、月面には大気がない。太陽系のハビタブルゾーン内に位置しながら、火星と月はサイズ

が小さすぎたのである。地球大気の存在は地球磁気圏と共に、太陽風、コスミック・ダストをはじめとする宇宙からの飛来物に対してバリアの役割を果たし、地上の生命を守っている。

地球大気は、生命にとって適度な温室効果をもたらしてくれている。現在、地球の平均表面温度は約15℃であるが、もし温室効果が皆無なら−18℃ぐらいに冷え込んでしまうのである。

以上、地球型生命にとってどんな惑星環境が必要なのかを見てきたが、近年非常に過酷な環境にも多様な微生物が生息していることが明らかにされている。また、宇宙には地球型生命とは違ったスタイルの生命が存在するかもしれない。極限環境微生物学や地球外生命探査の進展は、生命誕生の条件を修正する可能性があるのだ。

1.2.2 地球環境史の概観

地球の歴史は太陽系の誕生、形成とともに始まる。ここでは、現在考えられている地球環境形成過程のアウトラインを描いてみよう。原始太陽系の中で太陽を取り巻いていた塵やガスは集積し、直径数kmくらいの微惑星が無数にできた。微惑星同士は衝突と合体を繰り返しながら原始惑星に成長、原始惑星同士も衝突を繰り返して現存惑星の原型が形成された。その中の一つが原始地球となったのである。地球形成の最終段階で火星サイズの原始惑星が衝突した。この「ジャイアント・インパクト」で飛び散った破片の一部が地球に落下せず、集合することにより地球の衛星「月」が誕生した。

原始地球の表面は灼熱のため、岩石が溶けてマグマオーシャンとなり、その上を数百気圧にも達する大量の水蒸気が覆っていた。原始地球が徐々に冷えていく過程で、大気中の水蒸気は凝結し雨となって地表に降り注ぎ、マグマの表面は固まって原始地殻が形成されるとともに、雨が溜まって原始海洋が形成された。原始地殻はすべて玄武岩質の海洋地殻だったが、プレートテクトニクスが始まると花崗岩質の大陸地殻が形成され、大陸が出現したのである。これが、地球誕生から40億年前までの期間「冥王代」の概況である。この冥王代を含め、地球環境と生物の歴史の概要を表1-1にまとめた。

原始海洋が形成された際に原始大気の内容として残ったのは、数十気圧のCO_2と1気圧程度の窒素N_2だった。もしCO_2がそのまま大気中にとどまり続けていたら温室効果が強すぎ、海は地球誕生後10億年を経ずして干上がっ

表 1-1　地球環境と生物の歴史（概観）

[百万年前]	地質時代		主な事象
約 4,600	先カンブリア時代	冥王代	マグマオーシャンに覆われる原始地球
			ジャイアント・インパクトで月が誕生（46億〜45億年前）
			大気・海・地殻・マントル・核の形成（46億〜45億年前）
			大陸の出現（44億〜40億年前）
4,000		始生代（太古代）	化学進化（生命誕生の前段階としての有機物生成過程）
			原始生命の誕生（40億〜38億年前）
			シアノバクテリアによるストロマトライトの出現（35億年前）
			内核の成長に伴う地球磁場の強化（30億〜25億年前）
2,500		原生代	O_2発生型光合成による大酸化、大気中に酸素蓄積開始（24.5億年前〜）
			全球凍結（23億〜22.22億年前）
			真核生物の出現（〜19億年前）、最古の超大陸の誕生（19億年前）
			多細胞生物の出現（〜12億年前）
			全球凍結（7.3億〜7億年前、6.65億〜6.35億年前）
			エディアカラ生物群の出現（5.8億年前）
541	古生代	カンブリア紀	カンブリア大爆発（5.4億年前）、原索動物の出現
			原索動物から脊椎動物（無顎類）へ進化
485		オルドビス紀	三葉虫の全盛
			オゾン層のバリア効果により生物が上陸（4.7億年前、コケ植物）
443		シルル紀	顕生代（古生代以後）に入って最初の大量絶滅
			サンゴの繁栄、陸上では昆虫が出現
419		デボン紀	魚類の台頭（4.2億年前）
			脊椎動物の上陸（3.9億年前、両生類）
			裸子植物の出現
359		石炭紀	大量絶滅
			木生のシダ植物が大森林を形成（石炭の起源）
			大気中の酸素濃度が今より高かった（石炭紀〜ペルム紀）
			単弓類（哺乳類の祖先）と爬虫類の出現
299		ペルム紀	両生類の繁栄
			シダ植物の時代から裸子植物の時代へ
252	中生代	三畳紀	酸素欠乏がもたらした顕生代最大の大量絶滅（2.5億年前）
			単弓類と爬虫類の生存競争から爬虫類時代へ、哺乳類の出現
201		ジュラ紀	大量絶滅、超大陸パンゲアが分裂開始（現在の大陸分布へ）
			巨大恐竜の登場と繁栄（白亜紀末まで）
			鳥類の出現
145		白亜紀	有胎盤類の出現
			被子植物の出現
66	新生代	古第三紀	小惑星の衝突による大量絶滅（恐竜・アンモナイトが絶滅）
			哺乳類の台頭と繁栄
23		新第三紀	氷河時代に入る（約4,300万年前〜現在）
			猿人の出現（約700万年前）
2.6		第四紀	北半球がさらに寒冷化、道具を製作するホモ属の出現
			現生人類ホモ・サピエンスの出現（約20万年前）
現在			人間活動による大量絶滅が進行中？

数値年代は，国際層序委員会が 2012 年 8 月に発行した International Stratigraphic Chart (ISC, 国際年代層序表）に基づいて表示した．

てしまい、金星のようになったことだろう。しかし地球では、CO_2 は大気、海、海洋底とその下にあるマントルの間を循環し、最終的には石灰岩などの炭酸塩岩石として大陸に付加・固定され、ほとんどが大気から取り除かれた。石灰岩の蓄積には、無機化学過程に加えてサンゴや有孔虫など、炭酸カルシウムを沈着させて石灰質の殻をつくる生物も大きな役割を果たしたと考えられている。大気中の CO_2 が現在のような低いレベル（イギリス産業革命以来徐々に上昇し、2013年、400 ppm に到達した）に下がったのは、こうした経過によると考えられている。

現在の地球大気のうち、窒素 N_2 は原始海洋形成時からあまり大きな変動を受けずに今日に至ったが、我々の呼吸に必須で 21% を占める酸素 O_2 は、原始大気中にはほとんど含まれていなかった。最初の大気酸素は、海水中に大繁殖したシアノバクテリア（いわゆる藍藻（らんそう））の光合成産物が海洋中で飽和後、大気中に漏れ出したものである。以来、大気中の O_2 分圧は光合成作用の活発化に伴って徐々に増大、変動を繰り返して現在に至ったと考えられている。O_2 は太陽放射に含まれる波長が短めの紫外線を浴びると分解・再結合を起こし、オゾン O_3 を生成する。大気中に蓄積された O_2 の濃度が十分に高くなると、この機構により大気上層部にオゾン層が形成されたのである。生物にとって有害な太陽紫外線のほとんどを遮ってくれるというオゾン層のバリア効果により、生物が上陸できるようになったのは4億7千万年前ごろのことである。先陣を切ったのは、藻類が進化して出現したコケ植物であり、動物界も後を追って上陸し、陸上に生態系が形成されていった。

陸上生物の足場となっている大地や液体としての水の存在を受けとめている海底も、固体ではあるが、年間数 cm 程度で全体がゆっくり相対運動し続けているのである。地球の表層部を覆う10数枚のプレート（硬い板）が変形しない剛体のように動くことから、地震や火山、海洋底の形成・拡大、大陸の離合集散などの地学現象が統一的に解釈されており、プレートテクトニクスと呼ばれている。プレート境界付近では、日本海溝や日本周辺の弧状列島、大西洋中央海嶺やヒマラヤ山脈、アンデス山脈などの巨大地形が現在も形成されつつある。近年はマントル内部の対流運動を連動させて考えるプルームテクトニクス理論も普及してきた。

地球磁場の存在証拠は35億年前頃まで遡れるが、強まって現在と同程度になったのは30〜25億年ほど前のことらしい。地球内部の冷却が進んで、

液体状だった核の中心部が固化して内核ができ、それが成長していくことで外核の液体鉄の対流が活発になり、磁場が強まったと考えられている。

　1990年代に入り、原生代には地球の表面全体が氷河で覆われる全球凍結（スノーボール・アース）の時代があったとする仮説が提唱された。23億～22億2,200万年前、7億3千万年前～7億年前、そして最後の全球凍結は6億6,500万年前～6億3,500万年前のことだったという。その時代には地表の気温が−50℃、海面の氷は厚さ1,000 mに達し、地球生命は壊滅的打撃を受けたが、辛うじて生き延びた生物もいたのである。

　大陸の本格的成長は27億年前に溯るが、最古の超大陸ヌーナが形成されたのは19億年前である。以後、超大陸はプレートテクトニクスのメカニズムで分裂と集合を繰り返し、最後の超大陸パンゲアが2億年前に分裂し始めたのである。この分裂で誕生した新しい海、大西洋は、南北に連なる長大な中央海嶺を軸に、今も東西に拡大し続けている（図1-2）。また、インド亜大陸は南半球にあった陸塊が北上してユーラシア大陸にぶつかったものであり、ヒマラヤ山脈はその結果としてプレート境界の造山運動で形成されたのである。実際、エベレスト頂上付近の石灰岩地層からは、古生代オルドビス紀の浅い海で生息していた三葉虫の化石が多数見つかっている。以上のように大陸も海洋も数百万年以上の時間スケールで壮大な変容を遂げ、その場その場の環境を全く異なる状態に変えてしまうことがあるのだ。

　海と陸の状況は、もっと短期的にも大きな変動を繰り返してきた。例えば、白亜紀後期には、海水面が現在よりも300 m以上高い時代があったが、逆に3,000万年前頃の海水面は現在よりも200 m以上低かった。こうした海水準の大変動は地球全体の気候と関係が深く、温暖なほど水が膨張して海水面が上昇し、寒冷化すると、水の収縮に陸地での氷河発達が加わって海水面の下降を招くのである。

　現在の地球は、約4,300万年前に始まった氷河時代の中の間氷期の一つに位置しており、地球は新たな氷期に向かいつつあると見られている。氷期と間氷期の繰り返しのような長期的な気候変動は、ミランコヴィッチ・サイクルに諸要因が加わったものと考えられている。ミランコヴィッチ・サイクルは、公転軌道の離心率の変化、地軸の歳差運動、地軸の傾きの変化の三つが重なることによって生じる地球が受ける日射量変動の周期現象である。

　このほか、大量絶滅を招いた地球環境の過酷な変動として、ペルム紀末の

(a)

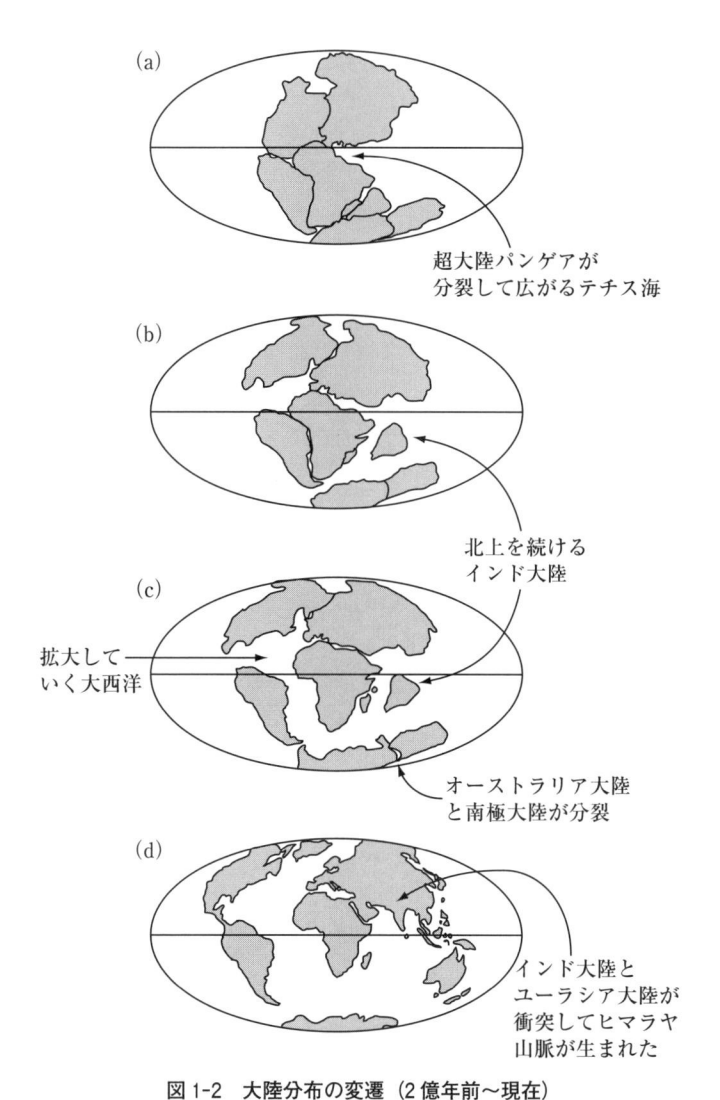

超大陸パンゲアが
分裂して広がるテチス海

(b)

北上を続ける
インド大陸

(c)

拡大して
いく大西洋

オーストラリア大陸
と南極大陸が分裂

(d)

インド大陸と
ユーラシア大陸が
衝突してヒマラヤ
山脈が生まれた

図1-2 大陸分布の変遷（2億年前〜現在）
(a) 2億年前，(b) 1億3500万年前，(c) 6500万年前，(d) 現在

酸素欠乏事件や白亜紀末の小惑星衝突が知られている。現在、人間活動のインパクトによって新たな大量絶滅が進行中なのかもしれない。

　これまで述べてきたように、地球の表面を長期的に眺めると、同一の場所でさえ赤道付近から高緯度に移動したり、海底になったり陸地や高山になったり、氷河に覆われたりするなど、自然環境が劇的に変貌してきたことがわ

かる。生物たちは、季節などの短期変動だけでなく、こうした長期的大変動にも翻弄(ほんろう)されつつ適応・進化を模索し、あるものは生き延び、あるものは絶滅を余儀なくされてきたといえる。

1.2.3 生物の進化史

　地球上に生息している生物（ここではウイルスを除外しておく）は、夥(おびただ)しい多様性をもつ一方で、すべて細胞から成り立ち、遺伝や代謝などの重要な生命活動をつかさどる核酸やタンパク質の構成単位となる分子の種類が限定されており、生物種によってもその種類にはほとんど差がない。この事実は、多様なすべての生物種が共通の祖先を持ち、遺伝的変異と環境への適応を積み重ねながら進化してきたとする考え方をよく裏付けている。ここでは地球上における生命の起源と進化の歴史を環境生態学的な視点も交えて概観する（表1-1 も参照）。

　現在知られている最古の生命活動の証拠は38億年前の岩石中に見出されており、地球上に最初の生命が誕生したのは約40億年前頃と推定されている。生命の発生に先立ち、ごく単純な構造の分子からアミノ酸や糖などの低分子有機化合物が生成・蓄積し、次いでタンパク質や核酸などの高分子有機化合物が生成した。その後、膜形成によってこれらの有機物が外界（海）から分離・独立し、内部に自律した化学反応ネットワーク（代謝系）や遺伝機構などを確立するに及び、最初の細胞生物が誕生したと考えられている。原始地球上におけるこのような物質の進化過程を化学進化と呼んでいる。近年、隕石や彗星からアミノ酸などが発見され、宇宙から飛来した有機物が元になって地球生命が誕生したという説が有力視されている。

　自己複製能は生物に必須の基本特性であり、これにより40億年にわたる存続が可能となった。細胞は自身に固有のタンパク質の設計図（遺伝子）を持っていて、そのコピーを作り、1枚ずつの設計図を持つ2つの細胞に分裂する。それぞれの細胞内では設計図に従ってタンパク質が合成され、代謝などの生命活動が発現する。遺伝子の本体はDNAであり、タンパク質合成の際にはRNAが遺伝暗号（タンパク質中のアミノ酸配列を指定する遺伝情報）の伝達を媒介する。遺伝情報の複製・翻訳機構や遺伝暗号は、現存する最も原始的な細菌から人間に至るまでほとんど同じであり、すべての生物種が共通の祖先をもつことを強く示唆している。初期の生命はDNAを持たず、RNA

とタンパク質を利用する細胞だった可能性が高い。RNAが担っていた遺伝子としての役割をより安定なDNAに移行させることにより、現存生物の共通祖先が出現したと考えられている。

　生物進化の第一歩は生化学的な進化である。最初の生命は、O_2を欠く原始大気の下で、大量に蓄積した有機物のスープからエネルギーを得ていたと考えられる。すなわち、始原生命は嫌気性の従属栄養生物だったのではないか。やがてエネルギー源となる有機物は枯渇したので、代謝系を改良し、光合成や化学合成を行う独立栄養生物が出現した。光合成を行った最初の生物は嫌気性の光合成イオウ細菌であり、硫化水素（H_2S）を水素供給源としていた。そのあとで水（H_2O）から水素を得てO_2を発生させるタイプの光合成を行うシアノバクテリアが生まれた。太陽の光エネルギーを利用し、環境中に大量にあった二酸化炭素と水から糖を作り出せる光合成反応の確立により、栄養源の枯渇問題は解決したのである。

　シアノバクテリアによる光合成活動の結果、放出されるO_2は有害な排出物であった。というのは、O_2は毒性の強い過酸化水素（H_2O_2）やスーパーオキシドイオン（$\cdot O_2^-$）に変化して重要な生体物質を破壊するからである。そこで酸素毒性に対する抵抗力を身につけ、むしろO_2を積極的に利用して発酵よりはるかに効率的なエネルギー代謝（酸素呼吸）を行う好気性の生物が現れた。

　光合成と酸素呼吸によって物質の動きは循環したものとなり、太陽エネルギーだけが生命活動のために消費されることになる。これまでに登場した細菌やシアノバクテリアは細胞内に構造体としての核を持っていないので原核生物と呼ばれている。地球上の生命は、最も原始的な原核生物の段階で太陽エネルギーの利用システムをほとんど完成させ、太陽のある限りその存続を保証されたのである。

　細胞内に核を持つ真核生物が現れたのは19億年前かそれより以前である。真核生物は内部にミトコンドリアを持ち酸素呼吸を行う。原核生物には、真正細菌と呼ばれる通常の細菌やシアノバクテリアとは別に、好熱性細菌や高度好塩菌を含む古細菌と呼ばれるグループがある。真核生物は分子系統学上、真正細菌よりも古細菌に近い。

　真核生物は栄養の取り方によって3系統に分化した。細胞膜の陥入によって栄養源を捕食する動物と、従属栄養でも捕食を行わず吸収に頼っているキ

ノコ、カビなどの菌類、葉緑体を持ち光合成を行う独立栄養の緑色植物である。細胞器官共生説によれば、ミトコンドリアと葉緑体の起源は、細胞内にそれぞれ好気性細菌とシアノバクテリアが入り込み共生したものであるという。

真核生物は、単細胞の原生生物から多細胞生物に進化することにより、体の大きさの限界を突破し、体内の細胞の役割を分担させることで複雑な構造を作り上げ、それぞれの環境に適した多様な生物種への進化過程（適応放散）を加速させた。最後の全球凍結が終わってから、大型で複雑な体制をもった多細胞無脊椎動物のエディアカラ生物群が出現した。5億8千万年前頃のことである。有性生殖への進化も先カンブリア時代末期までに成立していたと考えられている。

古生代のカンブリア紀（5億4千万年前頃〜）に入ると、海生動物の爆発的な多様化が起こり、化石も夥しく見つかるようになった。「カンブリア大爆発」と呼ばれるこの多様化イベントにより、現存する動物が属するすべての門が出そろったのである。脊索動物門では、脊椎動物の祖先にあたる原索動物ピカイアが登場している。

光合成によって大気中の O_2 量が増加して現在の10分の1を超えると、上空にオゾン層が形成された。それまでは太陽からの有害な紫外線が直接照りつけたので、陸上は荒涼たる死の世界が広がっていただけであり、生物は水深10m以下で生息していた。オゾン層のバリアによって紫外線が吸収されるようになると、生物は浅海から陸上へ進出することが可能となった。植物に次いで無脊椎動物も上陸した。石炭紀（約3.6億〜3億年前）にはシダ植物の大森林が出現し、裸子植物を経て中生代（約2.5億〜6千6百万年前）の後半には顕花植物（被子植物）が発達した。

われわれ脊椎動物の直接の祖先は、下顎のない原始的な魚（ヤツメウナギの仲間であり、無顎類と呼ばれている）として約5億年前に現れた。魚類が水中で進化して高等化した後、陸上への進出は両生類（3.9億年前）に始まり、爬虫類と単弓類（哺乳類の祖先）によって達成された。硬骨魚類のヒレは四肢に、浮き袋は肺に進化した。

生物は上陸するにあたり、水中とはまったく異質の厳しい環境条件を克服すべく種々の適応対策を立てる必要にも迫られた。陸上では、植物は大気と土壌から必要な物質を取り込まねばならないので、地表にへばりついて生活

することが基本となる。空気の浮力は水に比べてはるかに小さいので、自分の体重を支えるために頑丈な構造を持つ必要があり、動物の骨格や植物のセルロース繊維組織が支持機能のために発達した。空気の比熱は水の500分の1しかなく、熱伝導率も30分の1程度なので、陸上では気温の変化が厳しく、水温の安定性・均一性とは対照的である。ただし、空気に包まれていると、水中のように身体から熱を奪われやすくはないので、陸上生物は体温を維持しやすい。生物は身体の水分を保持・補給しなければならないが、陸上はこの面で厳しい環境にある。植物は根を発達させ、組織の浸透圧も高くして、土壌から水を吸収する一方、葉の表面に保護膜を持ったり乾季に落葉するなどして水分の損失を防いでいる。動物の身体も乾燥環境に適応するために様々な仕組みを発達させてきた。例えば、魚類の呼吸器官（エラ）は身体の外面にあるのに対し、陸上脊椎動物の肺や昆虫の気管は身体の内部にある。

最初の哺乳類は中生代三畳紀に現れたが、めざましい適応放散を遂げて繁栄するのは、約6千6百万年前の恐竜大絶滅を区切りに新生代を迎えてからである。サルの仲間である霊長類から進化して猿人が現れたのは約700万年前頃のことである。第四紀には道具を製作するホモ属が登場、そして現生人類ホモ・サピエンスが現れたのはわずか20万年ほど前にすぎない。われわれは一面で生物進化の頂点に立ちながらも、生物界の新参者である。

自然環境は生命を生み出し、生命は自然環境を変え、そしてまた自然環境は生命を変えてきたのである。多種多様なすべての生物は、食物連鎖や共生関係など各々の生態的地位を占めながらも共通の祖先から進化してきたのであり、遠かれ近かれ親戚関係にある。そして、われわれ人類の存在は、40億年にわたる営々たる生物進化の積み重ねによって初めて許されることになったのである。

（兵庫県立大学　経済学部　応用経済学科　教授　森家章雄）

第2章
地球科学の基礎

ここでは、環境問題ならびに環境に関連する諸課題を扱う際の背景となる、地球科学に関する基礎知識について概観しておこう。地球を、宇宙空間に浮かぶ惑星として大まかな同心の層構造でとらえると、外側から大気圏(気圏)、水圏、固体地球に区分される。生物圏の範囲は、水圏をまたいで、大気圏下層部から固体地球の上層部に広がっている。

本章では、生物と人間の営みの場となっている大気圏、水圏、固体地球、ならびに生物圏と生態系について概説する。

2.1 大気圏、水圏と固体地球

2.1.1 大気圏

地球の表面は大気圏と総称される気体の層に覆われており、その99.9%は高度60 km以下に含まれる。地表付近の大気組成は、容積比でN_2 78.1%、O_2 21.0%、アルゴン0.9%と、これら3種でほぼ100%になる。このほか二酸化炭素、水蒸気、ネオン、メタン、一酸化二窒素、オゾン等が微量含まれている。微量といっても、温室効果ガスとして注目される二酸化炭素や、太陽からの有害紫外線を吸収してくれるオゾン等は影響の大きい成分である。大気組成は高度80 km付近までほとんど変わらないが、オゾンは図2-1に示すような鉛直分布をもつ。大気圏は、地表からの高度に応じた気温変化傾向に基づき、低い方から対流圏、成層圏、中間圏、熱圏に区分されている(図2-1)。気圧は、その位置の単位面積1 cm^2 にかかる、地球からの引力による空気の総重量といえるので、高い場所ほど気圧は下がる。

対流圏では、大地や海洋が吸収した太陽エネルギーで空気が下から暖められるために対流が起こっている。大気は水も含んでいるので、雲、低気圧、台風の発生や雨、雪など、水、水蒸気、氷の相変化を伴う多様な気象現象が対流圏を賑わしている。地表から高度11 km付近までは1 km上昇するにつれて平均6.5℃気温が下がる。対流圏の上限は対流圏界面と呼ばれ、われわれはしばしばカナトコ雲の出現でそれを確認することができる。

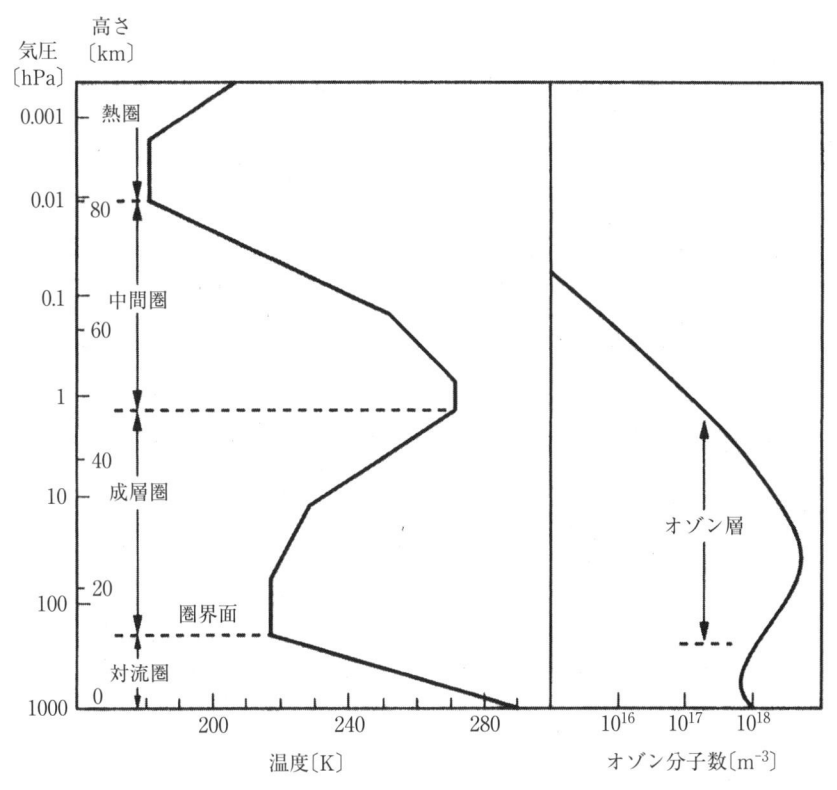

(出典) 地学団体研究会編, 丸山健人, 水野量, 村松照男著：新版地学教育講座 14　大気とその運動, p.4, 図 1-2, 東海大学出版会, 1995
図 2-1　大気の温度とオゾン層の鉛直分布および大気圏の構造

　対流圏の上は、高度 50 km までを成層圏と呼んでいる。成層圏は、対流圏界面（−56.5℃）から高度 20 km 付近まではほぼ等温で、その上では温度は上昇に転じ、高度 50 km 付近で 0℃ 近くの極大値を示す。図 2-1 に示されたように、成層圏は、対流圏よりも希薄な空気であるにもかかわらず、高度 20〜30 km 付近を中心にオゾン密度が高い。オゾン総量の 90% は成層圏にあり、オゾン層と呼ばれる領域は成層圏とほぼ一致している。オゾン層は、太陽からの紫外線をオゾンが吸収することで、遺伝子物質を傷つける有害紫外線から地上の生命を守るバリア機能を発揮している。
　次の中間圏では、再び、高度が上がるほど気温が下がっていく。高度 80 km 以上の領域は熱圏と呼ばれており、上空ほど高温になる。熱圏の上限は

高度500〜700 kmとみられ、熱圏界面と呼ばれている。熱圏界面の外側には最も希薄な外気圏が広がっているが、その上限ははっきりしていない。すなわち、外気圏と宇宙空間との間には明確な境界がない。

　地球を取り巻く対流圏内の大気は、受け取る太陽放射エネルギー量が緯度により違っていることと地球自転の効果に基づいて、図2-2のような3次元構造をもつ地球規模の大循環としてまとめられる。低緯度地域で暖められた空気が上昇し、高緯度地域で冷やされた空気が下降することによる南北方向の単純な循環とならず、各半球の南北循環が三つに分断され、地球上を吹く風が南北方向よりも東西方向に卓越しているのは、自転で生じるコリオリの力の影響によるものである。図2-2は1年間のデータを平均的にとらえている。また、地球上を吹く風と気圧の分布は、緯度線に沿って東西方向に平均したものである。

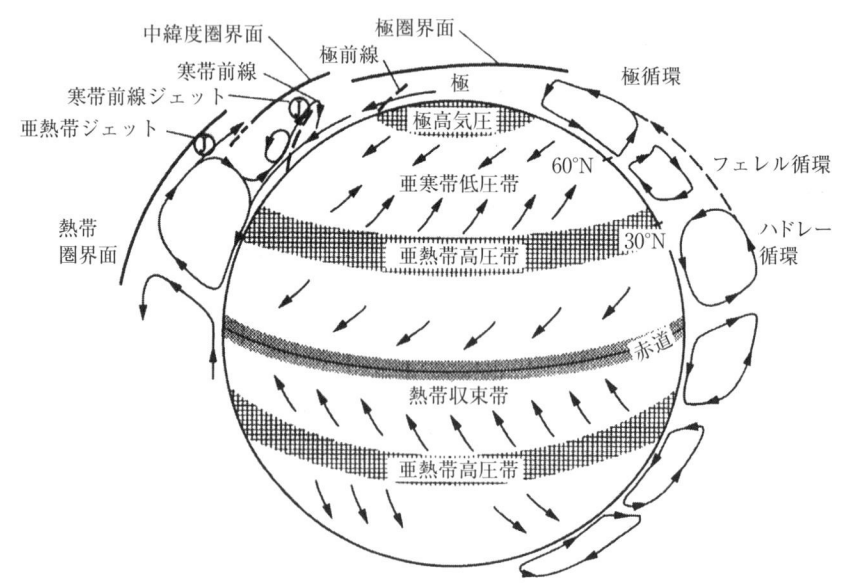

(出典) 地学団体研究会編, 丸山健人, 水野量, 村松照男著：新版地学教育講座14　大気とその運動, p.48, 図3-1, 東海大学出版会, 1995

図2-2　対流圏内の大気の鉛直循環と地球上を吹く風

熱帯収束帯は赤道の真上ではなく, 夏半球側の赤道から少し離れたところにできる。

2.1.2 水圏

　水圏の大部分を占める海洋は、地球表層の約7割を覆っている。人類初の宇宙飛行士ガガーリンをして「地球は青かった」と言わしめた所以である。図2-3には、水の形態ごとの貯留量ならびに各形態間の移動量が、地球上の水循環としてまとめられている。陸上では、湖沼、河川等の地表水よりも氷河、地下水の方が多い。

　海水1 kg中には平均35 g、すなわち3.5%の塩分が含まれており、その8割以上を塩化物イオン（質量として55.1%）とナトリウムイオン（30.6%）が占めている。次いで多い硫酸イオンが7.7%で、マグネシウムイオン3.7%、カルシウムイオン1.2%、カリウムイオン1.1%と続く。海水には、天然に存在するすべての元素が溶け込んでいる。

　海洋にも層構造があり、海面付近で温められた高温の表層混合層、低温で変わらない深層、両者の間で水温が急変する水温躍層に区分されている。ただし、極域では太陽の温める力が弱く、表層水温が深層水温とほとんど変わらないため、水温躍層は見られない。

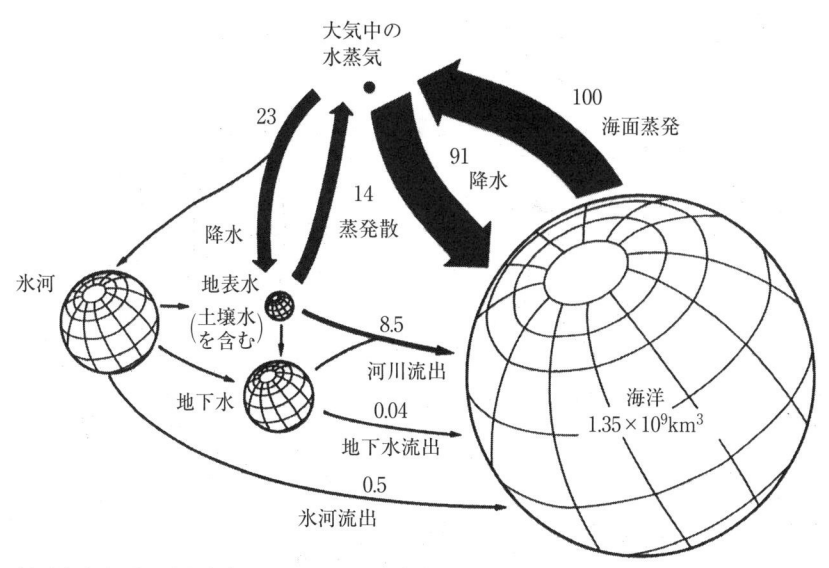

（出典）楮根勇：水と気象, p.12, 図9, 朝倉書店, 1989

図2-3　地球上の水循環と移動量

貯留量は地球の大きさでそれぞれ表してある。移動量は $100 = 50.5 \times 10^4$ km³/年で、矢印の幅は移動する水量を表している。

世界中の海には、海上を吹く卓越風、コリオリの力、地形の効果に基づいてできた表層海流が分布している。日本近海では、暖流として黒潮、対馬海流、寒流として親潮、リマン海流が知られている。

　海洋には、表層と深層をつなぐ大規模な鉛直方向の循環も存在する。北大西洋のグリーンランド沖では、冷やされて塩分が高く密度の大きな海水が深海に向かって徐々に沈み込み、新しい深層水がつくられる。この深層水は海底の地形に沿って押し流され、長い時間をかけて大西洋を南下、その後インド洋と太平洋の深層に広がっていく。北大西洋でつくられた深層水が北太平洋で表層に戻ってくる、すなわち湧昇してくるまで2,000年ほどかかっている。ブロッカー（1991）は、ベルトコンベアーに例えた図2-4のような海洋の大循環像を提唱した。

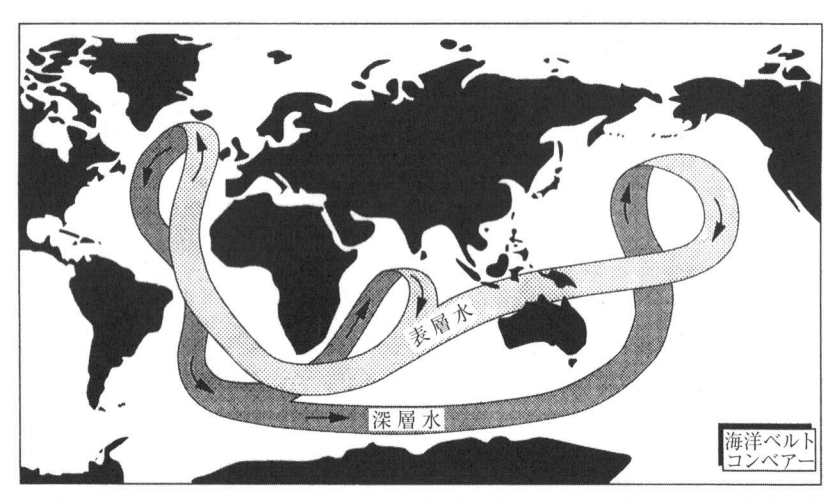

（出典）地学団体研究会編，青木斌ほか著：新版地学教育講座10　地球の水圏―海洋と陸水，p.94，図2-53，東海大学出版会，1995
図2-4　ブロッカーの海洋ベルトコンベアー

2.1.3　固体地球

　固体地球の内部はよく鶏卵に例えられ、黄身は核（地表からの深さ約2,900 km～中心）、白身はマントル、殻は地殻に対応する。鉄を主成分とする核は、深さ約5,100 kmを境に固体状の内核と液体状の外核に区分される。外核における鉄の対流運動が地球磁場を発生させている。核の状況は地球全体の元

素存在比にも反映されており、鉄が最も多い（質量比として、Fe 32%、O 29.7%、Si 16.1%、Mg 15.4%、Ni 1.82%）。かんらん岩質のマントルは、地震波に対する傾向の違いから、深さ670 km付近を境に上部マントルと下部マントルに区分されている。上部マントル内には、岩石が部分溶融しているために地震波速度の低下する層があり、アセノスフェアと呼ばれている。この低速度層より浅いマントル領域と地殻は、合わせて岩石圏あるいはリソスフェアと呼ばれている。その下のアセノスフェアは、軟らかくなっていて流動しやすい。

　プレートテクトニクスは、地震活動、火山活動、海溝・弧状列島、海嶺・海洋底形成などの地学現象を統一的に説明する理論である。ここでプレートと呼んでいるのはリソスフェアの部分である。地球の表面は10数枚の硬い岩盤プレートで覆われていて、それらが流動性のあるアセノスフェアの上を滑るようにして年間数cm程度の速さで水平方向にゆっくり運動している。この運動に伴ったプレート同士の相互作用により、プレート境界付近で様々な地学現象が起こる。

　地殻の主成分となっている元素は、酸素とケイ素である（質量比として、O 46.6%、Si 27.7%、Al 8.1%、Fe 5%、Ca 3.6%）。地殻を構成する岩石は、マグマが冷えて固まった火成岩、堆積物が固まった堆積岩、元の岩石が固体のまま熱や圧力によって変化した変成岩の三つに大別される。火成岩はさらに、火山噴火でマグマが急冷してできる火山岩（玄武岩、安山岩など）と、地下深くでマグマがゆっくり冷えてできる深成岩（花崗岩、かんらん岩など）に分類される。

　大陸地殻の厚さは30～50 kmで、玄武岩質岩石層の上に花崗岩質岩石層が乗る構造となっている。海洋地殻はほとんど玄武岩質岩石でできており、厚さ5～10 kmである。

　地球表層部における堆積岩も含めた岩石の循環を大局的にとらえると、図2-5のようにまとめられる。マグマから火成岩が生成し、風化を経て堆積岩に変化、さらに高温・高圧過程を経て変成岩に変化、そしてマグマに戻る、というサイクルである。

　陸地における地表最浅層では、岩石が直接露出しているところよりも土壌や砂礫（されき）で覆われたところの方が多い。土壌は岩石の風化と生物の活動による産物であり、植物が根を下ろす場でもあるので、生物を中心に扱う次節で取

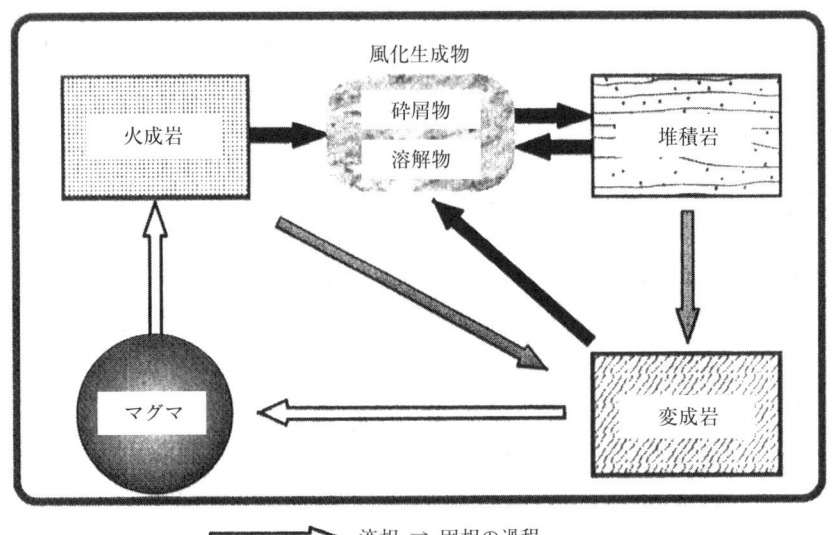

(出典) 坂幸恭ほか：地球・環境・資源—地球と人類の共生をめざして，p.44，図2-28，共立出版，2008

図 2-5　固体地球表層部における岩石の循環

固体地球表層部における岩石の循環砕屑物には生物の遺骸も含まれる。

り上げる。

2.2　生物圏の概観

2.2.1　生物圏と生態系

　地球上において、生物が活動する空間の広がり全体は生物圏（バイオスフェア）と呼ばれている。生物圏は地球上のあらゆる生物を含み、無機的環境と相互に関係しながら、全体として太陽の放射エネルギーを受け取り、宇宙空間へ熱を放出して、恒常的なシステムを維持している。

　生物圏は均質ではなく、森林、草原、海洋や人工的な農耕地、都市など互いに他と区別できる様々な空間領域の集合体として成り立っている。このような空間領域のそれぞれは、一般に生態系と総称されている。

　生態系は、ある領域内に生息するすべての生物とそれらを取り巻く非生物

的な環境とをひとまとめにしたものであり、その全体が機能的なシステムとしてとらえられている。この意味を広く考えれば、フラスコの中のミクロコズムから生物圏という全地球システムに至るまで、生態系の範疇に入れることができる。

　生物種は生態系の中でそれぞれ特定の役割（生態的地位、ニッチ）を担っている。一般的には、生物をエネルギーと物質の授受の面から類型化した栄養段階に基づいて区分されることが多い。光合成を行う緑色植物で代表される独立栄養生物は一次生産者と呼ばれ、食物連鎖の出発点に位置する。従属栄養生物（二次生産者）は消費者と分解者に大別される。植物を食べる植食動物は一次消費者、植食動物を食べる肉食動物は二次消費者であり、食物連鎖の順序に応じて、より高位の肉食動物は三次、四次消費者などと呼ばれる。また、雑食性の動物は、一次消費者と二次以上の高次消費者を兼ねていることになる。分解者とは、動植物の排出物や遺体を食べて無機物に分解してくれる細菌類やカビなどの菌類をまとめた呼称である。

　上述のような食物連鎖は、生きた独立栄養生物を食べることから開始されるので、生食連鎖と呼ばれている。これに対して、生物体の破片・遺体・排出物ならびにその分解産物（デトリタス）や混在する微生物群集を出発点とする食物連鎖も存在しており、腐食連鎖と呼ばれている。

　動物の餌は必ずしもただ1種類に限られているわけではなく、1種が多種の生物を食べたり、多種が1種の生物を食べたりすることもあるので、生態系内での生物群を食う食われるの関係で結ぶと、いくつかの食物連鎖の複合した網目状の全体像ができる。これを食物網と呼ぶ。なお、生物同士は食う食われるの関係だけですべてを説明できるのではない。競争、棲み分け、寄生、共生など、生態系内には様々な相互関係が存在しているのである。

　ある時点における一定区域内の生物の総量を生物量といい、重量あるいはエネルギーで示される。生物量や生物の個体数は通常、生態系におけるエネルギーの流れに従って少なくなるので、これらを横倒しの棒グラフで表示し、栄養段階の下位から順に左右対称に積み上げた構造は生態ピラミッドと呼ばれる。生態系は様々な制限要因を伴っているので、そこで定常的に生存できる生物の個体数や生物量にも必ず限界がある。ある環境条件下で維持できる最大の個体群サイズは、環境収容力（環境容量）と呼ばれている。

　生態系の主要な機能には、生物集団の動態のほか、エネルギー流、物質循

環、自己調節作用がある。これらは個別に独立したものではなく、相互に関連し合っている。

2.2.2 生態系におけるエネルギーと物質の動態

　地球に届いた太陽放射の約50%を占める可視光（400〜700 nm）のエネルギーのほんの一部が、光合成作用によって生態系の生物部分（一次生産者）への化学エネルギーに変換される。化学エネルギーはブドウ糖や炭水化物に代表される有機化合物の形で緑色植物の組織内に貯蔵される。緑色植物は酸素呼吸を行うことによって体内のエネルギーを取り出して生活している。例えばブドウ糖は、生命活動のために種々の形でエネルギーを放出しながら、最終的には水と二酸化炭素に分解される。

　植食動物は緑色植物に固定されたエネルギーを直接利用し、肉食動物は間接に利用している。分解者は、動植物に固定されたエネルギーの最終利用段階に位置している。

　熱力学の第二法則によれば、エネルギーが変換される時、少なくともその一部は熱として失われる。生物（直接的には緑色植物）によって太陽の光エネルギーから変換された有機物の化学エネルギーは、呼吸作用などによって最終的には熱エネルギーに変わってしまう（図2-6）。

　地球上においては、太陽から来るエネルギーはほとんどが熱エネルギーに変換され、結局は地球外に流出する。しかし生物圏が存在する限り、太陽エネルギーは部分的ながら、生体有機化合物の化学エネルギーとして貯蔵される形で地球上に留まり続けるのである。なお、物質が循環するのに対して、エネルギーは循環しないという点を忘れてはならない。

　緑色植物の光合成は地表に到達する太陽放射エネルギーのわずか1〜3%をとらえているに過ぎないが、それがほとんどすべての生命活動のエネルギー源となっている。生態系などの一次生産力は、一次生産者の光合成により放射エネルギーが食物として利用できる有機物に固定される速度と定義されている。単位地表面内において、測定期間内に呼吸で使われる有機物をも含めた光合成の総量（固定されたエネルギー）は総一次生産（gross primary production, GPP）と呼ばれている。また、総一次生産のうち、植物の呼吸に利用される量を上まわって植物組織内に蓄えられる有機物の量（エネルギー）を純一次生産（net primary production, NPP）と呼ぶ。

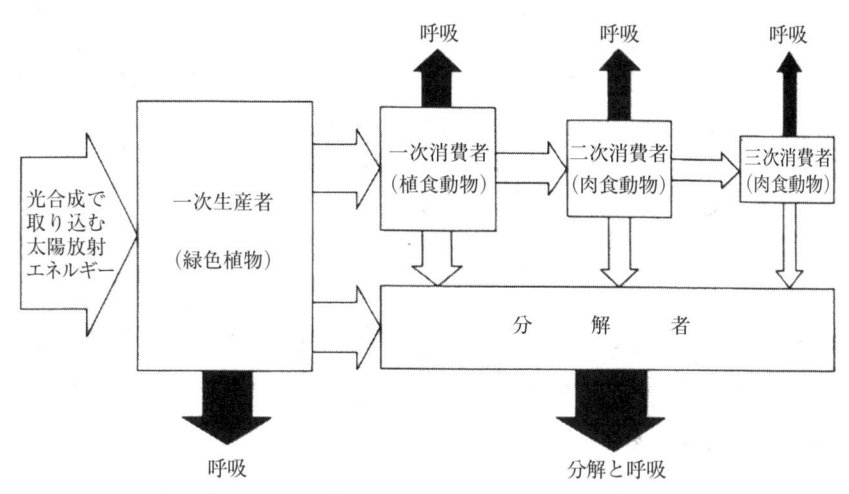

```
                呼吸        呼吸       呼吸
                 ↑          ↑         ↑
   ┌───┐  ┌─────────┐  ┌─────────┐  ┌─────────┐  ┌─────────┐
   │光合成で│  │         │  │一次消費者│  │二次消費者│  │三次消費者│
   │取り込む├─▶│一次生産者├─▶│(植食動物)├─▶│(肉食動物)├─▶│(肉食動物)│
   │太陽放射│  │(緑色植物)│  └────┬────┘  └────┬────┘  └────┬────┘
   │エネルギー│  │         │       │            │            │
   └───┘  └────┬────┘       ▼            ▼            ▼
                 │        ┌──────────────────────────────┐
                 └───────▶│          分  解  者           │
                          └──────────────────────────────┘
                 ↓                      ↓
                呼吸                  分解と呼吸
```

(出典) 森家章雄，西川祥子：環境問題の根本認識について(神戸商科大学研究叢書 LIV)，p. 38，図 1，神戸商科大学経済研究所，1996

図 2-6　生態系におけるエネルギーの流れ

定常状態にある生態系では，光合成によって左端から取り込まれるエネルギー量は，右方の環境への流出量とつり合っており，生態系内の有機化合物としてとらえられているエネルギーのプールは一定量を保っている。図中では，熱エネルギーを黒い矢印で示した。

　生物体内に含まれ、かつその生命活動に不可欠な元素は、生元素と呼ばれている。生体に最も豊富に存在する生元素は H、C、N、O、P、S、Cl、Na、Mg、K、Ca の 11 種である。生物の生活に必要な物質もまた、生態系の食物連鎖などを通して移動しているが、エネルギーと大きく相違する点もある。生元素は周囲の環境から取り込まれるが、生物界を移動し、分解過程を経て無機化することにより、再び環境に戻される。物質が有限量であるにもかかわらず、こうして循環することにより生態系が維持され続けるのである。

　生態系における物質循環の経路や循環速度は物質の種類により異なっている。循環のタイプは大きく、生物学的循環と生物地球化学的循環の二つに分けられる。前者はかなり局地的で閉鎖性が強く、生態系内での生物学的過程によって主に循環する。一方、生物地球化学的循環を行う C、O、N および水は、気体状の CO_2、O_2、N_2 あるいは水蒸気となって生物界から大気中に放出され広く拡散するので、その循環は開放性が強い。

　なお、生物にとって不要あるいは有害な物質も生体内に取り込まれ、食物連鎖を通じて生物界を巡ることがある。特に水銀などの重金属や毒性のある

難分解性の脂溶性有機化合物は、生物濃縮によって栄養段階が高位の動物に著しい被害を与えるので、要注意である。

2.2.3 陸域における自然生態系の多様性

地表面上には、農耕地や都市のように人為生態系とみなせる空間も存在するが、ここでは陸域における自然生態系の多様性に焦点をあてる。生態系の多様性は、生物種の多様性、各生物種内の遺伝的多様性とともに、生物多様性の三つの階層を構成している。

陸上において一定の相観（全体的な外観）を持つ植生を基盤として成立している動植物の群集の最も大きな単位はバイオーム（生物群系）と呼ばれている。ここで植生とはある地域に生息している植物の集団全体を指す。異種のバイオームのそれぞれは、主として気候の影響を受けて形成された植生タイプやその他の景観によって容易に視覚認識される生態系である。

バイオームは、木の生えている密度によって森林、サバンナ、および草原・荒原に大別することができる。ここに森林とは、隣同士の木の枝葉が触れ合うほど密集して木が生えている状態を指す。木々の生え方がこれよりまばらになって間に草が生えているバイオームはサバンナと呼ばれ、もし木が皆無かごくわずかになると、そのバイオームは草原あるいは荒原となる。ここでいう荒原には砂漠・半砂漠やツンドラが含まれている。

異なった大陸においても似たタイプのバイオームがよくみられるので、これらを広くまとめてバイオーム型と呼んでいる。世界に分布する主要なバイオーム型には、熱帯多雨林、熱帯季節林（雨緑樹林）、サバンナ、砂漠、温帯森林（照葉樹林と夏緑樹林）、硬葉樹林、ステップ（温帯草原）、タイガ（亜寒帯針葉樹林）、ツンドラ、氷雪地などがある（図2-7）。

単位面積当りの純一次生産（NPP）の値は、バイオーム型の種別に依存しており、地域差が著しい。森林＞草原＞荒原（ツンドラ、砂漠）の順であり、年中高温多湿な熱帯多雨林の値が最も大きい。年平均気温を横軸、年平均降水量を縦軸にとると、各バイオーム型の領域をおおまかに区分することができる。

土壌は陸域生態系において、媒質としての大気と共に、生物にとって不可欠な生活基盤である。ここで土壌とは、陸地表面のごく薄い層の部分を指し、岩石が風化・破砕されて生じた砂や粘土と、枯葉や生物の遺体・排泄物など

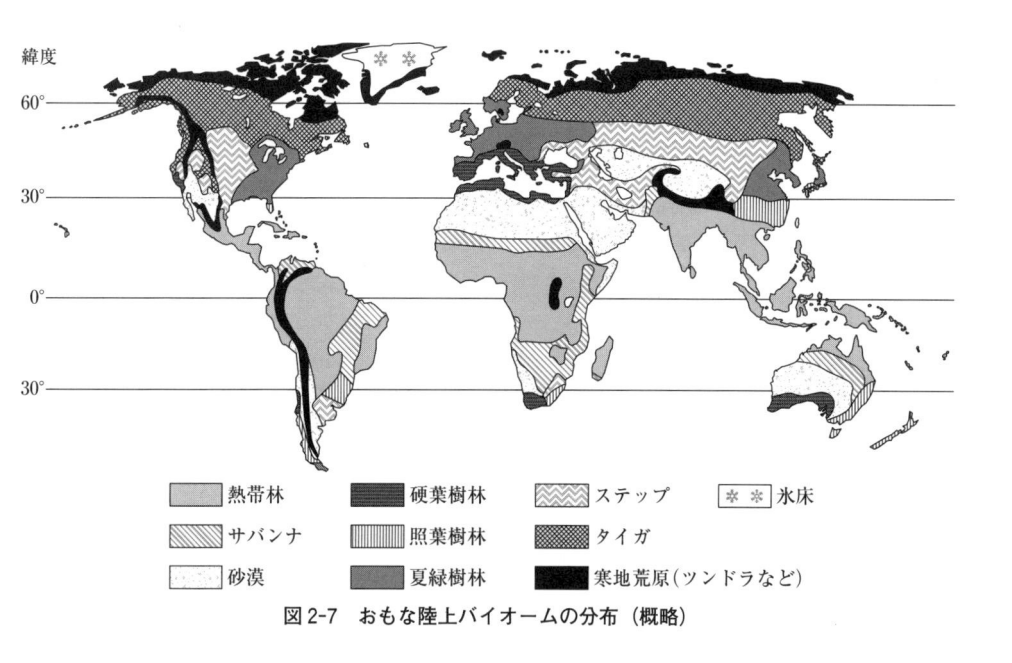

図2-7　おもな陸上バイオームの分布（概略）

凡例：
- 熱帯林
- サバンナ
- 砂漠
- 硬葉樹林
- 照葉樹林
- 夏緑樹林
- ステップ
- タイガ
- 寒地荒原(ツンドラなど)
- 氷床

が分解して生じた有機物（腐植）との混合物である。植物にとって土壌は養分の供給源であり、生育に必須の元素のうち、空気と水から得られる炭素、酸素、水素以外のものをすべて賄っている。

　肥沃な土壌中の生物群集が担う主要な生態学的役割は生物由来の有機物を分解することである。この過程で有機物は腐植に変化し、最終的には無機物にまで分解され、再び植物の養分として吸収される。こうして、土壌を媒体とする物質循環が形成されることになる。有機物の分解はミミズなどの小動物や細菌、カビ類などによって行われている。この中でも特に分解作用への寄与が大きい細菌やカビ類を分解者と総称している。世界における主要な土壌タイプの分布状態は、バイオームとよく対応している。

　ふつう、世界の森林地帯といえば、熱帯多雨林、熱帯季節林、温帯森林(多雨林を含む)、タイガをまとめたものである。表2-1に示されるように、これらの森林地帯は、地球表面積の 9.5% に過ぎないが、全世界の純一次生産（総量）の 42.8% を産出する。

2.2　生物圏の概観

表2-1 森林バイオームの純一次生産と植物現存量

	面積		純一次生産の総量 (乾量)		植物現存量 (乾量)	
	10^6 km²	%	10^9 トン/年	%	10^9 トン	%
熱帯多雨林	17.0	3.3	37.4	21.7	765	41.6
熱帯季節林	7.5	1.5	12.0	7.0	260	14.1
温帯森林※	12.0	2.4	14.9	8.6	385	20.9
タイガ	12.0	2.4	9.6	5.6	240	13.0
主要森林の合計	48.5	9.5	73.9	42.8	1,650	89.6
陸地の合計	149.0	29.2	117.5	68.1	1,837	99.8
外洋	332.0	65.1	41.5	24.1	1.0	0.05
海洋の合計	361.0	70.8	55.0	31.9	3.9	0.2
地球全体	510.0	100	172.5	100	1,841	100

※は照葉樹林と夏緑樹林の合計。
(出典) 森家章雄, 西川祥子：環境問題の根本認識について (神戸商科大学研究叢書LIV), p.61, 表2, 神戸商科大学経済研究所, 1996

　一方、海洋は70.8%の面積を占めるにもかかわらず、その純一次生産は31.9%にとどまっている。森林は、最も生産力の高いバイオームであり、地球上の光合成作用の主要部となっている。熱帯多雨林は特に重要であり、わずか3.3%の面積で純一次生産全体の21.7%を産出している。森林は植物現存量、換言すれば炭素の主要貯蔵庫であり、地球全体の89.6%を占めている。その中でも、熱帯多雨林の比重が最も高く、41.6%にも達する。森林内の植物現存量のほとんどは樹木にある。

2.2.4 海洋生態系

　海洋生態系においても、食物連鎖の出発点となる一次生産者のほとんどは緑色植物であり、その光合成による有機物の生産全体を海洋の総一次生産とみなして差し支えない。主要な一次生産者は植物プランクトン (ふつうシアノバクテリアなどの原核生物も含めて呼ばれている) であり、海岸近くの浅い海では海藻類も加わる。総一次生産からこれらの一次生産者自身の呼吸作用分を差し引いた残りである純一次生産が、植食動物群の食料供給源となっている。

　海の生態系は、陸地側から順に潮間帯、沿岸域、外洋域に大別される。
　海洋におけるNPP値は、陸地との位置関係による生態系区分に依存して

大きく異なっている。

　潮間帯は、陸と海の境界（沿岸線）にあたる部分であり、高潮位と低潮位の間に挟まれる帯状の区域である。潮間帯の単位面積当りのNPP値は概して高い。世界の熱帯・亜熱帯地方の潮間帯の約60％はマングローブ植生によって占められている。熱帯マングローブ林の平均NPPは乾重量で2,500～3,600 g/m^2・年とされ、熱帯多雨林［6,000 g/m^2・年（西インド）］やサンゴ礁［4,900 g/m^2・年（太平洋）］に次いで大きい。

　沿岸域は、低潮位からの深さが約200 mまでの範囲であり、大陸棚の上に広がっている。沿岸域の平均NPPは600 g/m^2・年であるが、コンブやアラメ（褐藻）などの海藻が群生する海域では生産性が高く、2,300 g/m^2・年に達する。地球表面の65％も占めている外洋域の平均NPPは100 g/m^2・年と非常に低く、陸上の砂漠地帯とほぼ同程度である。

（兵庫県立大学　経済学部　応用経済学科　教授　森家章雄）

第3章
大気環境

　地球が約46億年前に誕生した時、大気の組成は現在とは全く異なるものであった。その後長い時間をかけ、酸素が生成し大気の上層部にオゾン層が形成するなど大気の組成は大きく変化し、人間や生物が地表で生存できる地球大気が形成された。しかし、今や人間活動による汚染により様々な大気環境の問題が生じている。

3.1 地球大気の形成

　宇宙は今から約140億年前の大爆発により誕生したと考えられている。ビッグバン理論である。時間、空間も物質・エネルギーの存在しうる宇宙すべてがこの時に誕生し、高温高密度の火の玉が膨張と共に温度と密度を下げ、現在に至っている。

　地球は今から約46億年前に太陽系の一つの星として生まれた。誕生した原始地球は直径10 km程度のごく小さな星であったが、まわりの隕石や微小惑星を取り込みながら大きく成長を続けて、現在の大きさ（赤道半径6,378 km、質量5.974×10^{24} kg）に成長したのである。原始地球は無数の隕石や微小惑星との衝突で発生した熱で高温となり、表面は融けた溶岩（マグマ）で覆われていたと考えられる。比重の大きな鉄がマグマの中を沈んでいき、地球の核を形成した。地球に衝突した隕石や微小惑星に含まれていた揮発性の物質は地球表面の高温状態でガス化し、原始地球の大気は窒素や二酸化炭素、水蒸気を主成分とし、酸素はまだ存在していなかった。雨もガス化して上昇し、上空の低温域で冷却されて、また雨になって降る。この循環を限りなく繰り返しながら、地球はゆっくりと冷えていった。

　地表が冷えて海が生まれたのは今から40億年あまり前のことである。この時の地球の温度と気圧は、水の臨界条件から考えて、約380℃、100気圧に近かったと想像される。原始の海は硫酸を含むために強酸性であり、マグマが冷却してできた玄武岩などの岩石を腐食させて、アルカリ金属、アルカリ土類金属や大量の鉄を溶かし出した。強酸性の海水がアルカリ金属、アル

カリ土類金属のようなアルカリ性の物質で徐々に中和され、中性に近づくにつれて、大気中の二酸化炭素が海水に吸収され始めた。吸収された二酸化炭素は水中のカルシウムイオンと結合して炭酸カルシウムとなって沈殿していき、海底に大量の石灰石を作った。

原始大気に数十気圧もの二酸化炭素が含まれていた時期、太陽光度は現在の70%程度で、大量の二酸化炭素による強力な温室効果が原始地球の寒冷化を防ぎ、温暖な環境をもたらしたと考えられる。原始大気中には数十気圧の二酸化炭素と一気圧程度の窒素が含まれ、二酸化炭素は石灰岩など炭酸塩岩石として大陸に付加・固定されるという無機化学過程で減少すると共に、サンゴや有孔虫など炭酸カルシウムを沈着させて石灰質をつくる生物により減少したと考えられる。窒素は原始海洋から大きな変動はない。

酸素は原始大気中にはほとんど含まれていなかったが、約35億年前に光合成をするラン藻類（シアノバクテリア）が出現し、酸素を生成するようになる。光合成生物が作り出した酸素は、海水中の鉄の酸化に使われる割合が減少するにしたがって、少しずつ海水中から出て大気中に溜まり始めた。大気中のO_2分圧は光合成作用の活発化に伴って、徐々に増大して3.5億年前の石炭紀には現在の10倍に達し、その後変動をくり返し、現在に至っている（図3-1）。

大気中の酸素濃度の上昇で、大気の上層部にオゾン層が生成し始めた。オゾン層は太陽からの有害な紫外線が地上にふりそそぐのを防いでくれるバリアで、このバリアが完成するまでは、紫外線を避けるため、生物は水中で生

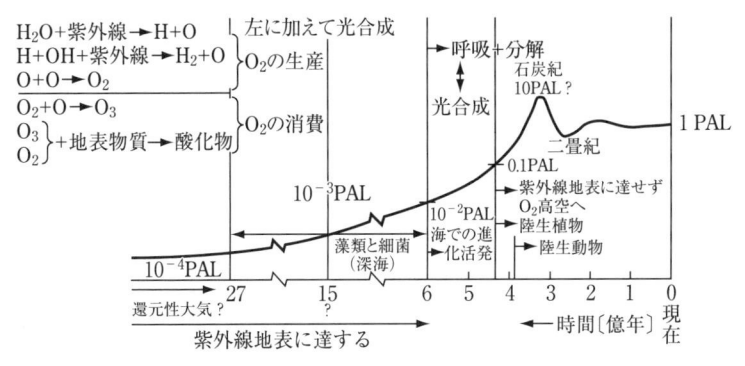

（出典）日本化学会編：化学総説 No.10 大気の化学, 学会出版センター, 1990
図3-1 地球の歴史を通じてのO_2の消長 （1PAL＝現在の大気圧レベル）

息するしかなかった。オゾン層が完成したことによって、地上での生物の生存が可能となった。水生生物で過密状態の海から地上に生物が進出し始め、多くの生物が次々と陸地に現れ、現在の地球環境の基礎ができたのである。

3.2 現在の地球大気

3.2.1 大気の組成

現在の地球の大気は窒素と酸素が主体で、これに少量の水、アルゴン、二酸化炭素を含み（表 3-1）、主成分が二酸化炭素で少量の窒素を含む火星や金星の大気とは著しく違いがある。地球大気の 78% を占める窒素は、化学反応性は比較的低く、安定である。一方、21% 含まれる酸素は、化学反応性の高い気体である。酸素は、植物の光合反応によって生成し、生物の呼吸や、燃焼などの化学反応（酸化）によって消費される。地球の歴史においては、図 3-1 に示したように、約 27 億年前から海水中で藻類の光合成によって生成した酸素（O_2）が大気中に蓄積し、約 15 億年前には、現在の 1/1000 程度の酸素が存在していたと考えられている。約 2 億年前からは、ほぼ現在の値付近で安定化した。

表 3-1 大気の主な成分〔体積%〕

気体	地球	金星	火星
窒素 N_2	78.10	3.4	2.7
酸素 O_2	20.93	0.0069	0.013
水 H_2O	1～2.8	0.14	0.003
アルゴン Ar	0.932	0.0019	1.6
二酸化炭素 CO_2	0.036	96	95
ネオン Ne	0.0018	0.0004	0.00025

（出典）国立天文台編：理科年表 2014 年版，丸善のデータをもとに筆者作成

3.2.2 大気の構造

大気圏は、地表付近から上層に向かって、対流圏（0～約 12 km）、成層圏（20～50 km）、中間圏（50～80 km）、熱圏（80 km～）と分類され、鉛直温度分布を図 3-2 に示す。熱圏には電離層があり、その上層においては太陽風（太陽からの粒子線）の作用によって発光現象（オーロラ）が起こる。

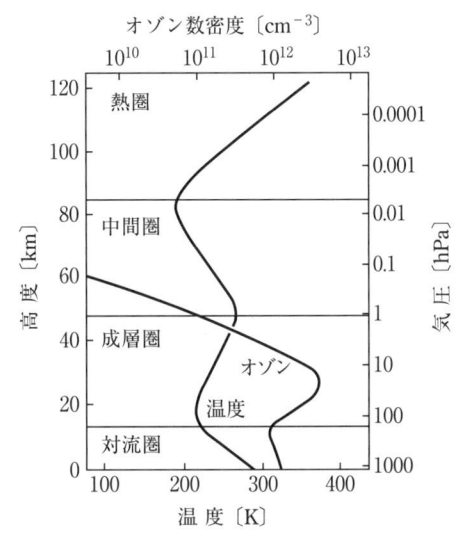

(出典) 山口勝三ほか：環境の科学 われらの地球,
未来の地球, p.12, 図2.3, 培風館, 1998
図3-2 大気の圧力、温度、オゾン濃度の高度分布

　高度10数kmでは、大気中の酸素分子（O_2）に太陽からの短波長紫外線が作用してオゾン（O_3）が生成する。高度25 km付近ではオゾン濃度は最大になり、オゾン層と呼ばれる領域をつくっている。
　大気は透明で、太陽からの輻射エネルギーの多くは地表まで透過される。太陽からの輻射の主体は紫外線と可視光線である。このうち、紫外線は可視光線に比べて大きなエネルギーをもち、さまざまな化学反応を引き起こす。紫外線にはUV-A（320-400 nm）、UV-B（280-320 nm）、およびUV-C（200-280 nm）があり、特に波長320 nm以下の短波長の紫外線は、生物組織に対する影響もきわめて大きい。
　大気の上層部では、太陽輻射紫外線によって酸素（O_2）からオゾン（O_3）が生成しており、これが紫外線を効果的に吸収して、太陽から地表へ照射される紫外線を遮断している。オゾン層は150-320 nmの紫外線を効率よく吸収する。大気の下層部、対流圏においては、地球の自転と地表の温度分布によって大気が移動する。水蒸気を含んだ大気の移動にともなって熱や水が輸送され、多様な気象現象が引き起こされる。
　一方、地球表面からは宇宙空間に向けてエネルギーが赤外線として放射さ

れるが、赤外線を吸収する性質をもつ大気中の二酸化炭素に吸収される。したがって、この二酸化炭素は宇宙空間へのエネルギーの放出によって地表が冷えるのを阻止する役割を果たしている。このような作用は、温室効果と呼ばれ、自然に存在する温室効果ガスとしては、二酸化炭素のほか、水蒸気、メタン、亜酸化窒素（一酸化二窒素）、オゾンなどがある。近年、地球温暖化が問題になっているが、温室効果ガスの濃度が上がったことによって引き起こされたとも考えられている。しかし、これらを大気から除くと、地球上の年平均気温は現状の15℃から－18℃に低下し、生存することが困難な生物が多数でてくる。

3.3 大気汚染の歴史

3.3.1 産業革命までの大気汚染

地球大気は様々な微量物質を含むが、大気中の微量物質が何らかの悪影響を及ぼす濃度に達した場合を大気汚染（air pollution）という。ローマの哲学者セネカはA.D.61年（2000年近く前）、「ローマ市街の煙突からでる煙の悪臭とばい煙（燃焼に伴うすす）を含んだ重苦しい空気を吸うと、たちまち気分が悪くなる」と書いており、これが有史以降初めての大気汚染の記録といわれている。しかし、そもそも人間が火を使用する時から汚染が始まったともいわれている。

大気汚染が社会問題として取り上げられたのは、イギリスが最も早い。これは、イギリスでは古くから燃料に石炭が使用されていたからであり、13世紀のロンドンでは家庭や工場から発生する石炭の煙が問題となっていた。そのため、1306年、エドワードⅠ世は勅命で、職人が炉で石炭をたくことを禁止した。産業革命以前、大気汚染の発生源となったのは冶金、窯業、食肉保存の工場であった。

環境問題としての大気環境の変化は、1784年、ワットが蒸気機関を発明した産業革命後、先進諸国で増大してきた石炭や石油などの化石燃料の燃焼を中心とする人間活動によるものである。19世紀から20世紀はじめの大気汚染は主に煙とばい煙が原因であった。ロンドンはこれらにおおわれ、「霧の都」とも呼ばれ、スモッグ（smog）というsmoke（煙）とfog（霧）の合成語が汚染の代名詞のように使用されるようになった。

3.3.2 ロンドン型スモッグとロサンゼルス型スモッグ

　イギリスでは1940～1950年代、比較的規模の大きいスモッグが発生していた。特に1952年12月に発生したロンドンスモッグの規模は大きく、12月5日から9日まで続いたスモッグで死者4000人と著しい被害をもたらした。寒い冬だったため、家庭暖房の石炭排煙から大量のすすと亜硫酸ガス（SO_2）が発生し、風がなく気温の逆転層が形成されたため、汚染物質が拡散せずに低い逆転層の中に閉じこめられて高濃度となった。さらに、悪いことに雨が降り始め、pH1.4-1.9というすさまじい酸性の雨が降り注いだことが被害を大きくした原因である。これを受けて、1956年、イギリスでは大気清浄法（Clean Air Act）が制定された。

　一方、世界に先駆けてモータリゼーションが発達したアメリカ合衆国では、1940年代になると、ロンドン型スモッグとは異なるタイプのスモッグがカリフォルニア州ロサンゼルスを中心に発生した。ロサンゼルスは盆地の中にあって大気汚染物質の滞留が起きやすい地形に加えて、人口が急速に増加して、産業の拡大や自動車の増加が大気汚染を深刻化させていた。当時知られていた主な大気汚染物質はばい煙や二酸化硫黄であり、これらを法的に規制することは行われたが、被害の悪化が防げずにいた。1943年9月には昼間でも薄暗くなるほどの高濃度のスモッグが発生し、呼吸器障害や催涙性の（目への）刺激などの健康被害が広い範囲で発生した。1944年には植物への被害が初めて報告され、1949年には農作物への大規模な被害も発生した。その当時の大気汚染は主に石炭の燃焼が原因で、冬の朝を中心に発生する「黒いスモッグ」（ロンドン型スモッグ）であったが、ロサンゼルスのスモッグは夏の昼間を中心に発生し、白色だったため「白いスモッグ」（ロサンゼルス型スモッグ）と呼ばれた。後の研究によって、高濃度のオゾンや窒素酸化物が観測されることが分かり、日光を受けた原因物質が光化学反応を介してオゾンを生成するメカニズムとともに、自動車の排出ガスなど石油類の燃焼が原因であることが判明して、「光化学スモッグ」と呼ばれるようになった。

3.3.3 日本における大気汚染

　日本では明治維新後、富国強兵策がとられ、産業の振興が図られた。当初、近代産業を牽引する中心的な役割を果たした紡績業や銅精錬業、製鉄業の規模が次第に拡大する1868～1926年、これらの地域で著しい大気汚染が発生

している。大阪、東京等の大都市においては、紡績業等の近代産業の関連工場のほか鍛冶業等各種の町工場が集中して立地し、1910年代には火力発電所の立地等によって大気汚染が進行した。さらに、自動車交通による大気汚染も加わり、複合した都市大気汚染が生じた。

一方、1870年代から栃木県の足尾銅山、愛媛県の別子銅山、茨城県の日立鉱山といった銅精錬所周辺地域において、精錬に伴う硫黄酸化物による大気汚染が周辺の農林水産業に深刻な被害を発生するまでに進行した。足尾銅山では、1878年に魚の大量死や山林の枯死が発生し、1890年には渡良瀬川の大洪水で鉱山からの汚泥や坑内水により田畑が汚染し、多大な被害をもたらした。これに怒った農民が数度にわたり蜂起し、田中正造はその中心で、1901年には明治天皇に直訴している。1932年、1933年には大阪府と京都市でそれぞればい煙防止規制が制定された。

1960年代になると、東京、大阪等の大都市や四日市等の工業地域では、戦後の高度経済成長による科学技術の発達と生産活動の増加で、亜硫酸ガス（SO_2）によるロンドン型の大気汚染が発生した。四日市ぜんそくとよばれる公害病も発生した。そのため、1967年に公害対策基本法、1968年には大気汚染防止法が制定され、低硫黄重油の使用や排煙脱硫技術など様々な大気中のSO_2濃度を低下させる対策がとられ、大気中SO_2濃度は急速に減少した（図3-3）。

1970年代になると、日本でもロンドン型ではなくロサンゼルス型スモッ

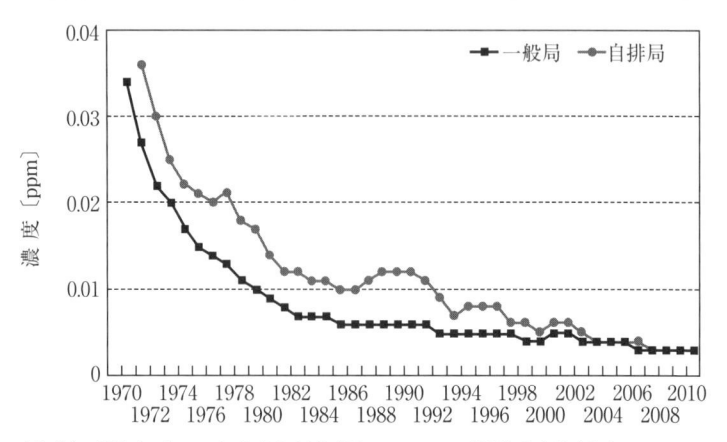

（出典）環境省「2010年度大気汚染状況について（報道発表資料）」

図3-3 二酸化硫黄濃度の年平均値の推移（1970～2010年度）

グが発生するようになった。1970年7月に東京立正中・高等学校の学生がグラウンドで目に対する刺激やのどの痛みなどを訴えた被害が初めての事例である。その後、日本各地で光化学スモッグが報告されるようになった。1973年をピークとして減少したが、1980年代後半にまた増加している。2006年以降、光化学オキシダント濃度が環境基準を達成している地点はほとんどなく、2000年前後から、対馬などの離島や西日本、日本海側などで大陸（主に中国）から越境輸送された汚染物質が影響したと推定される高濃度が観測されている。

また、1973～1975年には、関東地方で目の痛みや皮膚の刺激など酸性雨によるものと思われる人的被害が発生している。1973年6月には静岡県でpH2.7-3.5の霧雨が観測され、人的被害だけでなく植物にも被害が生じた。1974年7月には、埼玉県北部、栃木県、群馬県南部の広範囲にわたり酸性度の強い雨が降り、約3万人に目の痛みなどの健康被害が発生したと報告されている。その後、1980年代になると環境庁（現在の環境省）の全国調査が開始し、pH3以下の低い雨が観測されることは減少したが、全国の雨の平均pHは4.7-4.8で酸性化した雨が降っている。

3.4 地球規模の大気環境汚染

1960年代後半になると、酸性雨の被害が初めて北欧のスウェーデンなどスカンジナビア半島で報告され、北米でも東部で報告された。酸性雨によって森林衰退や湖沼の酸性化がおこり、河川、湖沼の魚類や水生生物が死滅した。先述したように、日本でも1970年代には酸性雨の被害が報告されている。

1980年代になると、成層圏のオゾン層のオゾン減少や地球温暖化現象など地球規模の環境問題が発生してきた。オゾン層のオゾン減少は特定フロンや亜酸化窒素（N_2O）が原因物質で、特に南極上空では南極の春にオゾンホールが発現している。地球温暖化は、温室効果ガスである二酸化炭素、メタン、亜酸化窒素、代替フロンが主な原因物質とされ、気温の上昇やそれに伴う気候変動や海面上昇が懸念されている。

エアロゾル（aerosol）の増加も問題である。エアロゾルは気体の中に固体または液体の微細な粒子が浮遊している物質系（粒径1 nm～100 μm)で、10 μm以下のエアロゾルを浮遊粒子状物質（Suspended Particulate Matter；

SPM)、さらに粒径の小さな 2.5 μm 未満のものを PM2.5 という。エアロゾルには土壌、海塩、黄砂、火山、花粉などの自然発生源と、ディーゼルエンジン、排ガスなど人為発生源のものがある。これらは気候変動や汚染物質の移動に影響を与えている。

3.5 黄砂、PM2.5 など中国大陸からの越境汚染

　毎年春になると日本には黄砂が飛来し、年によりその量は異なる。黄砂は普通の砂よりはるかに小さく、日本に飛来する黄砂のサイズは直径 0.1～10 μm の間で分布し、SPM である。SPM の中でも微細な微小粒子状物質（PM2.5)は、肺に取り込まれて健康へ悪影響を及ぼすことが懸念されているが、PM2.5 以外にもオゾンや黄砂などに付着して発がん性のある多環芳香族炭化水素や有害な過塩素酸塩、微生物までが越境汚染していることが知られている。2013 年 1 月以降、九州など西日本を中心に PM2.5 が高濃度で観測されると、日本では「PM2.5 は中国からの大気汚染だ」と騒がれ始めたが、これはこの年に始まったことではない。2007 年 5 月には、越境大気汚染が影響してオゾンが高濃度に達したため、北九州市で運動会が中止され、2011 年 2 月には、別府大分マラソンが霞の中で行われたこともあった。

　黄砂は、その発生地は西からタクラマカン砂漠、ゴビ砂漠、黄土高原で、石英、長石、雲母、カオリナイトなど様々な鉱物からなり、全体としてカルシウムに富む。年中飛来しているバックグラウンド黄砂と春先にやってくる黄砂の 2 タイプがあり、前者はタクラマカン砂漠、後者はゴビ砂漠と黄土高原を主な起源としている。黄砂は、季節ごとの気圧配置の影響を強く受け、日本に飛来するのは主に春になる。黄砂が偏西風や、地表近くの西風に乗って中国沿岸部にやってくると、そこはスモッグに覆われた大都市や工業地帯であり、窒素酸化物や硫黄酸化物など汚染ガスが黄砂に付着する。中国では雨が酸性化しているが、黄砂が上空を通る北京などの雨は、南部の重慶などに比べて酸性化しておらず、これは黄砂や土壌などに含まれる塩基性成分（アルカリ成分）により中和されているためと考えられる。

　一方、PM2.5 は硫酸塩、硝酸塩、有機物、ブラックカーボン（すす）など多種の物質が混じりあった複雑で微細な大気中浮遊粒子であり、硫酸塩が 40％ を占めていると報告されている（図 3-4）。PM2.5 は微小なため肺の奥

深くに到達されることが懸念され、日本では2009年に大気環境基準を1年平均値が15 μg/m³以下、かつ1日平均値が35 μg/m³以下としている。2013年には、全国のPM2.5測定局（約150）のうち、PM2.5濃度が環境基準値を超えた測定局が、九州など西日本を中心に1月13日に27局、1月30日、31日、2月1日にはそれぞれ12、31、21局となった。九州では特に熊本県を中心に高く、荒尾市役所では、3月4日の午後からPM2.5の濃度が上昇し、3月5日の午前8時には、110 μg/m³と最も高くなった。3月5日午前6時の天気図では、移動性高気圧の中心が上海のほぼ真上にあり、比較的ゆっくりと東進していた。高気圧の周りを吹く時計回りの風に乗って、PM2.5が日本に運ばれたと考えられている。

　海洋研究開発機構のグループが環境省のプロジェクトにおいて、日本の西端に近い長崎県五島列島の福江島で2009年からPM2.5の連続測定を行っており、1年間のデータを解析したところ、年平均値は17.3 μg/m³と、長期基準である年平均値15 μg/m³を少し超えていた。また短期基準である1日平均値は56.5 μg/m³と、基準値35 μg/m³を大きく上回っていた。後方流跡線解析から、韓国〜中国華北平原北部〜華中付近から大陸を離れ、福江島に気塊が到達するケースが多いことが示された。高濃度日は必ずしも黄砂測定日とは合致せず、同時に高濃度のブラックカーボン濃度が検出されたことから、越境大気汚染が懸念された。黄砂やPM2.5に付着して有害な多環芳

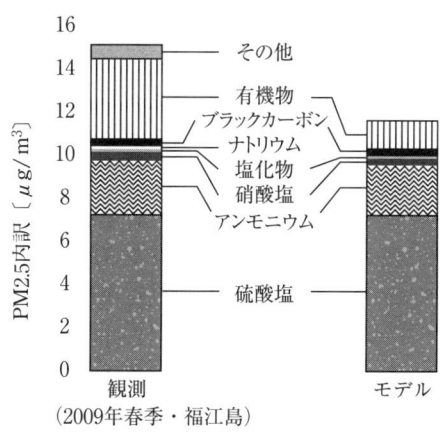

（出典）日経サイエンス2013年5月号, p.35
図3-4　PM2.5の組成

香族炭化水素や過塩素酸塩、微生物までが中国など大陸から越境して飛来している。

(京都工芸繊維大学　環境科学センター　教授　山田　悦)

第4章
地球温暖化

　21世紀に世界が取り組むべき最大の課題は地球環境の保全であるといわれて久しい。なかでも地球温暖化の問題や、第5章で述べるオゾン層破壊の問題などは、この30年以上にわたってマスコミにも大きく取り上げられ、国際会議や研究会が数多く開かれてきた。これらは大気中でのできごとに関する問題である。

　大気とは、地球を取り巻く気体の層のことで、窒素、酸素、その他の気体が引力で地球の周りに引き寄せられてできている。この大気圏が、太陽からの有害な電磁波をさえぎる一方、地球から宇宙への熱の放射を防ぐなどの重要な働きをしている。大気圏は、対流圏と呼ばれる上空約10 kmまでの層と、その上の成層圏と呼ばれる部分を含めても、実質的には地上から50 kmほどしかない非常に薄いものである。上空50 kmというとかなりの厚さだと思う人もいるかもしれないが、たとえば東京―横浜間や、京都―大阪間の距離が約50 kmである。地球の大気がいかに薄いかを実感してもらうためには地球儀を見てもらえればいい。その距離がどれほどわずかのものかわかるだろう。ほとんど地球にくっついた薄い皮のようなものである。

　この大気が汚染を受けやすいのはなぜだろうか？　まず挙げられるのは、地球における大気の物質の存在量の少なさである。地殻5,924、水圏2.4、大気0.005（単位は〔10^{21} kg〕）といわれていて、大気が一番少ない。だから簡単に汚染も受けやすいことになる。次に、固体・液体・気体の中では気体がもっとも短時間で混ざりやすい性質があることも要因の一つと考えられる。

4.1 「地球温暖化問題」の難しさ

　産業革命以降、人間活動による温室効果ガスの放出量は急速に増加したといわれている。地球温暖化の問題とは「近年の人間の活動の活発化によってもたらされる気候変動への懸念」といいかえることができよう。科学技術の発展による人間の活動量の拡大が、無限だと考えられてきた自然の包容力を超えてしまったのである。そして、それは気温の上昇だけでなく、海氷・陸

氷の減少や、降水量変動、生態系の破壊などを同時に引き起こす可能性をはらんでいるという。

　これまで日本が経験してきた「公害問題」や「環境問題」に対して、国は結果が明白になってから策を講ずる方策、いわゆる対症療法でなんとか対処してきた。ところが地球温暖化問題については、実はまだ原因も結果も完全には分かっていないのである。明らかな被害などの結果が出ていないのに、結果と原因の因果関係を予測（あるいは想像）し、対策を講じなければならないところが難しいところである。

　一般的には、こういった場合には、さまざまな人がそれぞれの利害の立場から声高に発言するため、本当にいい解決方法を決めることが難しいことが多い。事実、この地球温暖化問題に対しては、いろいろな人がさまざまなことを言っている。温暖化問題などはない、という者もいれば、かなり切迫しているという者もいるだろうし、よくわからないという者もいる。その問題の内容と切迫度に対して認識の大きな違いがあるのである。地球温暖化問題は、深刻さが年々増していって、これまでのような対処療法では間に合わないという可能性がありながら、問題を議論するうえでの認識において共通の基盤がないという状況だ。この問題の前途にはさまざまな障害が待ちうけていることだろう。

4.1.1 地球温暖化が問題となってきたのは

　さて、地球の温暖化が大きな問題として騒がれだしたのはここ 30 年ほどのことである。この問題は、文字どおり地球の気温が上がり、地球全体が暖かくなってそれが問題だということである。しかもその原因が二酸化炭素（以後 CO_2 と表す）だということになって、世界中で大騒ぎをしている。

　では、そもそもの始まりは何だったのであろう。ほんとうに暖かくなってきたのだろうか。

　気象庁は 1999 年 10 月 4 日に、その年の 9 月の全国平均気温は平年を上回り、147 カ所の観測地点のうち 99 カ所で過去最高気温を記録したと発表した。21 世紀に入っても、毎年のように「観測史上最高」という文字が新聞紙上などに躍っている。

　たしかにここ数年でも、猛暑日などという言葉が使われ、以前に比べて地球が暖かくなっていると思える年もある。しかし、2005 年から 2006 年にか

けての冬は例年よりも寒く、記録的豪雪の冬であったし、2006年や2011年の夏も例年に比べると肌寒い思いをした人も多かった。ほんとうにみんなが言っているように地球が温暖化しているのだろうか。しかもその原因が、ほんとうに CO_2 のわずかな増加なのだろうか。

4.1.2 地球寒冷化説から地球温暖化問題へ

現在から30年ほど前までは、地球寒冷化を恐れる説が有力で、これから地球は、氷河期に向かうなどとも言われていた。もし、地球の平均気温が15℃を下回れば、穀物が生育しにくく食糧不足になる恐れがある。これまでの歴史的な飢饉も気温の低下によっているという。

さて、図4-1に1977年の新聞記事を挙げておく。見出しに「地球は冷えている」という言葉が躍っているが、これを見ると、当時は地球が寒冷化に向かっていると考えられていたことが分かる。これが、いつの間にか地球温暖化といわれるようになり、世界中を挙げての大騒ぎが始まったのである。

1988年6月23日、アメリカ航空宇宙局（NASA）のハンセンは、アメリカ議会上院のエネルギー委員会の公聴会で次のように発言したと言われている。

「最近の異常気象、とりわけ暑い気象が地球の温暖化と関係していることは99%の確率で正しい」

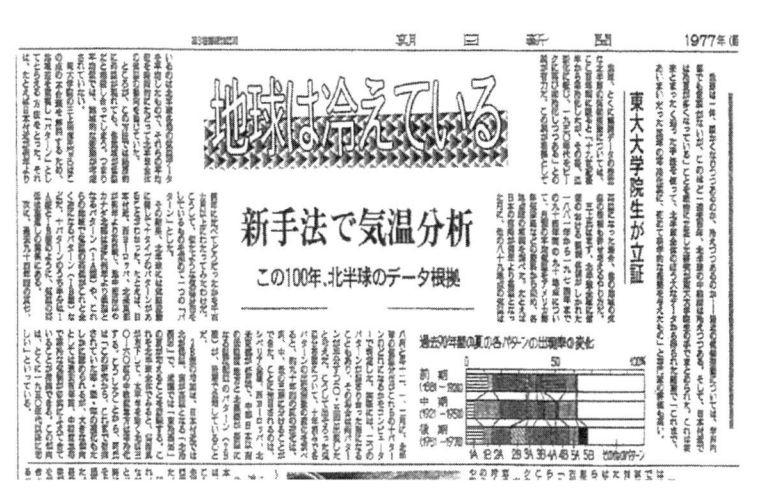

（出典）朝日新聞（1977年3月25日版）より

図4-1 当時の地球寒冷化の新聞記事の一例

4.1 「地球温暖化問題」の難しさ………45

「シミュレーションによれば、温室効果は、夏の熱波のような異常気象を起こし始めるのに十分なほど大きい……」などと。

また、国際連合の気候変動に関する政府間パネル（IPCC）は、1991年の最初の報告（IPCC第一次報告書）で『科学的知見』と題して「われわれは以下のことを確信する」という見出しをつけ、次の二つをあげた。

「自然に存在している温室効果によって、地球は、それが存在しない場合に比べてすでに暖かく保たれている」

「人間活動に起因する排出によって二酸化炭素、メタン、クロロフルオロカーボン（CFCs、いわゆるフロン）、一酸化二窒素といった温室効果ガスの大気中濃度は著しく増加している。これらの増加は温室効果を強めるため、その結果、全体として地球表面に一層の温暖化をもたらすだろう……」（下線筆者）

これ以降、CO_2 の増加によって地球の温暖化が進むという話が、世界的な政治課題として大々的に取り上げられることになった。

このIPCCの文章にしても、実はこの下線部がまだ科学的にわかっていないのに、地球温暖化は CO_2 等の増加が原因であるとはじめから決めつけているのである。そして未だに、このことに対する科学的な証明はなされていない。原因がわかっていないのに憶測で対策を立てるのは科学的とは言えない。

4.1.3 確かに増えている CO_2

次の図4-2は大気中における二酸化炭素の世界平均濃度の変動を示している。

この図を見ると、CO_2 の濃度はたしかに年々増加している。しかし大気中に CO_2 が増えるからにはそれなりの理由があるはずである。このような経年の CO_2 の増加の源泉として、次の2つが考えられるだろう。

まず石炭・石油などの化石燃料の燃焼による増加である。地中に眠っている石油を燃やすと、次のような反応で CO_2 と水が生成される。

$$(CH_2)_n + 3/2 n O_2 \rightarrow n CO_2 + n H_2O$$

次に考えられるのが、森林の伐採によるものである。樹木の幹の成分として蓄えられている炭水化物が燃やされ、あるいは腐って最後は CO_2 になる。

$$(CH_2O)_n + n O_2 \rightarrow n CO_2 + n H_2O$$

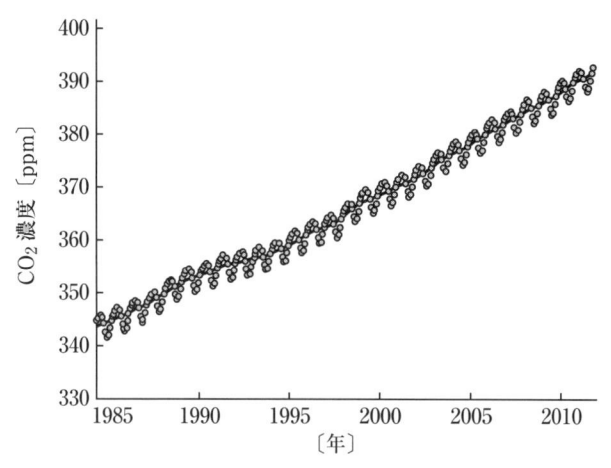

(出典) 気象庁ホームページより（CO_2濃度の経年変化）
図 4-2　地球全体の CO_2 濃度変化

　CO_2 濃度変化のグラフはギザギザになっていて、1 年を通してみると一定のペースでは増加せず、CO_2 は冬に増えて、夏になると減っているのがわかる。これらは一応、光合成に関連しているといわれている。すなわち、夏の間は植物の光合成が盛んなために CO_2 をよく吸収して葉を茂らせるから減少し、逆に冬には枯れ葉が腐って CO_2 に戻るために増加するということらしい。

　ちなみに CO_2 濃度の観測点（約 150 地点）の中には、有名なハワイ・マウナロア観測所が含まれているが、太平洋上のハワイが観測所に選ばれているのは、人間活動の影響をなるべく受けないようにということによっている。

4.1.4　地球温暖化 CO_2 主因説

　1980 年代後半まで地球は寒冷化に向かっているという説が有力であり、将来再び氷河期が来ることが懸念されていた。1920 年ごろまで気温は下降傾向にあり、1920 年から 1940 年にかけて少し上昇傾向にあったが、それ以降の約 40 年間はまた下降傾向にあった。ところが 1980 年の少し前から上昇しはじめ（図 4-3）、比較できる過去 170 年の最高を記録しつづけているといわれている。

　このような状況を背景に、1980 年代末になると急に地球温暖化＝CO_2 原因説が現れてきた。この CO_2 主因説の決定打になったのは次の図 4-4 のよ

うな報告であった。ボストークという旧ソビエト連邦の南極基地で 2,000 m の氷柱をとり、それを分析して、過去 16 万年間の気温、CO_2 濃度の経年変化をとったものである。

図 4-4 が最初に CO_2 濃度と地球の気温とを関連づけたものである（現在

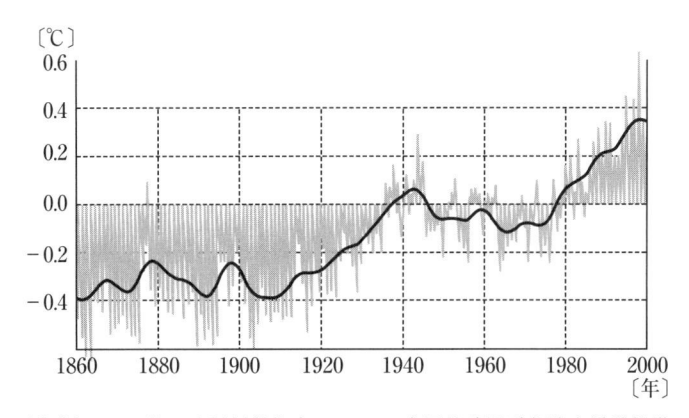

(出典) IPCC 第 3 次評価報告書，JCCCA 全国地球温暖化防止活動推進センターホームページより

図 4-3　地球の平均気温の変化（地球全体／過去 140 年）
※気温は 1961〜1990 年の平均からの気温の偏差を表す

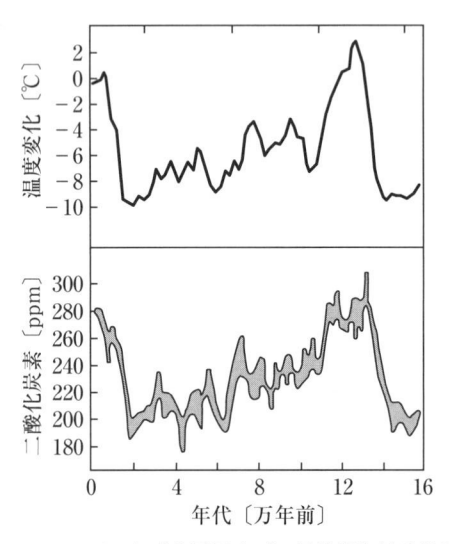

(出典) F. S. Rowland：「成層圏オゾン層破壊と地球温暖化」，現代化学 1999 年 7 月号，p. 18，東京化学同人

図 4-4　過去 16 万年の間の気温と大気中の CO_2 濃度の変化図

は60万年以前にさかのぼって報告されている)。たしかにこの図を見ると、CO_2 濃度の動きと気温の変化が見事に一致している。CO_2 が増えると気温が上がり、減ると下がるという CO_2 濃度の増減と気温の変化があまりにも見事に一致するため、CO_2 の増加が即地球温暖化につながるという結論に結び付けたのであった。しかも、現在が CO_2 濃度に関しては未曾有の高さにあり、早く手を打たないといけないという警鐘まで鳴らしたのである。もちろん CO_2 に地球温暖化に寄与するような性質がまったくなければこういったことも意味をもたないのであるが、4.2.2で述べるように、CO_2 には弱いながらも赤外線を吸収するという、いわゆる温室効果ガスとしての性質があるために、定量的な裏付けもほとんどなされずに利用されたのである。ただし、この CO_2 が赤外線を吸収する能力は非常に弱く、通常数％のオーダーで大気中に存在する水蒸気 (H_2O) の6分の1程度といわれている。多い日には CO_2 の数百倍も多量に H_2O が存在するのに、ごくわずかの CO_2 がさらにごくわずか増加したといっても、どの程度の効果があるのかは疑問である。

4.1.5 CO_2 主因説の問題点

まず、地球温暖化＝CO_2 主因説のきっかけになった図4-4について見てみよう。この図については前述のような見解がなされてきたのであるが、当然これまでの解釈とは異なった見方もできる。グラフというものはそういうように見るのが科学的な態度であるだろうし、先にある結論のために歪んだ解釈をしてはいけない。この図では、CO_2 が増加したときに気温が上がり、減少すれば降下すると解釈されている。この解釈でまず不思議に思われることは、増減した原因である。当然のことながら人為的な原因は考えられないとするのが、これまでの人類の歴史への見解である。

次に、気温の変化を表した気象庁による図4-3をもう一度見てみる。この図から見て取れるように、たとえば1940年ごろを中心に気温の高い時期があり、その後1970年代の後半ほどまでは低下している。それがまた1980年代に入って上昇しはじめているのである。少なくとも一定して上昇しているのではない。この間、イギリスでの産業革命以来、人類による化石燃料の使用は増え続けているのであるから、CO_2 大気中への排出は着実に増加しつづけているはずである。そして、もし CO_2 が温暖化の主因なら少なくとも気温も上昇しつづけるか、百歩譲っても長期間にわたって低下するとは考えら

れないはずである。

　また、あとで出てくる図4-5や図4-6は、より長い期間の地球の温度変化を研究したものであるが、これによると西暦1000年ごろ、日本では平安時代を中心とした時代に、世界的に比較的気温の高かった時期があったことが分かる。これらの時期の暖かさについては、少なくとも現在の歴史事実からはCO_2の濃度変化に起因するとは言いがたい。

4.1.6　CO_2は温暖化の原因となりうるのか

　ここではまず、地球温暖化の原因が、化石燃料を燃やすことを含めたCO_2の人為的増加にあるのかどうかということを総合的に考察してみる。念のためにくりかえすが、いわゆる地球温暖化の原因を探ろうとするものではなく、CO_2が第一の原因であると決めつけていることが科学的なのかということをまず検証することである。

　図4-5はマン（Mann）らによるこの1,000年の地球の温度の変化を表したものである。IPCCはこの図から、1900年までの約1,000年間の気温を下降気味ではあるもののほぼ一定であったとし、最近になって気温が急激に上がっているとしたのであった。そしてその原因がCO_2の増加であると。ところが、マンら以外にもこういった研究をしている人はいて、それぞれの研究方法に従って気温の変化の図を提出している（図4-6）。それによれば、地球の気温は一定ではなく、比較的変動しやすいものだということが読み取れる図もある。ということは最近の暖かさも自然の現象と受け取れなくもないのである。

4.1.7　CO_2濃度と無関係な温暖化と歴史的事実

　図4-5、図4-6で示すように、西暦1000年前後の時期には、世界的に気温が高かったようである。このことを示す歴史的事実をあげてみる。

　当時の日本では京都が政治の中心であったが、武家集団としては西国に平氏、東国に源氏、そして奥州に藤原氏が勢力を張っていた。藤原氏は現在の岩手県平泉地方を中心に勢力を張り、中尊寺金色堂に代表されるような素晴らしい文化を発展させていた。金ばかりではなく、螺鈿（らでん）などもすばらしいものがあると聞く。ところが、文化や文明というものは食糧の余裕があってこそ生まれるもので、自給自足の、ぎりぎりの生活からは生まれないものであ

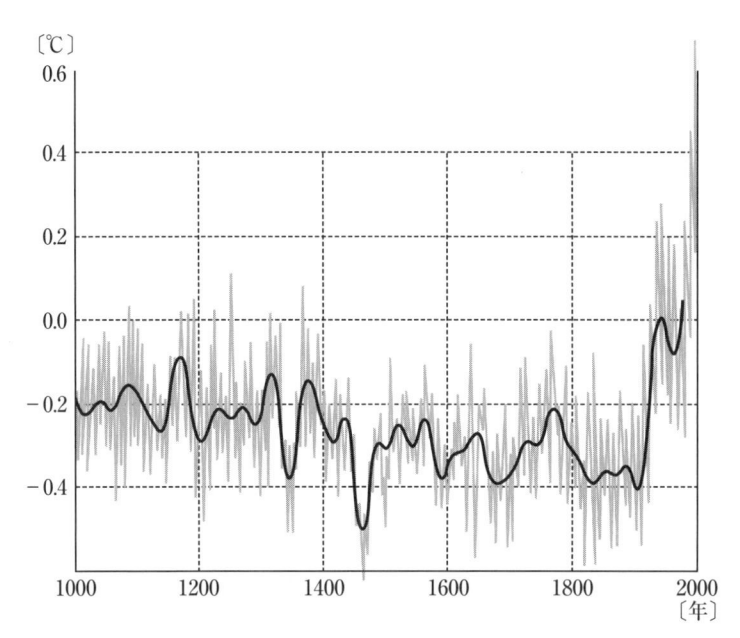

(出典) IPCC 第 3 次評価報告書，JCCCA 全国地球温暖化防止活動推進センターホームページより

図 4-5　地球の平均気温の変化（北半球／過去 1,000 年）

※気温は 1961～1990 年の平均からの気温の偏差を表す

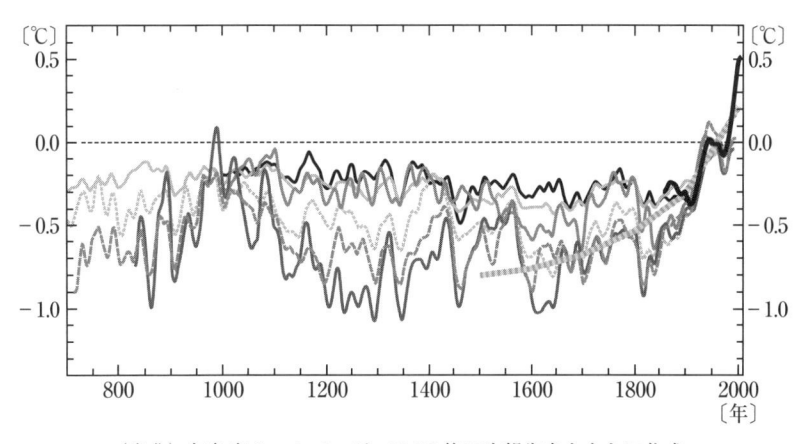

(出典) 気象庁ホームページ，IPCC 第四次報告書をもとに作成

図 4-6　さまざまな研究者による過去 1,000 年の気温変化図

るという。このことは世界の四大古代文明が十分な食糧に支えられていたことを見ても明らかである。食糧の余裕があり、食糧の獲得に従事しなくてもよい人々がいて、はじめて文化や文明が生まれる。ということは、1,000年ほど昔の東北地方は、近代とは違って、非常に実り豊かな、食糧の豊富なところであったということになる。もし世界的な温暖化で当時の東北地方が今よりも暖かかったのなら、前述のことは十分に考えられることである。

京都市の北部、洛北地域は平安時代末期、源平時代の出来事と非常に関わりが強い土地である。その地出身の筆者は、源平の争いの話の中に奥州藤原氏が出てくることに多少違和感を感じていた。近年、あの宮沢賢治や石川啄木によってイメージされる厳しい土地である東北地方北部に、源平と比肩する勢力があったとは意外だったからである。でも、それも当時の気候が温暖であったということになればすべてが符合する。当然、地球規模の温暖化であったはずであるから、現在は寒い地方が当時は勢いをもっていたと考えてよさそうである。そうすると、アジアではジンギスカンのモンゴルが強くなったこと、あるいはヨーロッパではノルウェー、スウェーデンの勢いがよかったこととつじつまが合う。現在は氷河に覆われているグリーンランドも当時は文字通り「緑の島」であったのだろうと思う。逆に、当時のイタリアから見れば、1300年以降になって気温が下がり始め、北の力が衰えてきたために、再び勢いを増していったのであろう。これがルネサンスである。

また、意外にも紀元前にも気温が高かったことも知られている。日本では縄文時代であるが、このころの遺跡が近年東北、北陸、能登地方などでよく発掘されている。青森県の三内丸山遺跡はその中でももっとも有名であろう。これも、当時の気温が高く、東北地方が住みやすく、食糧が豊かであったと考えると不思議なことではなくなる。

もちろんこれらの温暖化の原因はまだ分かっていないが、少なくとも CO_2 の増加によるものとは考えにくい。

4.2 CO_2 以外の温室効果ガス

これまで、地球を暖めるガス（温室効果ガス）として CO_2 の話をしてきたが、他にはどのようなものがあるのだろうか。

京都議定書(後述)で、温室効果があるので削減対象と決められたガスは、

二酸化炭素（CO_2）、メタン（CH_4）、一酸化二窒素（N_2O）、ハイドロフルオロカーボン（HFC）、パーフルオロカーボン（PFC）、六フッ化硫黄（SF_6）となっている。

本来、どのようなガスに温室効果があるのかというと、CO_2、H_2O、CH_4 などのように2種類以上の元素からできている気体は多かれ少なかれこの能力があり、酸素（O_2）、窒素（N_2）、アルゴン（Ar）のような1種類の元素のみの気体にはこの性質はない。また、これらの温室効果ガスの効果というものは、気体の濃度とそれぞれの分子の赤外線吸収能力が決めることである。

さて、CO_2 に温室効果ガスとしての能力があることは分かってはいるが、吸収する赤外線の波長の領域が、熱を効果的に宇宙へ捨てていた領域、すなわちいわゆる大気の窓の波長領域から外れるためにその効果は意外に小さいことも確かなのである。温室効果ガスとされる6つの中では最も小さい。この CO_2 に比べて温室効果は大きいのに注目されないのが水蒸気 H_2O である。普段でも湿気として大気中にあるため、わざわざ温室効果ガスなどとは呼ばれていないが、大気の二大成分である窒素と酸素を除けば最も濃度が高く、H_2O の赤外線吸収能は CO_2 に比べても十分大きい。しかも濃度は、大気中濃度を2％としても CO_2（400 ppm として 0.04％）の50倍以上もある。湿気の多い日には数％にもなり、こう考えると、CO_2 濃度が、産業革命前の 280 ppm から 400 ppm 近くまで2割ほど増えたからといって、どれだけの影響があるのかははなはだ疑問になってくる。

ごく最近の10年ほどの測定だけをとれば、たしかに大気中の CO_2 濃度は未曾有なほどに上がっている。また、測定グラフから地球の気温も上がり、年々最高を記録し続けていることはたしかである。だからといって、科学的見地から CO_2 濃度の上昇が地球温暖化の原因であるとはいえないはずである。これは例えていえば、最近の日本人の出生率が下がっていることと、野生のコウノトリの数が減っていることは事実であるけれども、だからといって「コウノトリが赤ん坊を運んでくる」とは言えないのと同じである。

4.2.1 温暖化の原因は何？―地球のエネルギー収支―

また温暖化をもたらす温室効果は全面的な悪者というわけでもない。もし地球に大気がなければ、太陽からのエネルギーは一部反射された後、地表に吸収され、その量に見合うだけの熱を赤外線として放射され、地球の地表の

平均温度は－18℃となることはシュテファン―ボルツマン（Stefan-Boltzmann）の法則によって計算が可能である。

しかし地球を取り巻く大気が、地表から放射された赤外線を吸収し、それを地表に放出する効果（温室効果）や、大気循環（空気の対流）によって、地表面はうまく平均約15℃に保たれている。その差33℃が大気による温室効果であり、そのお陰で生物が生きていける。

地球温暖化で問題とされているのは、大気中の成分が変化し、そのために熱がこもってしまって温室のようになってしまうのでは、ということである。とくに温室効果ガスとよばれるいくつかの気体の大気中における濃度が高くなり、地球外に逃げるべき太陽熱をこれまでより余分にとどめるようになったためではないか、という懸念のことである。

確かに人工衛星によって地球から放射されてくる赤外線を観測すると、CO_2、対流圏オゾン、その他のガスなどによって一部は吸収されているのがわかる（図4-7）。また現在では、CO_2、メタン、フロンガス、一酸化二窒素などの濃度が以前に比べて大きく変化しているといわれている。

CO_2が最も注目され、影響の大きいものとしてやり玉にあげられ、その削減が対策の第一の標的にされているのは、これらの中でもCO_2が他のものに比べて量的には圧倒的に多いことと、比較的身近な存在だからというのが理由である。

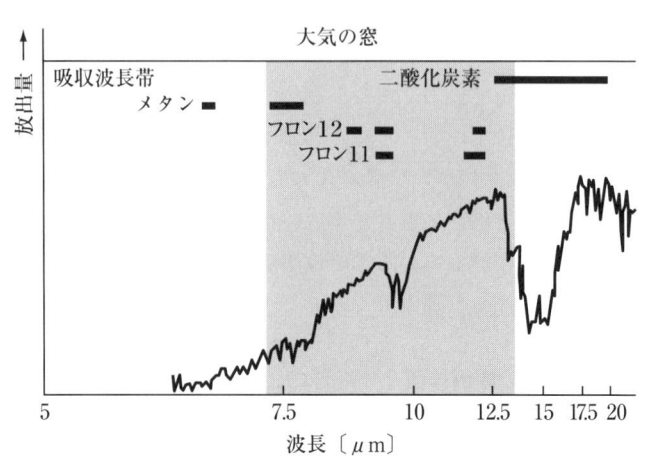

（出典）米本昌平：地球環境問題とは何か，岩波書店，p.104，1994
図4-7　温室効果の説明図

このように CO_2 は温暖化の元凶とされているが、実は吸収する赤外線は波長の長い部分であり、この領域の赤外線は熱の量としては小さい。だから図 4-7 の大気の窓に吸収域をもつフロンやメタンの削減をしたほうが効果的だという意見もある。

4.2.2 実は水蒸気も温室効果ガス

先ほども述べたように、水が気化した水蒸気は、空気中でも窒素と酸素を除けばもっとも濃度が高い気体であるが、晴れた日と雨の日では変動が大きいので、普通は空気の組成には入れていない。しかし実際に存在しているのは確かで、乾燥した日の大気中での濃度を少なめに 2% としても、380 ppm である CO_2 の 50 倍以上も存在していることになる。しかも水蒸気の赤外線吸収能は CO_2 の約 6 倍といわれていて、単純に計算すると、水蒸気は CO_2 の約 300 倍もの赤外線吸収効果をもつことになる。

ということは、大気の赤外線吸収の効果のほとんどは水蒸気が担っていることになるということができる。たとえば、地球の保温が 33℃ 分であるなら、CO_2 はわずかに 0.1℃ 分であるという計算になる。だったら、CO_2 濃度が 280 ppm から 400 ppm まで 2 割あまり増えたからといって、どれほど影響するかは疑問でもある。もちろん、CO_2 が 2 割ほど増えれば、ほんのわずかだけ気温が上がるかもしれないが……。

砂漠は「沙漠」と書くことがあるほど水が少ないところで、空気中の水蒸気も少ない。昼間に砂の上に照りつけた太陽光が赤外線に変わっても、吸収してくれる水蒸気が少ないために、昼間は暑くても夜になると気温が急激に低下することが知られている。でも、砂漠でも大気中の CO_2 濃度は他の場所とほとんど同じはずである。

4.3 アレニウスから気候変動に関する政府間パネル(IPCC)まで

最初に地球温暖化に対する警告が出されたのは最近のことではない。19 世紀の末には、イギリスのチンダル（Tyndall）やスウェーデンのアレニウス（Arrhenius）といった有名な科学者がすでに指摘していた。アレニウスは 1896 年に CO_2 の濃度が 2 倍になれば地表の平均温度は 5～6℃ 上昇すると計算した論文を発表した。日本でも、宮沢賢治が『グスコーブドリの伝記』

という童話の中でそのことを書いている。その後も、大気中のCO_2が少しずつ増えているだろうという推測は1930年代にもあり、その原因は化石燃料の使用と大規模な土地開墾による森林減少のためだといわれていた。

　このCO_2の増加による温暖化という議論に対し、まず科学的なデータの裏付け作業を行ったのがキーリング（Keeling）らによるハワイのマウナロアでの観測結果である。キーリングらは1958年の国際地球観測年から大気中のCO_2の測定を続けており、こういった議論には必ずといっていいほど引用されている。とりあえず、CO_2の濃度が上がってきているということは本当なのだろう。

　にも関わらず、当時は地球温暖化論争は起こらなかった。産業革命が起こって100年以上経ち、かなりのCO_2が大気中に蓄積されていたはずであるが、前述のように1970年代末までは、現在とは逆に地球寒冷化説が有力だったのである。地球の気温は下がり傾向にあるとさえいわれていたのだった。

　このことと、1980年ごろからやっと気温が上がってきたということは、この「CO_2による温暖化説」が間違っているかもしれないという可能性が残っていることを示唆している。新聞、テレビなどのメディアを中心にCO_2元凶説がまかり通っているが、ひょっとしたら別の要因があるのかもしれない、という思考の余地を残しておくことが科学的なものの見方というものであろう。

　1985年、オーストリアのフィラハに集まった各国の地球科学者たちは、「アレニウス（前述）の予測が現実のものになっている」として警鐘を鳴らした。3年後、国連はIPCCを設置、温暖化現象を科学的に検証する国際組織が立ち上がった。

　このIPCCは1990年、科学者が国際社会に具体的発言をするという画期的な報告を行う。彼らは、その第一次報告書で「人類が二酸化炭素などの温室効果ガスを排出し続ければ、2100年には地球の平均気温が3℃上昇する。海面が最大1m上昇し、砂漠化も進む」と予測し、各国の政策決定者に早急な対応が必要だと警告した。このことにより、「もし地球が温暖化すればどのような被害が出るか」というようなことがまことしやかに語られるようになった。

4.3.1 IPCCの警告

さて地球が温暖化すると一体何が起こるといわれているのだろうか。さまざまなところで警告されていることを挙げてみよう。
① 地球温度の高温化、緑地の砂漠化、異常気象により、水や食糧に重大な影響が予想される。
② 50 cmの海面上昇により、広範囲の陸地が水没する。
③ 陸上の生態系は大きな影響を受ける。
④ 気温の上昇に伴って雨の降るパターンが大きく変わる。

そして、このことから、さらに次のようなことが懸念されている。
① 気候変動に対応できない森林の枯死によってCO_2が増加し、さらに温暖化が加速される。
② 農業が大きな打撃を受け、それによって世界的な食糧危機が到来する。
③ 海面が上昇することにより、農耕地が水没して耕地面積が減少。当然それに伴う食糧危機がくる。
④ 異常気象や、降雨量の変化などによる砂漠化や洪水が起こる。
⑤ 温暖化による気温の上昇により、熱帯の病気であるマラリア、コレラなどの感染症が増加する。
⑥ ヒマラヤの氷河湖が決壊して、下流の村が水に襲われる。

いずれも実感としてわかりやすいものばかりであるが、これら以外にも大深海流が停止する心配など、一般の人が思いもかけないことも数多くある。

もし平均気温が2℃上がれば、京都や東京が沖縄になるようなものだといういわれ方もしているようだが、そういうふうにいえば、冬などは暖かくなって過ごしやすくなるだろう、などとのんきな見方もできるかもしれない。ただし、何が起こるかは完全には予測できないし、もし何かが起こったときの現実はそんなに生やさしいものではないようだ。

もっとも、こういった予想はあくまでも予想であり、そのとおりになるとは限らない。それでも、地球の気候というのは火山の噴火でも影響を受けるほど微妙なものであり、気候変動による影響は避けられないだろう。

4.3.2 **気候変動枠組条約と京都議定書**

これらの懸念を受けて、1980年代末になると、多くの国際的な会議で温暖化防止問題について議論されるようになってきた。1989年11月にオラン

ダで開催された「大気汚染および気候変動に関する閣僚会議」において、3年後の「地球サミット」までに地球温暖化防止の枠組みとなる条約を採択しようという宣言がまとめられた。1992年、ブラジルで行われたその「地球サミット」では、温室効果ガスの削減を進める「気候変動枠組条約」が署名された。同条約は1994年に発効し、世界の国々は温暖化への対策に取り組むことになった。しかし先進国が西暦2000年までに人為的な温室効果ガスの排出量を1990年レベルに戻すように政策および措置を講じ、その実施の状況を報告することを取り決めたものの、CO_2の排出量を1990年のレベルにまで戻すことについては法的な拘束力はなく、早くから単なる努力目標にすぎないとの指摘がなされていた。

そこで1995年、第一回締約国会(COP1)がドイツのベルリンでもたれ、初めて先進国の排出量について数値目標が設定された。そして、それを実現するための政策・措置を規定する文書を2年後の第三回締約国会(COP3)で採択することが決められた。その後、対象とする温室効果ガスの範囲、森林などの吸収減の取り扱いなど、各国の温室効果ガスの排出数値目標等について準備交渉が行われ、1997年12月、京都においてCOP3が開催されたのである。

この気候変動枠組条約は、人間活動が気候に影響を与えることがないようにという予防的な趣旨でできている。それゆえ、とりあえず「枠組み」を作っておき、あとで科学的な知見が増えてくれば具体的な方策を決める手順書である議定書（プロトコル）を作成し、条約に参加している各国が批准するということになる。

4.3.3 COP3の結果

1997年、京都開催のCOP3で採択された京都議定書は、先進国の温室効果ガス排出量について、法的拘束力のある各国ごとの数値目標を定めた。日本、アメリカ、EU（ヨーロッパ連合）など39の先進国に対しそれぞれ、CO_2、メタン、一酸化二窒素、ハイドロフルオロカーボン（HFC）、パーフルオロカーボン（PFC）、六フッ化硫黄（SF_6）の6種類の温室効果ガスの総排出量を、2008～2012年の間に、1990年に比べて削減することを義務づけたのである。

主な先進国のCO_2削減目標値は、1990年を基準にして次のとおりであった。

EU	8%削減
アメリカ	7%削減
カナダ	6%削減
日本	6%削減
ロシア	0%
オーストラリア	+8%

（先進国全体で少なくとも5%削減を目指す）

　京都議定書は、①55カ国以上の国が締結、②締結した国のうち、いわゆる先進国（正しくは附属書I国）のCO_2の排出量が、すべての附属書I国の合計の55%以上を発効要件とし、以上を満たしたのち、90日後に発効することになっていた（表4-1参照）。

4.3.4　京都議定書の発効

　CO_2を削減するということは、どこの国であってもエネルギー使用量を削減することにつながる。CO_2の削減は経済活動に悪影響を与えるという理由から、アメリカは早々と京都議定書からの離脱を決めていた。

　日本は2002年6月に締結したのだが、2002年7月現在では、75カ国・機関が締結していたのにも関わらず、前述の②の条件がまだ55%に達していなかった（日本は8.5%）。当時の主な未締結国で大きい排出割合をもっていたアメリカ（36.1%）とロシア（17.4%）のどちらかが締結しないと発効できない状況であった。このままでは成立しないのではないかという憶測が飛び交い、日本国内でも不成立を期待する動きもあったようである。

　だが、2004年秋にロシアが参加を表明し、90日後の2005年2月になんとか京都議定書は発効することになった。この時から日本は、2008〜2012年の5年平均で1990年比の6%減が義務づけられ、国内では、いわゆるクールビズなどの動きが出てくることになったのである。

　しかし、今や世界第一のCO_2排出国となった中国やインド、ブラジル、メキシコといった新興大国をはじめ、中進国や発展途上国には規制値がない。これらの国のCO_2排出量は毎年数%ずつ増加が予想される。しかも、本来は10分の1ほどに削減すべき先進国がこの程度では、実質的にほとんど効果がないのではないかという声がずっとあったのである。仮に先進国が5%

表 4-1　主な京都議定書附属書Ⅰ国と非附属書Ⅰ国（発効当時）
気候変動枠組条約の構成

附属書Ⅰ国（41 カ国・地域）	主な非附属書Ⅰ国（151 カ国のうち）
附属書Ⅱ国（25 カ国・地域） オーストラリア　　オーストリア カナダ　　　　　　ベルギー 欧州共同体（EC）　デンマーク アイスランド　　　ドイツ 日本　　　　　　　フィンランド ニュージーランド　フランス ノルウェー　　　　ギリシャ スイス　　　　　　アイルランド トルコ　　　　　　イタリア 米国　　　　　　　ルクセンブルク 　　　　　　　　　オランダ 　　　　　　　　　ポルトガル 　　　　　　　　　スペイン 　　　　　　　　　スウェーデン 　　　　　　　　　英国 　　　　　（EU 加盟旧 15 カ国） **市場経済移行国（16 カ国）** ベラルーシ　　　　チェコ ブルガリア　　　　エストニア ルーマニア　　　　ハンガリー ロシア　　　　　　ラトビア ウクライナ　　　　リトアニア クロアチア　　　　ポーランド モナコ　　　　　　スロバキア リヒテンシュタイン　スロベニア	〈中進国〉 韓国 メキシコ 〈大排出国〉 中国 インド イラン（※） ブラジル 南アフリカ インドネシア（※） 〈原油国〉 （OPEC、計 11 カ国） イラン（再掲） クウェート サウジアラビア ベネズエラ カタール リビア アラブ首長国連邦 アルジェリア ナイジェリア インドネシア（再掲）

※イラン、インドネシアは OPEC 加盟国であるが、大排出国としても分類している。

削減し、日本が 6％ 減らしても、CO_2 の増加や気候の変動が抑えられるという保証はまったくない。世界中では、今でも経済優先で石油を使いつづけているという現実がある。

4.3.5　なぜ 1990 年が削減の基準なのか

こうして COP3 で合意に達した温室効果ガスの総排出量削減目標は、先進国全体において、2008〜2012 年の 5 年間平均で 1990 年の総排出量の 5.2％

を削減をするもので、日本の義務は6％削減であった。

なぜ、京都議定書が採択された1997年を基準にした6％ではなく、1990年水準（炭素換算で2億8,700万トン）の6％減だったのであろうか。

実は日本のCO_2の排出量は、1996年にはすでに3億1,400万トンで、これは1990年比の9％増であった。この時点で1990年比とすると、実質的には14～15％削減しなければならないことになる。しかし、他国を見ると1990年頃ならEUはまだ石炭などへの依存が高く、無駄が多かったというし、ロシアはソ連崩壊で、国営企業などの閉鎖によりエネルギー使用量が大幅に減少した頃であって、1990年基準はEUやロシアにとっては実は好ましい基準年ということになる。もちろん、彼らにとって、このことは織り込み済みだったのだろう。一方、日本はオイルショック後、効率化に努めてきた結果、1990年にはかなりの程度CO_2削減が出来ており、そこからさらに削減するにはかなりの努力が求められる。日本は外交で遅れをとってしまったといわざるをえない。「2004年にもなって、なぜロシアが京都議定書に参加する気になったのか」などと研究するのもおもしろいテーマになるだろう。

4.3.6 京都メカニズムは抜け道か

さらに、京都議定書には京都メカニズムという「抜け道」にも似たしくみが作られている。京都メカニズムは次の3つからなる。

① 排出量取引……先進国間で割り当てられた排出枠を売買するしくみ。目標値以上に削減した分は売れるし、買った国は自国の削減分としてカウントできる。
② 共同実施……先進国が他の先進国で行った事業によって排出量を削減した場合、投資国が自分の削減分としてカウントできるしくみ。
③ クリーン開発メカニズム（CDM）……先進国が途上国で行った事業によって排出量を削減した場合、先進国が自国の削減分としてカウントできるしくみ。先進国が得られる削減相当量を「認証排出削減量（CERs）」という。

どのメカニズムも一見、スマートなやり方に見える。しかし二酸化炭素の排出枠をどう評価するのだろうか。それを国家間でやりとりするというのだから、その前途は多難といえよう。

それに、すぐにわかることだが、排出量取引と共同実施の2つは、先進国

の総排出量を削減することには、なんら寄与しない。この状況下での共同実施など、まるで「日本が削減できない場合は、お金で解決しなさい」と聞こえなくもない。

　クリーン開発メカニズムも、先進国は途上国での削減分を目標達成に組み入れ、途上国も先進国からの投資と技術移転の機会を得ると、いいことずくめに思える。しかし、例えば自国の排出量には何の対策も行わず、1本の木からどれだけの CO_2 削減ができるのかもわからない途上国への植林で削減目標を達成する先進国が出てこないとも限らない。また、それによって得た排出枠を他の先進国に売りさばくことも可能だ。

　環境省を中心に、これらをうまく利用するための会議なども開かれているが、議論している人たちも自分たちの発展だけしか眼中にないような気がする。本気で世界中の CO_2 削減を考えている人はいったいどれだけいるだろうか。

4.3.7　IPCCとゴアにノーベル平和賞

　こういった一連の流れの中で、2007年10月にIPCCとアメリカの元副大統領アル・ゴアにノーベル平和賞が贈られた。ともに、地球温暖化と CO_2 の関連を啓蒙したという理由からである。まず不思議に思うのは、地球温暖化問題を啓蒙してなぜ平和賞なのかということであるが、それはさておき、なぜこの年なのかを考えても興味深い。年が明ければ2008年で、京都議定書の約束期間（2008年から2012年までの5年間）が始まる直前である。この前年にカナダの首相が京都議定書からの離脱を宣言しており、最後に残った日本に対して、「世界はノーベル賞を与えるほど、地球温暖化に関心をもっているよ」と脅しをかけているようにも思える。

　このIPCCであるが、2007年の2月に出た第4次報告書でも、彼らは90％の確率で人為的、すなわち人類による温室効果ガスの排出が原因だと「確信」しているということである。「確信」は何％であれ、信仰であって科学ではない。

4.4　最後に

　高校の教科書にも出てくる有名な学者、イギリスのチンダルやスウェーデ

ンのアレニウスらが、100年以上も前に、「石炭を燃やすことによって出るCO_2の増加で、将来は気温が5〜8℃上昇する」ということを書いている。これを引き合いに出して、CO_2が地球温暖化の主因であるとする説に、あたかも科学の裏打ちがあるかのように言われることもある。

また「最新のスーパーコンピュータで計算すると、2030年の東京の気温が40℃になることが分かった」といった類の新聞記事が出されると、本当にそうなるのだと思い込む人が少なくないのも事実で、この問題への関心が助長されたきらいもある。基本的には、コンピュータは神様ではなく、ソフトウェアで動くものであり、いくら速く計算しても計算結果はソフトの質に左右される。

また、アメリカやヨーロッパでClimategate事件と呼ばれるようなことも報道されている。日本の学生にはほとんどなじみがないが、欧米から日本に来た学生たちはよく知っていた。この事件は、IPCCに関わっている学者・研究者たちが、地球温暖化の原因がCO_2であると結論付けている論文だけを採用したり、自分たちの論文を温暖化に合わせるように気温を改ざんしたりすることをグループ内で秘密裏にやっていたことがスクープされたという事件である。

このように温暖化問題は、きわめて政治的な関心事で、それを利用しようとする動きが多い。2011年3月の東日本大震災とそれに続く津波によって東京電力福島第一発電所が事故を起こすまでは、「原子力は『発電中は』CO_2を出しません」という文字が毎日のようにテレビのコマーシャルや新聞紙上で躍っていた。これらはその最たるものかもしれない。やはり何事も、一人ひとりがその本質をじっくりと考え、納得をして行動しなければいけないのだろう。　　　　（同志社大学 理工学部 環境システム学科　教授　山下正和）

第5章
オゾン層の破壊

　オゾン層の破壊とは、冷蔵庫やエアコンに使われていたフロンガスが分解されて生成する塩素 Cl（以下、塩素原子は Cl と表す）によって、地表の上空 20〜30 km 付近に存在するオゾン（以下 O_3）が分解されることをいう。その結果、これまでこの O_3 によって吸収されていた太陽からの紫外線 UV-B が地上に届くようになるのだと説明されてきた。

　フロンがその原因だという理論の提唱者には、1995年にノーベル化学賞まで与えられている。また、これによってフロンがオゾン層を破壊する物質であると印象づけられたといっても過言ではない。しかしフロンガスの廃絶が決まってから20年ほど経過したが、問題の本質が完全に科学的に分かったわけではない。まだまだ他の原因の可能性も十分にあり、フロンが原因だと決めつけるのは早いという考え方もあるのだ。

　だから私たちは、もう一度しっかりと私たち自身の頭で検討してみることが必要だろう。ここではまず、これまで一般的にいわれていた事柄から述べていこう。

5.1　オゾン層破壊の問題とは

　地球は46億年前に誕生したといわれている。36億年前に海中に単細胞生物が誕生し、32億年前に光合成を行う生物が誕生した。これらの生物がその後の30億年近くもの間、海中で光合成を繰り返して酸素 O_2 をつくり、当時の大気成分のほとんどを占めていた二酸化炭素 CO_2 を徐々に酸素に変えていったという。

　こうしてできた酸素の一部が上空に達し、太陽からの紫外線の影響でオゾンに変えられた。このオゾンが層になって地球を取り巻き、生物に有害な紫外線の一つである UV-B が地上に届かないようにカットし始めていったのだという。こうして約4億年前になって地上に UV-B が届かなくなってはじめて、シダ類、両生類が海中から地上へ進出してきたといわれている。

　このことは、オゾン層がなくなれば UV-B が地上に届き、陸上生物は死

減するか、海中に逆戻りしなければならないということを示唆している。オゾン層の破壊が進むと、太陽から降り注ぐ有害な紫外線の量が増え、遺伝子DNAが傷つけられ、生物の突然変異などの障害が頻発するといわれている。また皮膚ガンや白内障が増加しているという多くの報告もある。この問題は数ある地球環境問題の中でも、最も深刻で重大な問題であるといえよう。でも不思議なことに、そのような扱われ方はしていないように思える。

5.2 オゾン層とは

　オゾンは微青色のにおいのある気体で、紫外線をよく吸収する特徴をもつ。地球を取り巻くオゾン層が、太陽から降り注ぐ有害なUV-Bを吸収することで、私たち生物の営みを守ってくれている。ところが今、赤道に近い熱帯地域以外でオゾン層の破壊が進行しているという。特に北極・南極では著しく、南極ではオゾンホールと呼ばれるオゾン層の穴が観測されている。

　地球の表面を覆う大気は高度によって変化する。高度が10〜15 kmの地表近くでは、太陽からくる熱のために大気の上昇流と下降流ができ、いつも大気はかき混ぜられている状態にある。対流しているので対流圏とよばれている。対流圏では、上に行くほど温度が下がる。約6.5℃/kmずつ下がり、上空では氷点下となる。

　ところが、高度が10〜15 kmを超すと状況は変わり、大気は対流せずに層を成すようになるので成層圏とよばれる。この成層圏では、高い高度にある上層の酸素O_2やオゾンO_3が太陽からの紫外線を吸収することによって温度が上がって軽くなり、下層になるほど温度が低く、重くなるので対流が起こらないのである。

　オゾン層とは、この成層圏の中で地表から上空およそ20〜30 kmあたりにあって、オゾンの存在量が比較的多い層のことである。多いといっても、地上付近の圧力（1気圧）に換算すれば正味の厚さが3 mmほどしかない。このとても薄いO_3の層が上空に広がっているのである。上空20〜30 kmといっても地球全体からみればごくわずかの距離だ。

　これらのオゾンは、太陽光の中にある紫外線UVによって、成層圏に存在している酸素O_2から、オゾンO_3になると考えられている。

$O_2 \to 2O$　$O + O_2 \to O_3$

この O_3 は、UVによって分解もされ、O_2 に戻るということも起こっている。

O_3　→　$O_2 + O$

オゾンは、こうして生成と分解を繰り返しながら、常に一定量が成層圏の中に存在しているのである。

5.3 紫外線とは

太陽からはさまざまな波長の光（電磁波）が放射されている。そのうち、地球の近辺まで届いているのは、その太陽エネルギーのうちの約半分である可視光線、同じく約半分の赤外線、それに2%程度の紫外線となっている。

紫外線（ultraviolet ray；略してUV）は、波長が紫よりも短く、X線よりも長いものを指し、目には見えない（図5-1）。波長の短い紫外線のエネルギーは大きいので物質に変化を起こさせやすい。波長は400 nm以下であって、波長の長いほうから紫外線A、紫外線B、紫外線C（以下それぞれUV-A、UV-B、UV-Cとする）に分けられている。

UV-Aは、海水浴に行って日に焼ける程度で生物にはほとんど無害であり、UV-Cは大気圏上空で O_2 などに吸収されて地表まで届かないので、UV-Bだけが問題となる。

波長200 nm以下の紫外線で、酸素分子 O_2 は酸素原子Oに解離する。解離したOが別の O_2 と反応してオゾン O_3 が生成される。

O_2　→　$O + O$

$O + O_2$　→　O_3

この O_3 の層が、太陽からの有害なUV-Bを吸収し、地上に届くのを防いでいるのである。

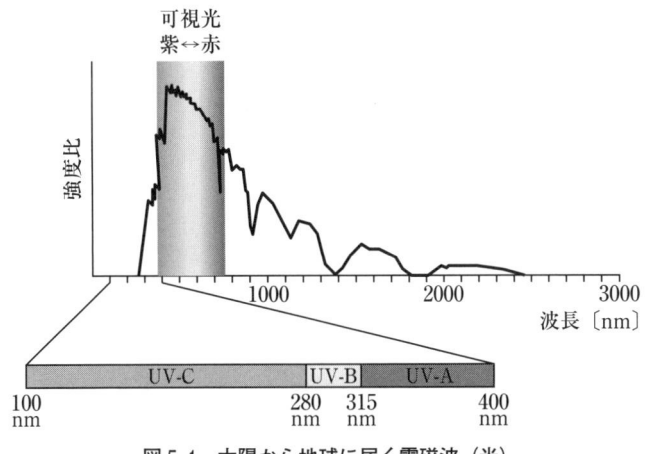

図5-1 太陽から地球に届く電磁波（光）

5.4 フロンの性質とその用途

フロンは1928年にアメリカで発明された人工物質である。フロンは物質として安定しているので、燃えたり爆発したりせず、吸い込んでも安全で、しかも安価に製造できるので、以前は「今世紀最大の発明」「奇跡の化学物質」などとよばれていたこともあった。

代表的なフロンとその構造式を示すと、

フロン-11（CFC-11）は、$CFCl_3$

フロン-12（CFC-12）は、CF_2Cl_2

フロン-113（CFC-113）は、CCl_3CF_3

フロン-22（HCFC-22）は、$CHClF_2$ となる。

（CFC は chlorofluorocarbon のこと）

フロンのあとについている番号は、基本的に、C、H、Cl、Fの結合数でつける。CKHLClMFN という形が基本で（K、L、M、N はそれぞれの原子の数）、それを (K-1)(L+1)(N) に当てはめる。たとえば、化学式が CCl_2F_2 ならば、K=1、L=0、M=2、N=2であり、前の式にいれると、012となるが、0は書かないので、12となる。

フロンは、燃える性質や爆発性もなく、しかも吸い込んでも毒性はなく、分解しにくい気体であった。気体から液体、液体から気体への変換も容易だったので、いろいろな用途に使われていた。主な用途は大きく分けて、洗浄剤、

5.4 フロンの性質とその用途………67

冷媒、発泡剤、噴射剤の4つである。
① 洗浄剤

　最も多く使われたのが、精密なプリント基盤などの洗浄剤としてである。製造時に機械の油やごみが付着するが、これを洗うのに水を使うと錆びたり乾かずに残ったりする。しかしフロンを使うとサッと乾いてきれいにしてくれたのだ。しかも不燃性であることもポイントの一つだった。

② 冷媒

　冷媒というのは、冷蔵庫やエアコンで冷却する（熱交換する）のに必要なガスのことである。フロンはこの用途にとくに有効なガスで、これまで多くの場所で盛んに使われてきた。先進国でフロンガスの使用が禁じられた後は、代替の冷媒を用いた冷蔵庫なども商品化されたが、フロンの性能には及ばず、今でもフロン待望論は根強いという。

③ 発泡剤

　防音材、断熱材やクッションなどには気泡がつまっているが、この小さい泡の一つ一つには空気ではなく、フロンが使われていた。

④ 噴射剤

　これはスプレーを噴射する気体のことで、以前はこの噴射剤にもフロンガスが大量に使われていた。最近はフロンを使わず、空気やCO_2を使用しているという。

　こういった優れた性質をもつフロンではあったが、フロンガスの製造は、先進国では1995年末で禁止された。その他の国も順次製造をやめているはずであるが、このガスの使いやすさ、性能のよさのため、途上国など世界中での実態は依然として不明である。

5.5 大気中のフロンの観測

　地球を「ひとつの生命体（有機体）」とみなすガイア理論の提唱者でもある英国のラブロック（Lovelock）が40数年ほど前、電子捕獲型（ECD）ガスクロマトグラフを発明した。これを使って、大気成分の中でもとくに電子親和性が大きく、感度の高い化学物質としてフロン-11（CFC-11、CCl_3F）の観測を行った。

　このフロンガスが大気中に蓄積している、という結果を受けてローランド

(Rowland) らも測定を行い、塩素ラジカルがオゾンを分解することと、フロンが塩素ラジカルの源となる理論を提唱した。1974年のことであった。

図5-2は、気象庁が発表している現在までのフロン濃度の一例である。

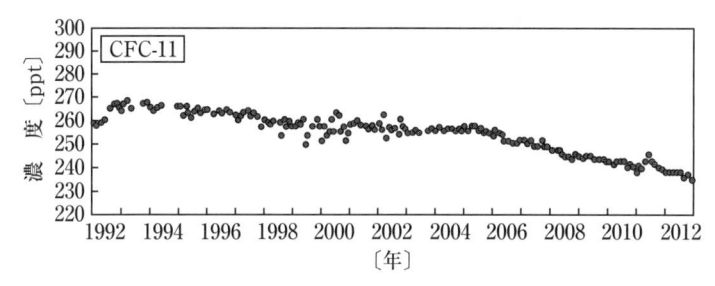

(出典) 気象庁ホームページより (気象庁の観測点における大気中のフルオロカーボン類濃度の経年変化)

図5-2 大気中のフロン濃度

5.6 フロンによるオゾン層破壊のメカニズム

大気には物質が分解されて消滅していき、除去される過程がある。大きく分けると、①酸素による酸化を受けて分解される、②光によって分解される(塩素など)、③雨に溶けて洗い落とされる(HClなど)などの除去があるが、物質として安定しているフロンは、これらのどの作用も受けにくいので対流圏での寿命が非常に長い。

ところが、このフロンは成層圏で分解されることになる。成層圏では、太陽からくる紫外線のうちでも波長の短いUV-Cが、大気上空の酸素 O_2 に吸収され、そのエネルギーが熱に変わって上空ほど暖められることになり、対流のない静かな層になっている。その成層圏にフロンガス、例えばCFC-11やCFC-12などが入ると、フロンは太陽光を吸収して分子内にある塩素を解離する。

$CFCl_3$ → $CFCl_2 + Cl$

CF_2Cl_2 → $CF_2Cl + Cl$

オゾン自体はもともと不安定な物質で、オゾン層の中にあっても自然に分解され、同時に同じくらいの量が再生されているので、これまでは目立った増減はなかったのである。

しかしこの Cl が、成層圏に漂う不安定な O_3 と反応して ClO と O_2 になり、オゾン層が分解されていくことになる。つまり、成層圏の中ほどで紫外線を吸収して分解するというのが、フロン分子の除去である。言い換えれば、フロンは対流圏では分解せず、成層圏へ行ってから分解して塩素原子をだすのであり、この塩素原子が成層圏にあるオゾンを分解するといわれている。

$Cl + O_3 \rightarrow ClO + O_2$

$ClO + O \rightarrow Cl + O_2$

そして生成した ClO は、本来なら O_2 と反応して O_3 をつくるはずの酸素原子 O と反応して Cl に戻るという連鎖反応を繰り返す。この連鎖反応は塩素 1 原子当たり、10 万回ぐらい繰り返され、1 個の Cl が 10 万個のオゾンを壊しているといわれている。これがオゾン層破壊のメカニズムだといわれている。

対流圏で除去されず、成層圏まで達したフロンの分布は図 5-3 のようになっている。大気中の全塩素濃度も、1950 年には 0.8 ppb であったのが、1990 年には約 4 ppb まで増えてきた。

ただし、対流圏にあるフロンがいわゆる拡散だけで成層圏に入っていくのかという疑問もある。成層圏は、下の方の大気が重く、上方ほど軽いために対流が起こらずに層を成しているところである。フロンガスは、例えばフロン-11 の分子量は約 137.5、フロン-12 でも 121 である。これに比べて、成

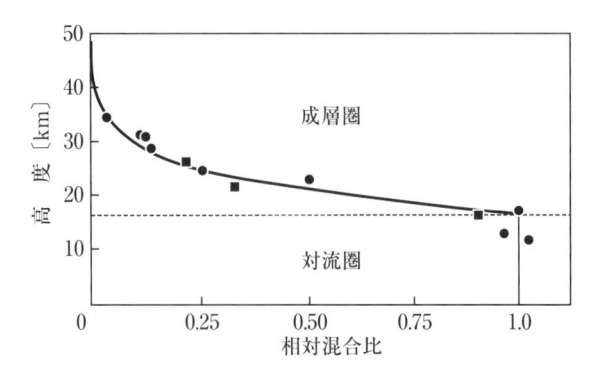

(出典) F. S. Rowland：「成層圏オゾン層破壊と地球温暖化」，現代化学 1999 年 7 月号，p. 12. 東京化学同人

図 5-3　フロン-11 の地上から成層圏までの大気中での分布図

層圏の空気は対流圏と同じように窒素 N_2 は 28、酸素 O_2 は 32 であり、この中に非常に重いフロンガスが上昇していくのかと考えると、図 5-3 に対して疑問があるということも理解できなくはない。

5.7 南極オゾンホールの出現

オゾン量は、太陽光のオゾンによって吸収される波長と吸収されない波長を観測し、その比をドブソン（DU）という単位で表す。1957 年にイギリスの観測隊が南極で観測を始めたが、南極のハレーベイ基地で観測した毎年 10 月の平均オゾン量は 300 DU であった。しかし、1980 年代から急速に減少し、1985 年頃には 200 DU 以下となったという。そしてその原因として、フロンからの塩素原子説が急浮上してきた。その後、アメリカの人工衛星ニンバス 7 号によるオゾン観測でも同じような現象が確認され、南極上空にオゾンの穴があいたような状態から、「南極オゾンホール」と呼ばれるようになった（図 5-4）。

フロンの大気中への放出が主な原因とみなされ、冬季の南極で形成される反時計回りの渦に空気が閉じ込められることによって、フロンがより効率的にオゾンを破壊したせいであると考えられてきた。

空気より重いフロンがオゾン層に達するのに 15 年以上かかることを考え

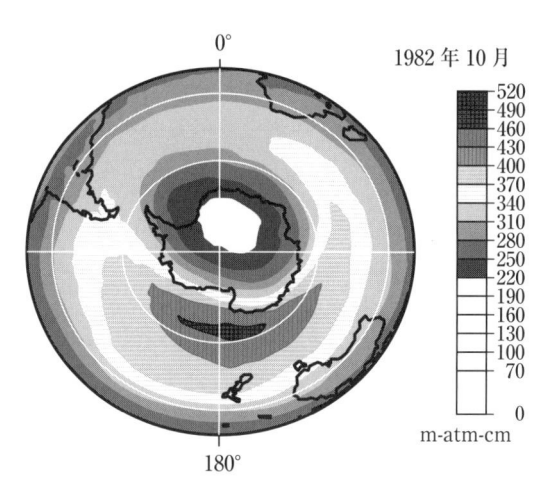

図 5-4　オゾンホールを表した図の一例

ると、当時の事態はそれより 15〜20 年以上前に放出されたもの（全フロン放出量の約 10%）の影響であると考えられていた。「過去最大のオゾンホールができた」と毎年のように発表され、フロン生産の状況から「本格的な危機はこれからかもしれない」と脅威が喚起された。しかし最近では、マスコミも学会もさほど注目していないようである。

かつては「奇跡の化学物質」とよばれたフロンであるが、1974 年、のちにノーベル賞（1995 年化学賞）を受賞したローランド（Rowland）が、「10 年後にオゾン層に穴があき、20 年後には人体に影響が現れ、30 年後にはとり返しのつかない事態になる」と警告して悪者になった。

ただ当時に、大気中のフロンガスの蓄積とオゾン層破壊とを結びつけたローランドらの発想は科学を超えている。直観というものかもしれない。それはそれで素晴らしいことではあるが、それでもうこの問題は解決されたと考えるのは尚早かもしれない。

ちなみに、2005 年 8 月の気象庁のデータでは、札幌、つくば、那覇上空でのオゾン量は、ここ 30 年間の平均よりも多かったという発表もされている。まだまだわかっていないことが多いのだ。

5.8 フロン原因説の疑問点

社会ではオゾン層破壊の原因がフロンであるといわれ、その提唱者にはノーベル賞まで与えられている。その受賞者のローランドの文章の中に次のような件(くだり)がある。

「このように異常なオゾン減少の原因を調べるために、1986〜87 年にかけて南極域で大規模な調査研究が行われました。飛行機を高度 18〜20 km の成層圏に飛ばして、オゾンや連鎖反応に関係した塩素化合物を分析したのです。図 5-5(a)のように、1987 年 8 月の観測では塩素とオゾンが反応してできる一酸化塩素が、南極大陸のまわりの極渦に入って急に増加していますが、オゾンのほうはまだそれほど変化がない。ところが 3 週間後の 9 月になると（図 5-5(b)）、一酸化塩素は極渦内で急増していますが、これに対してオゾンのほうも減っています。3 週間の間に、オゾンの 2/3 が失われたわけです。実は 8 月はまだ冬で、日光がない状態ですが、9 月には日光が南極に戻ってきたためです。このような結果から、南極でのオゾンの異常減少(オゾンホー

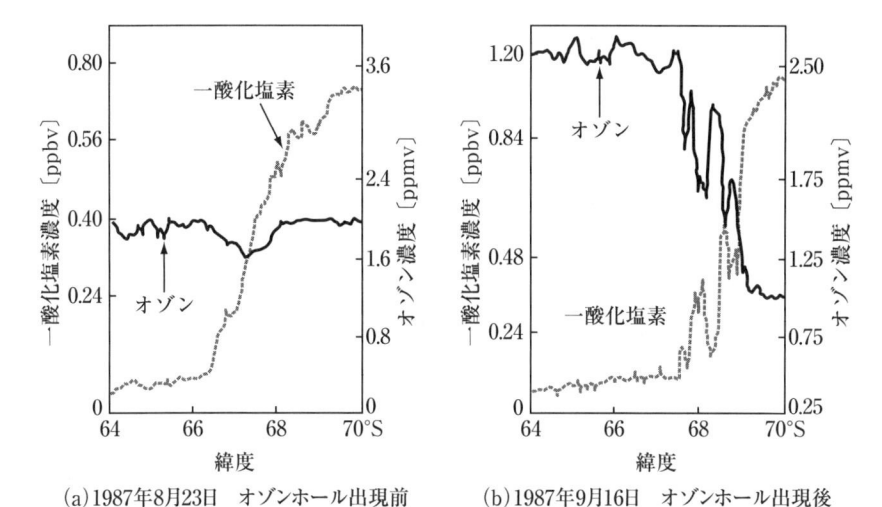

(a) 1987年8月23日　オゾンホール出現前　　(b) 1987年9月16日　オゾンホール出現後

(出典) F. S. Rowland：「成層圏オゾン層破壊と地球温暖化」，現代化学1999年7月号，p. 20，東京化学同人

図5-5　南極域のオゾンおよび一酸化塩素濃度の航空機観測

ル）の原因が塩素であって、しかもCFC（フロン）の寄与が非常に大きいことが実証されたのです。」（出典／F. S. Rowland：「成層圏オゾン層破壊と地球温暖化」，現代化学1999年7月号，p. 20，東京化学同人，下線部は本書に合わせて著者変更）

　この二つの図は、フロン原因説が定着したといわれている図である。一見そうなのかと思ってしまうが、でもよく見てみるとどこかおかしい。とくに(a)の図は腑に落ちない。なぜかというと、南極域ですでに一酸化塩素が急増しているのである。この一酸化塩素は、塩素とオゾンが反応してできるのであり（5.6参照）、この時点でこの一酸化塩素ができた分だけオゾンが減っていなければならないと思うのである。単位に違いがあるのはわかるが、もう少し説明がほしい。あるいは一酸化塩素の生成には他に原因があるのかもしれない。

5.9　今、フロンはどうなっている

　1987年にカナダのモントリオールで、オゾン層保護のためのオゾン層破

壊物質の生産量削減に関する国際的な協定が結ばれた。これをモントリオール議定書という。世界はこのモントリオール議定書によってフロンの生産・放出を20世紀末までに50%減らすことに合意した。

それ以後、オゾン層の破壊が予想以上に深刻であることが明らかになり、1995年の改正により、まず表5-1のように定められた。

しかし、オゾン層破壊が予想以上に進行しているとされ、さらに温暖化防止のため大幅な前倒しがなされた。現在では、特定フロン、ハロン、四塩化炭素などは先進国では1996年までに全廃（発展途上国は2015年まで）、その他の代替フロンも先進国は2020年までに全廃（開発途上国は2040年まで）することが求められている。

しかし、フロンは使いやすい物質で工業的にも有用なため、工業の発展を目指す開発途上国の激しい反発がモントリオール議定書合意時から存在し、途上国にはさまざまな特例が適用されている。

日本はモントリオール議定書を批准しているので、フロンの日本国内での製造・使用は違反になる。こういった規制によって、現在ではもうフロンガスは生産もされず、輸入もされていないと思いがちである。しかし日本でもまだなお流通しているというニュースがときどき流れる。「フロンの密輸で逮捕」という記事である。それらはロシア製であったり、中国からの密輸であったりということらしいが、相場は250g入りが2,000～3,000円で、日本で生産していた当時の10倍以上だとか。現在もインターネット上で高値でオークションにかけられ、密輸もあとをたたないという。

フロンは、それほど使いやすくて重宝な気体なのであろう。先進国は使用や製造を禁止したが、それ以外の国では作ってもかまわないということの裏には、なにか政治的な考えがあるのかもしれない。

表5-1 モントリオール議定書（1995年改正）によるフロンの規制

種類	オゾン破壊係数	温暖化係数	現状の規制
特定フロン（CFC）	10万	7,000	1995年全廃
代替フロン（HCFC）	1万	4,000	2020年全廃
代替フロン（HFC）	破壊なし	3,000	規制なし

5.10 本当の原因はまだわからない

　フロン原因説が出てくる前に、成層圏のオゾン層の破壊の原因について最初にいわれたのは、超音速旅客機（SST）の開発に関連してであった。この飛行機は、空気抵抗が少ないという理由で成層圏を飛ぶため、エンジンから排出される窒素酸化物がオゾンを破壊しないかという懸念があったからである。研究の結果では、この問題は予想より影響が小さかったというようであるが、真実は一般人にはわからない。

　現在ではオゾン層減少の元凶はフロンということになっている。しかし、これまで考察してきたように、科学における進歩の歴史を見ても、「これで決まり」とはまだまだ言い切れないようだ。

　本来ならオゾン層がなければ地上で生命は存在できない。本当にフロンが元凶なら一刻も早くフロンをなくさなければならないはずだ。しかし、みてきたように世界は開発途上国などでの生産をいまだに許容している。これではフロンが原因ではなく、政治的に何かほかの原因が意図的に隠されているのかもしれないなどと勘繰ってしまうし、あるいはまったく予想もしていなかったことが原因として現れてくるのかもしれない。

　まだ知られていない原因がある可能性も頭において、私たちは、この問題をあくまで科学的に考えていかなくてはならないと思う。

　　　　　（同志社大学　理工学部　環境システム学科　教授　山下正和）

第6章
酸性雨

　地球温暖化、オゾン層の破壊と並んで「酸性雨」も地球規模の環境問題である。世界各地で酸性雨が降り、森林の立ち枯れや湖沼の酸性化による魚の絶滅など大きな被害をもたらしており、特にヨーロッパや北アメリカ、中国大陸で深刻になっている。日本でもヨーロッパ並みの酸性雨が観測され、森林生態系への影響が報告されている。

6.1　酸性雨とは

　酸性雨という言葉を最初に用いたのはイギリスの化学者アンガス・スミス（Angus Smith）である。ヨーロッパでは、酸性雨は「緑のペスト」、中国では「空中鬼」とも呼ばれている。pHとは水素イオン濃度を表し、純水はpH7の中性だが、普通の水は大気中の二酸化炭素を溶かしているので弱酸性である。酸性雨の一般的定義は、「大気中二酸化炭素濃度を0.035％（350 ppm）とし、純水がこの二酸化炭素と平衡にあるときのpH5.6より低いpHの雨」としてきた。しかし、二酸化炭素以外にも、森林などから放出された自然界由来の有機物が酸化してできる微量酸性物質など自然発生源の酸性ガス、酸性粒子があることから、科学的にはpH5.0よりも低い雨を酸性雨と定義している。酸性雨は銅や鉄をさびさせ、コンクリートを溶かしてしまう。またアサガオの花に酸性雨が当たると色が変わり、青い花はピンクやひどい場合には白に、赤い花は白に変色し、斑点ができる。さらに酸性が強い場合には、花びらに穴が開いたりする。

　雨が酸性化する自然要因の一つに、火山から出る硫黄酸化物がある。2000年9月には、三宅島の噴火の影響で遠く離れた京都など関西でも硫黄臭がし、2001年秋頃まで、大気中硫黄酸化物濃度や雨中の硫酸イオン濃度が高くなった。人為的な大気汚染物質としては、工場、自動車、火力発電所などの排煙、排ガスに含まれる硫黄酸化物や窒素酸化物があり、大気中で硫酸や硝酸に変化し、雨や霧に吸収され酸性化して酸性雨や酸性霧になる。上空から地表に降ってくる雨や雪などすべての酸性物質を酸性降下物（acid deposition）と

いい、雨、雪、霧などに含まれて降ってくるものは「湿性降下物（湿性沈着）」と呼ばれている。一方、細かな粒子やガス状になった酸がそのまま地上や地上付近の物体に降ってきて吸着するのが「乾性降下物（乾性沈着）」である（図6-1）。酸性降下物の分類を図6-2に示す。湿性降下物、乾性降下物のどちらにも分類されないものとして、露がその他の降下物に分類されている。

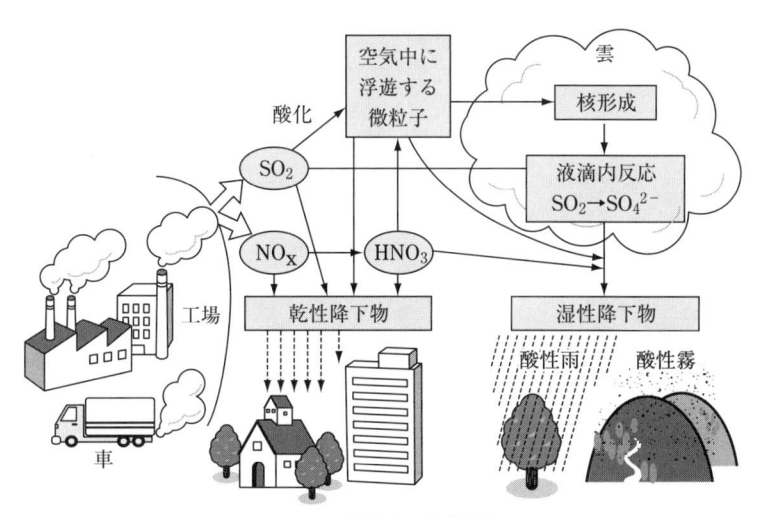

図6-1　酸性雨の生成過程

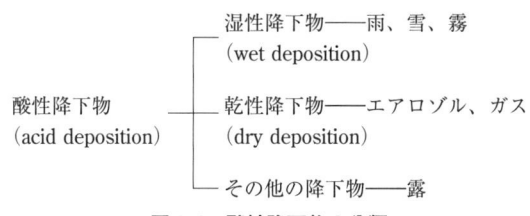

図6-2　酸性降下物の分類

6.2　酸性雨の生成

　酸性雨の生成過程は、気相においては、固定発生源や移動発生源から発生された SO_2、NO_2 が中心となる。SO_2 は、昼間は水酸ラジカル（・OH）による酸化反応、夜間はオゾン（O_3）あるいは過酸化水素（H_2O_2）による酸化反応が中心となる。一方、排出時に大部分を占める NO が O_2 と反応して NO_2

となり、水酸ラジカルとの反応で硝酸が生成する。次に液相反応では、SO_2 は NO_2 より水に溶解しやすいので、雲や霧の水滴に直接溶けこんで、亜硫酸水素イオンとなる。さらに、過酸化水素によって酸化され、硫酸イオン（SO_4^{2-}）を生成する。NO_2 は SO_2 とは異なり水に溶解しにくいため、気相での反応が主となる。

硫黄酸化物（亜硫酸ガス）→硫酸
気相反応 ・$SO_2 + \cdot OH \rightarrow HOSO_2$ 水和反応 $\rightarrow H_2SO_4$ ・昼間　水酸ラジカル（・OH）による酸化反応が主 ・夜間　オゾン（O_3）あるいは過酸化水素（H_2O_2）による酸化反応が重要 液相反応 ・$SO_2 + H_2O_2 \rightarrow H_2SO_4$ ・雨滴中に存在する鉄あるいはマンガンイオンの触媒作用で酸素(O_2)により酸化

窒素酸化物→硝酸
窒素酸化物は水に溶けにくいため気相での反応が主 ・$NO_2 + \cdot OH \rightarrow HNO_3$ 　$NO_2 + O_3 \rightarrow NO_3 + O_2$ 　$NO_2 + NO_3 \rightarrow N_2O_5$ 　$N_2O_5 + 2H_2O \rightarrow 2HNO_3$

　生成した硫酸および硝酸の一部は、大気中のアンモニアなどの塩基性窒素化合物、カルシウム塩などと反応し粒子状物質となる。これらが雨水核となり、大気中の水蒸気がそのまわりに凝縮し（雲内洗浄；Rain out）、あるいは雨滴が地表面に降下する際に、雲の下の汚染物質を溶かし込む(雲下洗浄；Wash out）などの過程を経て酸性の雨となる（図6-1）。地表面には雨に代表される湿性降下物（湿性沈着）に加え、酸性の乾性降下物が絶えず負荷されており、両者の割合はほぼ等しいと見られているので、乾性降下物もきちんと見積もる必要がある。

6.3 日本における酸性雨とその影響

日本で酸性雨が測定されたのは1930年代で、東京都でpH4.1、神戸ではpH5.2を記録している。1950年代はばい煙の時代で、大都会の至るところから真っ黒な煙が出ていた。1960年代は高度経済成長とともに大規模な工業化と都市化が進み、四日市ぜんそくに代表される硫黄酸化物による公害病が各地で発生した。しかし低硫黄重油の使用や硫黄を取り除く技術の発達などの対策が進んだため、硫黄酸化物の大気中濃度は1960年代後半から急速に減少し、今日ではピーク時の1/10以下になっている。1970年代に入ると自動車の普及などで窒素酸化物が増加し、大気中で化学変化を起こして光化学スモッグや酸性雨に変わる二次汚染の新たな問題が生じてきた。図6-3に硫黄酸化物と窒素酸化物の1970年からの年変化を示す。窒素酸化物の環境基準は最初0.02 ppmであったが、調査の結果、ほとんどの地域でこの基準を超えていることがわかり、1978年に環境庁(現在は環境省)は基準を0.04〜0.06 ppmとゆるくした。これによって基準は守られていながら、ぜんそくや気管支炎などの公害病患者が増加し、その数は現在10万人を超えている。

酸性雨が日本で初めて社会問題として認識されるようになったのは、1973年6月28日に静岡県で霧雨などによる目の痛み、流涙やせきなどを訴える人が続出し、夜になると山梨県でも同じような被害が発生してからである。

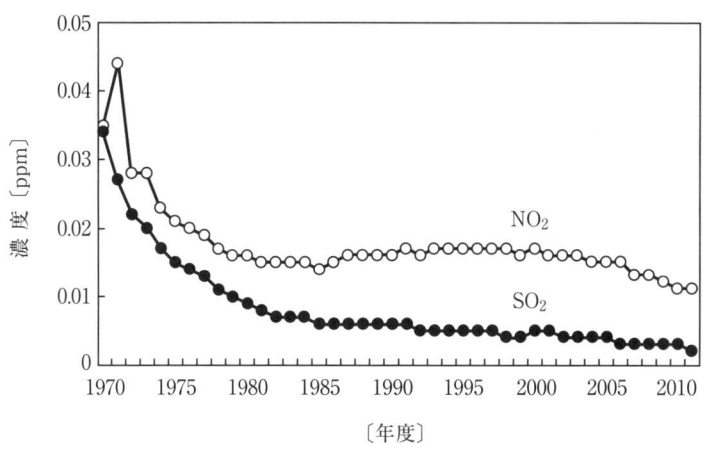

(出典)環境省「平成23年度大気汚染状況について」をもとに作成

図6-3 日本における SO_2 濃度と NO_2 濃度の推移

このときの霧雨のpHは2.7〜3.5であった。1974年になると関東一円で被害が発生し、被害者は約3万人に達した。日本では1983年になって初めて統一的な方法で環境庁（現在は環境省）の全国調査が約5年間行われ、日本の降水のpHの年平均値は4.5〜5.2、全国29地点のpHの平均値は4.7で、北・東日本でやや高く、西日本でやや低いという特色が見られるが大きな差はなく、日本の降水は広域的に酸性化していることがわかった。これらの地点では酸性雨モニタリングが継続して行われている。2008〜2010年の降水のpHを図6-4に示す。ほとんどの地点で年平均値がpH5.0を下回っており、1980年代と比較して改善傾向は認められない。工業や都市が集まっている所だけでなく、北海道や日本海沿岸、あるいは屋久島のような工業地域から離れた所も雨のpHが5以下である。1994年から京都市郊外で測定している雨のpHの年平均値は4.3〜4.5と全国平均よりさらに低い値となっ

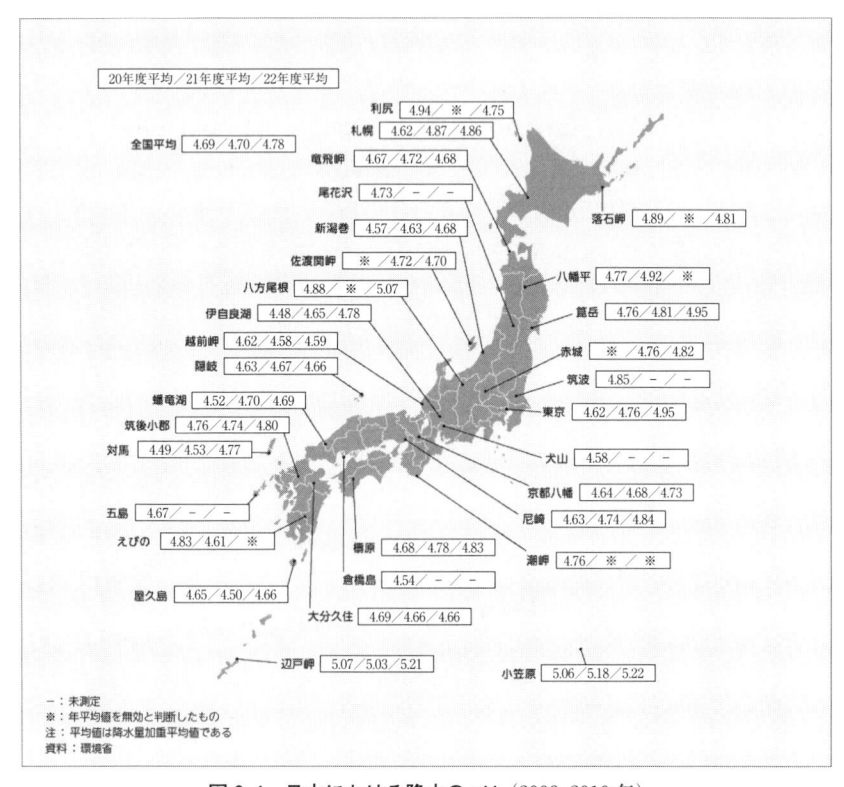

図6-4　日本における降水のpH（2008-2010年）

ている。東京、大阪など大都市では、窒素酸化物の影響で雨のpHがその郊外より低いことが知られている。

　日本ではこのように広域的に降水が酸性化し、近年は森林生態系への影響が数多く報告されている。酸性雨によって丹沢山系のモミ、立山のブナなどが立ち枯れ、また関東地方のスギや瀬戸内海地方のマツ、スギが衰退している。このような現象が生じている所の土壌中には、樹木の栄養となるカルシウムやマグネシウムがほとんどなく、逆に悪影響を及ぼすアルミニウムが多く含まれている（図6-5）。アルミニウムイオンは植物の根の伸長を著しく阻害し、根圏（根を取り囲む土壌）の発達を妨げる。そのため水分や無機栄

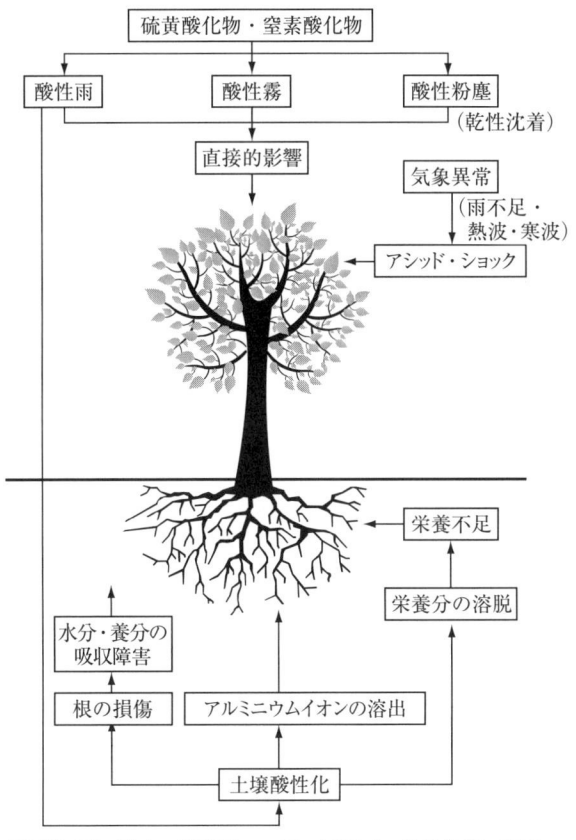

（出典）石　弘之：酸性雨, p.75, 図Ⅳ-5, 岩波書店, 1998
図6-5　酸性雨の樹木への影響

養素の吸収が妨げられ、最終的には植物全体の生長阻害を引き起こすことになる。雨だけでなく雪も酸性物質を媒介するものとして近年注目され、強酸性の雪解け水による湖沼や河川への影響が心配されている。また、酸性霧は、滴状が雨よりも小さいため汚染物質が内部にまで浸透しやすく、局地的に長く浮遊する。そのため酸性雨よりも森林や人に及ぼす影響が大きいのではないかと注目され、広島県の三次盆地や神奈川県の大山などでその影響が研究されている。

6.4　世界における酸性雨とその影響

6.4.1　欧米での状況

1852年、「降り注ぐ雨が酸性のようだ」という事実を初めて詳しく研究したのは、先述したイギリスの化学者アンガス・スミスである。彼は20年後に『Air and Rain（空気と雨）』と題する本を出版したが、ほとんど注目されなかった。一方で、石炭消費は増加を続けたので、イギリスの首都ロンドンはその後ますます大気汚染で苦しめられることになった。特に1952年12月5～9日の「グレートスモッグ」の直後に降った雨では、pH1.4～1.9と記録されている。1950年代になってようやく酸性雨の影響がアメリカ北東部、スカンジナビア地方、およびイギリスの湖水地方（Lake District）で再確認された。スウェーデンの土壌学者スバンテ・オーデンが、スミスの論文をもとに酸性雨の分布を広範囲にわたって調べ、遠方から運ばれてくる亜硫酸ガスや窒素酸化物が原因であるとの論文を1967年に発表した。このことから、オーデンは「酸性雨解明の父」と呼ばれている。1972年にスウェーデン政府はストックホルムで開催された国連の「人間環境会議」で酸性雨問題を提起し、1977年には欧州監視評価計画（European Monitoring and Evaluation Programme；EMEP）が発足し、モニタリングを開始した。現在はイベリア半島から旧ソ連国境までを網羅する大規模なネットワークに発展している。

ヨーロッパの酸性雨の影響は、特に北欧のスウェーデンなどで顕著で、1960年頃からpHの低下が始まり、1979年にはpH6.0から4.5程度になったと報告されている。北欧三国、スウェーデン、ノルウェー、フィンランドでは湖沼の酸性化が顕在化しはじめた（図6-6）。スウェーデンでは、85,000ある湖沼のうち、21,500の湖沼で酸性雨の影響が確認され、約10,000の湖沼

は既に酸性化し、そのうち9,000の湖沼では魚類の生息に悪影響が現れている。ノルウェー南部でも魚類の生息が脅かされている。北欧の酸性雨の原因物質はイギリスやドイツで発生した酸性ガスで、これらが長距離輸送されたためである。

1970年代になってドイツの森にも異変が現れ、シュバルツバルト（黒い森）のシンボルであるトウヒの大木が次々に枯れていった。たった8年ほどの間に、うっそうとした森であったところが全くの禿山になってしまったところもある。まるで樹木の墓場の風景である。森林の被害状況に関する1983年の調査によれば、森林の被害面積はドイツ南部のバイエルンとバーデンヴェルテムベルグ両州が最も大きく約50％、ついで黒い森のあるノルトラインヴェストファレン州が約35％となっている。旧西ドイツ全体では、森林面積740万haのうち被害面積は255万haで、その割合は34.4％にも達している。旧チェコスロバキアでは国内の森林の約70％が多少なりとも酸性雨の被害を受け、ギリシャ、イギリス、旧東ドイツ、エストニア、イタリアなどでも50％以上の森林が影響を受けているという結果になっている。被害面積の割合が高い上位の国々に、東欧の旧社会主義諸国が目立っている。なお、ロシアまたは旧ソ連が表の中にないが、これはデータの公表が遅れて

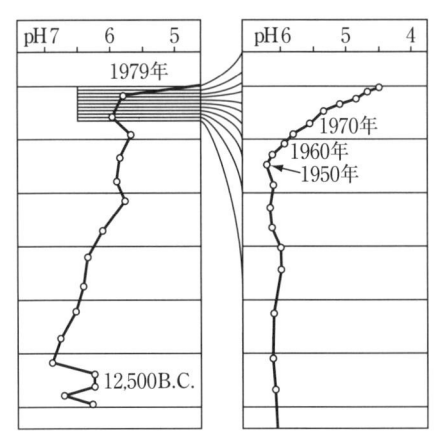

（出典）石　弘之：酸性雨, p.55, 図Ⅲ-2, 岩波書店, 1998

図6-6　スウェーデンのゲルサヨン湖におけるpHの変化（1960年ごろから急速に酸性化が進行してきたことがわかる）

いるためで、被害がないという意味ではない。一方、湖や河川の魚が消えるという被害の目立ったスカンジナビア諸国では、森林への影響が比較的少なくてすんでいる。ヨーロッパの酸性雨の状況（1985-2010年）を表6-1に示す。北欧、ドイツ、旧東欧などではpHの値に改善傾向が見られるが、スペインのように酸性化しているところもある。ヨーロッパの大聖堂の外壁を飾る彫刻、そして、メキシコと中央アメリカの先史遺跡を飾る彫刻が溶け去ろうとしていた。これらのすべてについて、損傷の主要な原因の一つが酸性雨であるとされた。

アメリカ合衆国では1970年代と1980年代に、酸性雨による森林と湖に対する影響が懸念され、エコシステムの破壊に対する抗議が声高に叫ばれた。1978年に国家大気物質沈着計画（National Atmospheric Deposition Program；NADP）が発足し、1980年には、国家酸性雨評価計画（National Acid Precipitation Assessment Program；NAPAP）の傘下に大規模な調査が始まった。SO_2

表6-1　ヨーロッパの酸性雨の状況（1985-2010年）

国名	地点名	pH値					
		1985	1990	1995	2000	2005	2010
アイスランド	イラフォス	5.41	5.38	5.55	5.58	5.59	5.36
アイルランド	バレンシア	5.38	5.20	5.04	—	5.37	5.30
イタリア	モンテリブレッティ	5.09	—	4.83	4.60	5.84	5.92
英国	ヤーナーウッド	—	4.88	4.84	—	4.81	5.11
オーストリア	イルミッツ	4.38	4.50	5.06	5.30	4.96	—
オランダ	コルムルワード	—	—	5.14	5.25	5.29	5.54
スイス	パイエルヌ	4.77	4.93	5.10	5.37	5.37	5.37
スウェーデン	バビヒル	4.29	4.41	4.46	4.56	4.80	4.91
スペイン	ニエンブリョ	—	—	—	4.89	4.23	3.09
スロバキア	チョポク	4.27	4.27	4.67	4.55	4.85	5.00
チェコ	スプラトゥフ	4.46	4.34	4.54	4.75	4.73	4.93
デンマーク	ケルスノーア	4.32	4.66	4.62	4.85	4.94	—
ドイツ	ドイゼルバッハ	4.37	4.64	4.76	4.82	4.83	5.11
ノルウェー	ビルケネス	4.24	4.37	4.48	4.56	4.68	4.86
ハンガリー	Kプスタ	5.08	4.99	4.83	5.79	5.67	5.63
フィンランド	アータリ	4.55	4.57	4.61	4.73	4.78	4.87
フランス	ラ　ハーグ	4.41	4.68	5.05	5.04	—	—
ポーランド	ヤルチェフ	4.16	4.33	4.43	4.61	4.63	4.98
ポルトガル	ブラガンサ	5.12	5.41	5.92	5.52	5.76	—

（出典）環境省「平成25年度環境統計集」をもとに作成

の排出源は五大湖の南東部に集中しており、酸性化が著しいのは五大湖の北東部であった。カナダは降水観測網を設け、アメリカに排出削減を求めたが、1980年代のアメリカは酸性雨対策に消極的であった。1990年に、ようやく大気浄化法1990年改定法（1990 Clean Air Act Amendments）が成立し、酸性雨計画（Acid Rain Program）が始められた。1995年に21州にまたがる110カ所の発電設備で、酸性雨の原因となる排出物を順次減らす作業が始まった。

1998年のアメリカにおける酸性雨モニタリング状況を図6-7に示す。1980年代に合衆国東部で平均値としてpH4.2という酸性雨が記録されている。1998年の雨のpHは、それよりはやや改善しているが、pH4.4の範囲は合衆国だけでなくカナダまで広がり、北欧大陸の東側ほとんどがpH5.0以下である。2000年代は、さらなる排出物抑制に入る予定であったが、酸性雨の主要な原因物質である窒素酸化物は、減少するどころか、わずかではあるが増加している。アメリカは排出の抑制を達成したが、この抑制は今でもなおチャレンジのままである。加えて、エコロジーが回復したという兆しはまだ現れていない。

酸性雨は排出源に隣接する地域に降るという点で、地域的な色合いを持っている。中西部、特にオハイオ川流域の工場で発生した二酸化硫黄などの酸性ガスは、季節風によって北東部に運ばれてニューヨーク州、ニューイング

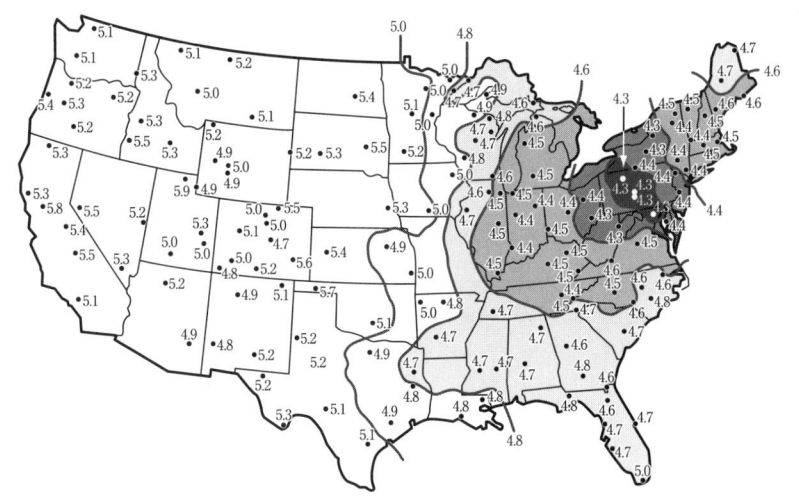

（出典）NADP（Nationai Atmospheric Deposition Program）ホームページをもとに作成
図6-7　アメリカにおける酸性雨の状況（1998年）

ランド地方、そしてカナダ東部に酸性雨や酸性雪として降り注ぐ。この酸性ガスは南東部にも運ばれ、テネシー州、ノースカロライナ州、およびバージニア州にも酸性降下物を降らせる。ヨーロッパにおいて、ドイツやイギリスなどで発生した酸性ガスが北にあるノルウェーやスウェーデンに長距離輸送されたことと同様である。

6.4.2 アジアでの状況

アジアについては、ヨーロッパや北米のような統一的な調査が進んでおらず、近年ようやく研究が活発になってきた。東アジアの酸性雨の状況（2000-2010年）を表6-2に示す。1980年代にはシンガポールが平均pH4.4を記録している反面、マレーシアはそこまで深刻ではないと報告されていた。しかし、2010年にはpH4.26とマレーシアはかなり酸性化している。韓国は工業化が著しいなか、雨の酸性化はそれほど進んでいないといわれていたが、2000年、2005年にはやや低いpHの雨も観測されている。中国では1981年頃から全国的に雨の調査が行われるようになり、予想以上に酸性化が深刻であることが明らかになった。まだ一部地域しか公表されていないが、それでみる限りヨーロッパ並みに酸性化が進行している。北部の西安では酸性化

表6-2 東アジアの酸性雨の状況（2000-2010年）

国名	地点名	pH値 2000	2005	2010
中国	西安	5.68	5.41	6.68
	重慶	4.18[1]	4.62	3.94
	珠海	4.64	4.61	4.95
インドネシア	ジャカルタ	5.18	4.31	4.73
日本	東京	―	―	4.95
マレーシア	ペタリンジャヤ	4.35	4.37	4.26
モンゴル	ウランバートル	―	5.99	5.88
フィリピン	メトロマニラ	5.48	4.95	5.55[2]
韓国	チェジュ	4.61[3]	4.55	5.04
ロシア	イルクーツク	5.11	5.12	5.13
タイ	バンコク	4.95	4.89	5.07
ベトナム	ハノイ	5.45	5.73[4]	5.93

[1] 2001年、[2] 2008年、[3] 2002年、[4] 2006年
（出典）環境省「平成25年度環境統計集」をもとに作成

していないが、特に南東部の重慶などではpH4以下の雨が記録されている。中国の経済規模や工業生産がまだヨーロッパより小さいのに、これだけ汚染が進行しているのは、石炭が主要な燃料で、かつ中国産の石炭は硫黄分が多いという性質に加えて、大気汚染対策が十分行きわたっていないという事情が影響している。

6.5 酸性雨の原因物質（SO_2、NOx）の排出源

　酸性降下物の主な原因物質はSO_2とNOxの2種類である。最近のアメリカでは、人間の活動によるSO_2の年間排出量とNOxの年間排出量がほぼ等しく、SO_2が約2,000万トン、NOxが約2,400万トンである。前に記したように、排出される二酸化硫黄の大部分の出どころは、石炭燃焼式の発電施設である。しかしこの排出源は、排出される窒素酸化物のうちのわずか1/3を分担しているにすぎない。様々な形式の輸送を駆動している燃焼エンジンが、NOxの1/2以上を排出している。

　しかし、これらの二つの汚染物質は、常に同程度の寄与をしてきたわけではない。以前は、雨、霧、および雪に含まれるNOxの量はSO_2に比べてはるかに少なかったのである。昨今測定されているNOxの量は、1975年ごろまで止むことなく続いた排出量の増加が原因で、ほぼ同じ時期に排出量が頭打ちになった。ただ、全国的に見ても、NOxの排出量に上限値を設定して規制した効果は、SO_2と違って劇的ではない。SO_2については、大気浄化法とその改定法のおかげで1970年以後に排出量が約40%減少したが、その間のNOxの排出量についてはうまくいっていない。1970年から1992年の間に約15%増加したのである。1992年から2001年の間になってようやく目に見える減少が現れたが、その幅はわずかに3%である。

　アメリカにおける排出量を世界の国々と比べてみよう。1990年に世界全体で排出された二酸化硫黄のほぼ半分が、アメリカ、旧ソビエト連邦、および中国の煙突から排出された。それに続いたのがヨーロッパ諸国、次いで日本であった。

　アメリカにおけるSO_2の排出量が過去10年間に減少したのと時を同じくして、西ヨーロッパ諸国および旧ソビエト連邦諸国でも排出量が減少した。ただし減少した原因には違いがあり、ヨーロッパ諸国は環境規制、ロシアは

経済不況である。そして残念ながら、これらの国で見られた SO_2 排出量の減少は、急速に開発を進めている諸国による排出量の大幅増加にうち負かされている。たとえば1970年、アメリカの二酸化硫黄の排出量は約3,000万トン、中国の排出量は約1,000万トンであった。ところが1990年には、両方の国が同じ約2,200万トンの SO_2 を排出した。2005年にはアメリカの1,327万トンに対し、中国は2,549万トンと世界における最大の二酸化硫黄排出国となっている。

これまでのところ、中国などの発展途上国は、豊かな国々が行っているような汚染防止技術や低硫黄燃料を使用するための経済力を持っていない。中国では奥地を除いたほぼ全域で酸性雨が観測されている。瀋陽、豊陽、広州などの地域では森林被害なども発生している。中国北部では黄砂など塩基性の高い砂などにより、酸性雨が中和され、南東部ほど雨は酸性化していないことが知られている。

長期的に見ると、窒素酸化物の排出は SO_2 より深刻な問題を提起する恐れがある。生成を抑制する技術は存在するけれどもコントロールが SO_2 より困難なため、大部分の国で排出量が増加しているのである。

表6-3は、自然現象や人為的な原因による SO_2 および NOx の排出量を地球全体としてまとめたものである。この表が明示するように、人類だけが硫黄と窒素の酸化物を排出しているのではない。しかし、人類が最大の寄与をしていることもはっきりわかる。人類が大気中に追加している硫黄の量は、火山や海洋など自然界の排出源の2倍である。また、NOx の形で追加している窒素の量は、稲妻や土壌中のバクテリアなど自然の供給源からのほぼ4

表6-3 地球全体の SO_2 および NOx の発生源と排出量の推定値

起源	SO_2 (TgSyr^{-1})	NOx (TgNyr^{-1})
化石燃料	78.7	24 (21〜25)
バイオマス燃焼	2.0	8 (3〜13)
土壌	—	7 (5〜12)
火山噴火	9.3	—
雷	—	7 (3〜20)
亜音速航空機	—	0.4 (0.2〜1)

(出典) 秋元肇ほか編:対流圏大気の化学と地球環境, p.78 (表2-2-1), p.202 (表4-3-1), 学会出版センター, 2002をもとに作成

倍になる。

6.6 酸性雨対策

　酸性雨の対策としては、工場、発電所など固定源からの汚染物質対策と、自動車など移動発生源からの汚染物質対策に分けられる。固定源からの汚染物質対策は、硫黄酸化物と窒素酸化物の対策に分けられ、硫黄酸化物の削減策の一つは低硫黄重油の使用である。重油の脱硫は、水素化脱硫でC-S結合を切断する技術が発達し、国内重油の平均硫黄含有率は低下している。また、排煙脱硫装置も開発され、石灰石（$CaCO_3$）または消石灰（$Ca(OH)_2$）スラリーあるいは水酸化ナトリウム溶液に吸収され、水に溶解しやすい硫黄酸化物は排ガスに含まれていても比較的容易に除去できる。

　一方、工場などの固定発生源の窒素酸化物対策には、燃焼改善による発生抑制と排煙脱硝装置を用いる大気への排出抑制の主に二つの方法がある。燃焼によるダイオキシン発生が問題になる前は、窒素酸化物は高温で発生するため、まず低温で燃焼後、高温で燃焼するという二段燃焼法が用いられていたが、低温で燃やすと有害なダイオキシンが発生するため用いられなくなった。排煙脱硝技術としては乾式のアンモニアを用いる選択接触還元法が主に採用されている。窒素酸化物（NO、NO_2）は還元されて、窒素（N_2）と水（H_2O）になる。

$$4NO + 4NH_3 + O_2 \rightarrow 4N_2 + 6H_2O$$
$$6NO + 4NH_3 \rightarrow 5N_2 + 6H_2O$$
$$2NO_2 + 4NH_3 + O_2 \rightarrow 3N_2 + 6H_2O$$
$$6NO_2 + 8NH_3 \rightarrow 7N_2 + 12H_2O$$

　触媒としては白金（Pt）が用いられてきたが、Ptが高価なうえに反応時の温度を300〜350℃と高温にする必要があるため、近年はチタン（Ti）-バナジウム（V）触媒などが用いられている。Ti-V触媒の場合は、同温度が200〜250℃とPt触媒より約100℃低く、省エネである。そのうえ、この触媒は窒素酸化物を還元分解し、同時にダイオキシンを酸化分解すると報告されている。

　自動車など移動発生源からの汚染物質対策としては、ディーゼル車からの

窒素酸化物の排出削減や、電気自動車、ハイブリッド車、燃料電池車など排ガス中の窒素酸化物濃度の低い車の開発、普及が重要である。

(京都工芸繊維大学　環境科学センター　教授　山田　悦)

第7章 水環境

地球は「水の惑星」と呼ばれる。地球の表面の約70％は海におおわれ、水蒸気は空気とともにいたるところに漂っている。地球上に私達人間や生物が生存、活動できるのも水のおかげである。水は文明を生み、芸術・文化を生みだした。日本も比較的水に恵まれ、水の文化を生み育んできた。しかし、現在は河川、湖沼、地下水などの水質汚染、水不足、洪水、水道水問題および下水道整備など様々な水の問題がある。人類が利用できる水資源の危機もいわれている。

7.1 地球上の水

地球上の水のおよそ97％は海洋に存在する。海洋は地球の表面積の約70％を占め、その平均の深さは約4,000 mである。塩分を含まない水、すなわち淡水のおよそ75％は極地の氷と氷河である。しかも、この氷の約90％（$2.5～2.9×10^7$ km^3）は南極大陸にあり、残りはグリーンランドの氷（$2.6×10^6$ km^3）で、ヒマラヤやアルプスの氷河はわずか0.1％にすぎない。地球上で次に淡水の多いのは地下で、淡水のおよそ25％が地下水である。湖沼や河川はそれぞれ0.3、0.03％で、地下水に比べてはるかに少なく、大気中の水蒸気（0.035％）のほうが河川の水量よりむしろ多い（表7-1）。

表7-1 地球上における淡水の存在割合

存在場所	割合〔％〕
極地の氷と氷河	75
地下水（深さ762～3810 m）	14
地下水（深さ762 mまで）	11
湖沼	0.3
土壌中の水分	0.06
大気中の水蒸気	0.035
河川	0.03

総量は $4.1×10^{15}$ m^3
（出典）山縣　登：水と環境, 大日本図書, 1973

地球上の水はいたる所で蒸発する。それは、水の蒸気圧が高く、また氷の昇華圧も高いからである。−1℃ の氷の昇華圧は、+9℃ の水の蒸気圧の約 1/2 もある。水は海や湖沼、河川ばかりでなく、乾いて見える土壌表面からも、また植物の表面からも蒸発する（植物の場合は蒸散という）。大気が水蒸気で飽和すると、水蒸気は凝結して雨や雪となり降下する。これらは、河川、湖沼、地下水、あるいは氷河となり、重力の法則に従って海洋に流れ込む。このように水は地球上で大きく循環している。図7-1は生物系を除いた自然界における水の循環の様子を描いたものである。

　世界における平均年間降水量は 970 mm とされている。これを 100 としたとき、海洋からの蒸発が 84 である。海洋の面積は地球の全表面積のおよそ 70% であるから、陸地と比べると単位面積あたりの蒸発量はおよそ 2 倍である。海面への降水量は 77 であるが、不足分の 7 は陸地から流入する河川水などによってまかなわれている。陸地の湿潤地帯では蒸発 10 に対して降水が 17 と多く、乾燥地帯では蒸発と降水がともに 6 で、つり合っている。

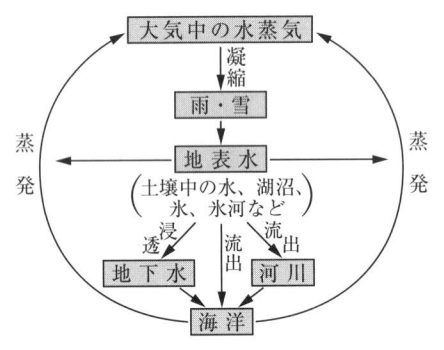

生物系は含めていない。
(出典) 鈴木啓三：水の話・十講—その科学と
　　　環境問題, p. 84, 図 5.4, 化学同人, 1997
図7-1　自然界における水の循環

7.2　水と文明

　古代の四大文明、エジプト、メソポタミア、黄河およびインダス文明は、いずれもナイル川、チグリス・ユーフラテス川、黄河およびインダス川という大河の流域に栄えた。これは、①肥沃な土壌に恵まれていたこと、②河川

水による水利に恵まれていたこと、③土地が比較的平坦で降雨量が少ないために土壌が流失しなかったことによる。これらの地域がかつて緑したたる森林におおわれていたことは、今日、多くの資料から知ることができる。

一方、現代においても、世界の著名な都市にはその名がよく知られた川が流れている。パリとセーヌ川、ロンドンとテムズ川、ウィーンとドナウ川、フランクフルトとライン川、ワシントンとポトマック川、武漢と長江、ソウルと漢江などがあげられる。日本では、大阪の淀川、京都の鴨川、東京の隅田川などがあげられ、都市の中心を流れる川は、都市生活と都市文化にかかわり、都市の変遷を忠実に反映して変容する。

メソポタミアとエジプト文明の盛衰は、人と水とのかかわりについて多くの教訓を与えてくれる。今から 5,000 年前、メソポタミア南部には都市文明が栄えていたが、約 3,700 年前に短期間のうちに衰退した。チグリス・ユーフラテス両川はエジプトのナイル川のように毎年規則正しく氾濫せず、時期も水量もまちまちであったため、耕地をきちんと管理し、ため池をつくって洪水を蓄え、運河や灌漑水路を掘って水を引き、ダムや水門によって水量を調節しながら作物にあわせて水を使うといった農業を行わねばならなかった。そのためにメソポタミアの都市国家では、中央政府が強大な権限をもち、農民を水利施設の建設維持のために徹底して動員する独特の中央集権国家が成立した。メソポタミア文明が灌漑文明であるといわれるゆえんはここにある。ところで、このユーフラテス川の運ぶ泥土の量はけたはずれに多く、エジプトのナイル川のそれの 5 倍にも達した。その結果、泥土が運河の底にたまり、灌漑用水路を詰まらせるので、たえず泥土をさらわなければならなかった。さらに、都市文明が持続的に繁栄するためには木材資源の絶え間ない供給が不可欠であった。チグリス・ユーフラテス両川の源流地帯における北部山地で、木材供給のための森林伐採が盛んになると、山腹の地肌がむき出しになって侵食が急速に進み、塩分を含んだ土砂が大量に流出した。上流には石灰岩の山が多いため、炭酸カルシウムを多量に溶かした水が流れてきて、「土壌の塩類集積」現象がおこり、塩害による食料の減産で、農業ができなくなったのである。メソポタミア南部の都市文明は衰退し、文明の中心はバビロン地方へ移っていった。

エジプトはナイル川が毎年氾濫し、肥沃な土砂が古代エジプトの農業を支えていた。それを保障していたのは、ナイル川の水源地帯に横たわる太古か

らの森林であった。気候変動などで水源の森林荒廃がおこり、エジプトでは1902年にアスワン・ロウ・ダムを建設し、さらに1960年から10年をかけて旧ソ連の援助を得てアスワン・ハイ・ダムを完成させた。しかし、ダムが完成してみると、計画どおりに貯水されないので発電量も計画を下回り、ダムがナイル川をせき止めてしまったので、沃土の贈り物が絶たれ、化学肥料に依存する農業になっている。ナイル河口で豊富にとれていた魚介類の漁獲量が大幅に減少し、住血吸虫の発生が広がるなど深刻な問題が発生している。

このように、水の管理はよほど慎重に取り組まないと、取り返しのつかないことになるのである。

7.3　日本における1945年以後の水環境

第二次大戦後、日本において展開された水と人間生活のかかわりは、目まぐるしい変遷をたどってきたが、大きく三期に分けることができる。

第一期（1945～1959年）は、敗戦後の混乱から復興を経て高度成長にさしかかった時期で、毎年のように大型台風や梅雨前線豪雨が猛威をふるい、洪水対策を最優先とする治水の時代であった。

第二期（1960～1972年）では、工業生産の飛躍的増大とあいまって、大都市や工業地帯での水需要が増大し、水不足を来した。そのため、国家的にも水資源開発が重点施策として取りあげられた利水の時代であった。1962年、水資源開発促進法が成立し、同時に水資源開発公団が設立され、その開発に努力が払われた。一方、都市化・工業化とともに、大都市を中心に河川や湖沼などの水質が全国的に悪化した時期でもあった。1950～1960年代には熊本県水俣湾でメチル水銀による水俣病が発生し、新潟県でも第二水俣病が発生した。富山県神通川流域でのイタイイタイ病もカドミウムが原因であることが明らかとなった公害問題である。70年代になると、高度成長期の大規模開発による環境悪化が重大な社会的問題としてクローズアップされ、開発に対する価値観も変わってきた。高度成長期の開発が、機能主義・経済優先に偏っていることに対して批判の目が向けられるようになった。1971年には、工場および事業場から公共用水域に排出される汚水を規制する水質汚濁防止法が制定された。78年には水質総量規制が東京湾や大阪湾などについて定められ、84年には湖沼への窒素およびリンの排水を規制する湖沼

水質保全特別措置法が制定された。

これらの対策によって、河川の汚濁状況は徐々にではあるが改善されつつある。しかし、湖沼や内湾などの閉鎖性水域や大都市河川には、相当に汚濁されている例が多い。また、上水道水源の水質の悪化が進み、水道水の味の低下やトリハロメタンなど有毒物質の混在が社会問題になっている。第三期（1972年～）は水環境重視の時代であり、その解決のためには思いきった施策が必要となるであろう。

7.4 湖沼・河川水の水環境

7.4.1 BOCとCOD

湖沼や河川は、生活用水、農業用水、工業用水の水源として私たちの生活を支えており、これらの水環境を保全することは、大切なことである。工場などから排出される産業排水により水俣病などの公害問題が発生したため、1967年に公害対策基本法が制定され、水質の環境基準には、健康項目（人の健康保護に関する環境基準）と生活環境項目（生活環境の保全に関する環境基準）が定められている。これらの環境基準などを達成・維持するために水質汚濁防止法が制定され、排水基準が設けられている。

水の汚染を知る最も簡単な指標は水の色や臭いであり、ほかにも水温やpH（水素イオン濃度）がある。水生生物は水のきれいな場所にしか生息しないものや逆に比較的汚れていても生息するものがあり、その水に生息している生物の種類によって水質の良し悪しを知ることができる。

有機物による水汚染を示す指標には、生物化学的酸素要求量（Biochemical Oxygen Demand；BOD）と化学的酸素要求量（Chemical Oxygen Demand；COD）がある。BODは、「水中の有機物が、好気性微生物（酸素の存在下においてよく繁殖する微生物）の作用により分解されるときに消費される酸素の量」をppm単位で示したものである。これは一定期間（一般には5日間）、試料水を一定温度（20℃）で密閉容器中に保った場合の溶存酸素量の減少量で表される。CODは、「水中の有機物を酸化剤で分解する際に、消費される酸化剤の量を酸素量に換算した値」をppm単位で示したものである。酸化剤としては通常、過マンガン酸カリウムまたは重クロム酸カリウムが用いられ、それぞれCOD_{Mn}およびCOD_{Cr}で表される。日本では過マンガン酸

カリウムがよく用いられるが、これは酸化力が弱く、有機物の種類により酸化の程度が変わり、酢酸のように全く酸化されないものもある。

BODは河川の排水基準と環境基準に使われる。BOD値が大きいことは好気性微生物により分解される有機物が多く含まれ、水が汚れていることを間接的に示している。CODは湖沼および海水の有機汚濁の指標として用いられる。COD値も大きいほど酸化剤により分解される有機物が多く含まれ、水が汚れていることを示している。日本の河川のBOD、湖沼および海域のCODの1979年から2011年までの年平均値の変化を図7-2に示す。河川全体のBODは3.3 mg/Lから1.3 mg/Lまで減少しており、水質の改善がみ

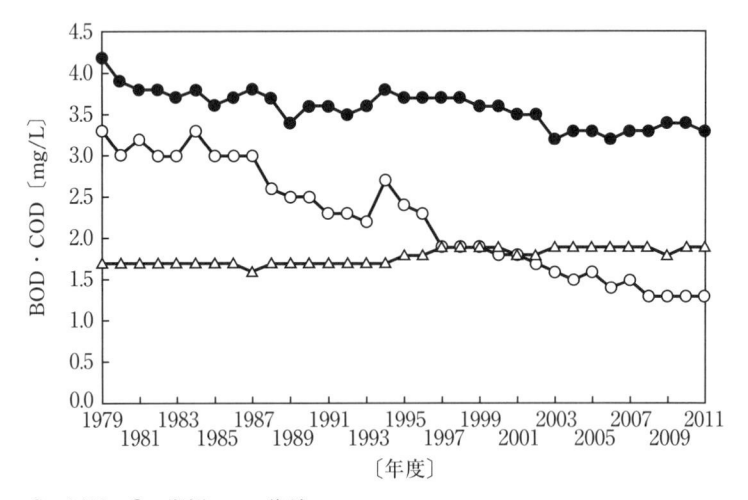

○：河川，●：湖沼，△：海域
(出典) 環境省「2011年度公共用水域水質測定結果」をもとに作成

図7-2　日本の河川（BOD）、湖沼および海域（COD）の水質変化

表7-2　BODが高い日本の河川

2011年度			2010年度		
水域名	都道府県	年平均値〔mg/L〕	水域名	都道府県	年平均値〔mg/L〕
貞山運河	宮城県	19	西除川	大阪府	9.5
春木川	千葉県	9.1	春木川	千葉県	9.2
大門川	和歌山県	8.4	南部川(古川)	和歌山県	9.2
鶴生田川	群馬県	8.3	見出川	大阪府	8.5
国分川	千葉県	8.2	岡崎川	奈良県	8.5

(出典) 環境省「2011年度公共用水域水質測定結果」をもとに作成

られる。表7-2にBOD値の高い河川（2010、2011年度）を示す。震災の影響が考えられる貞山運河を除き10 mg/L以下で、20年前には汚れている河川の上位5位のBOD値が20 mg/Lを超えていたことを考えると、生活排水などの汚染が減少して河川の水質は改善しているといえる。しかし、湖沼および海域のCOD値には大きな変化がない。2011年度のBODおよびCODの環境基準達成率は河川93.0%、湖沼53.7%、海域78.4%で、1974年度のそれぞれ51.3%、41.9%、70.7%と比較すると改善しているが、閉鎖的な湖沼では依然として達成率が低い。海域でも広域的な閉鎖性海域である東京湾、大阪湾、伊勢湾では、CODの環境基準達成率はそれぞれ68.4%、66.7%、56.3%と達成率は低い。

日本の主要な湖沼・内湾と主要な河川の水質汚濁状況を図7-3と図7-4にそれぞれ示す。湖沼、内湾の水質は2001年から2011年で大きな変動がない、あるいは悪くなっている。水質が改善したのは諏訪湖、中海など数少ない湖

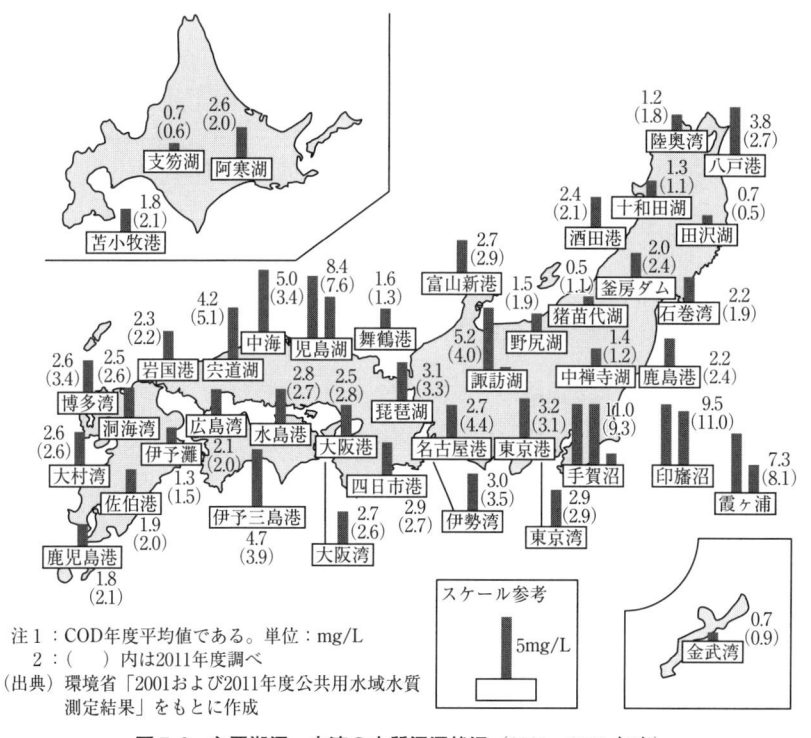

図7-3　主要湖沼・内湾の水質汚濁状況（2001、2011年度）

注1：COD年度平均値である。単位：mg/L
　2：（　）内は2011年度調べ
（出典）環境省「2001および2011年度公共用水域水質測定結果」をもとに作成

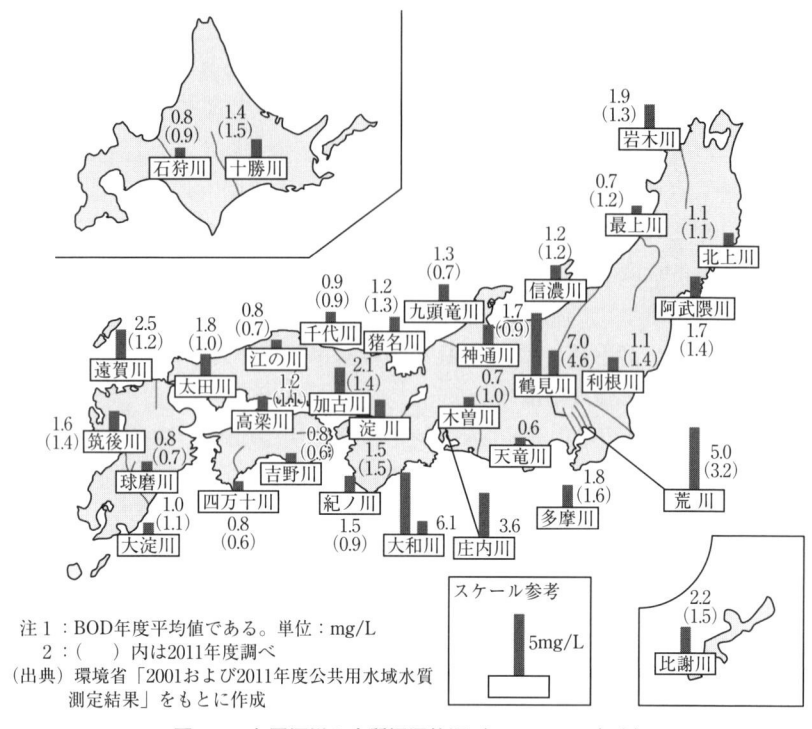

図7-4 主要河川の水質汚濁状況（2001、2011年度）

注1：BOD年度平均値である。単位：mg/L
2：（　）内は2011年度調べ
（出典）環境省「2001および2011年度公共用水域水質測定結果」をもとに作成

沼で、印旛沼、手賀沼、児島湖、霞ケ浦はCOD値が高く汚染が著しい。河川の水質は2001年から2011年で良くなっているが、関東の荒川、鶴見川、近畿の大和川などはBOD値が高く汚染が目立つ。

7.4.2 水の自浄作用

淡水の湖沼や河川における無機の主要な溶存成分は、陽イオン（カチオン）はアルカリ金属イオン（Na^+、K^+）とアルカリ土類金属イオン（Ca^{2+}、Mg^{2+}）、陰イオンは塩化物イオン（Cl^-）、硫酸イオン（SO_4^{2-}）、硝酸イオン（NO_3^-）、炭酸水素イオン（HCO_3^-）で、栄養塩（P、N）や微量のFeやMnが含有している。

「三尺流れて水清し」ということわざがあるように、たとえ川の水に少しくらい汚いものが混じったとしても、下流では清らかな水となって流れる。これは河川の自浄作用によるものである。自浄作用とは、自然浄化作用とも

いうが、河川、湖沼、海域などの自然水域に流れこんだ汚濁物質の濃度が、それらの水域中で自然に減少されていく作用をいう。とりわけ河川は、先のことわざにもいわれるように、汚れを浄化する大きな能力をもっている。浄化作用をもたらす要因としては、希釈・沈殿や吸着・凝集などの物理的・化学的作用もあるが、より本質的なものとして、水中のさまざまな生き物たちによって営まれる生物的酸化・分解作用があげられる。

　河床の付着性微生物は、水中の有機物を分解して除き、水を浄化する働きをする。微生物には好気性微生物と嫌気性微生物があり、水を浄化するためには特に水の溶存酸素量（Dissolved Oxygen；DO）が十分あるときによく有機物を分解する好気性微生物の働きが重要である。好気性微生物は、有機物を主に水と二酸化炭素（CO_2）に分解する。しかし、水のDO値が小さくなると、好気性微生物に代わって嫌気性微生物が活発に働くため、有機物はメタン（CH_4）や硫化水素（H_2S）、アンモニア（NH_3）などの悪臭物質に分解される。そのため、そのような河川では水は黒く、臭い気体が発生して「どぶ川」と呼ばれるようになる。DO値は水の自浄作用に重要である。

7.4.3　湖沼などの富栄養化

　湖沼や内湾などの停滞性・閉鎖性水域へ、窒素やリンなどの栄養物質またはそれらを含む有機物が流入し、水域内部で藻類やその他の水生生物が増えていくことを富栄養化という。富栄養化が進行すると、アオコや淡水赤潮の発生、水道水の異臭味等の問題が生じてくる。元来、富栄養化は、長い年月をかけて進行する自然の過程をも含む湖沼学の用語であった。しかし近年では、人間活動の活発化に由来する大量の栄養物質の流入、これによる急激な生物の増殖と水質の悪化（人為的富栄養化）がもっぱら問題になっている。

　海洋や湖沼などの水域に生息する生物のうち、遊泳力がないか、多少あるにしても水の動きに抗しては移動できずに浮遊生活を送る生物をプランクトンという。体が小さく、1～数μmの顕微鏡的大きさがほとんどで、大きさや生息場所などによって種類が分けられている。一般に使われるのは、光合成色素をもち独立栄養生活をする植物プランクトンと、植物プランクトンや細菌、小型動物などを餌として従属栄養生活をする動物プランクトンとの区分である。植物プランクトンは湖沼や海洋における主要一次生産者で、水域生態系の物質代謝において重要な位置を占めている。緑藻類、ケイ藻類、ラ

ン藻類、べん毛藻類などに属する小型藻類が主体をなす。動物プランクトンは原生動物や甲殻類などからなり、エビ、カニ、貝類の幼生も含む。

　プランクトンが増殖・集積して水面が呈色する現象を水の華という。水が富栄養化した場合に起こり、ラン藻類のミクロキスティスの異常発生のため、水面に緑色のペンキを流したようになるものをアオコといい、夏の諏訪湖や霞ケ浦によく発生する。琵琶湖では、1983年以降、84年を除いて毎年のようにアナベナやミクロキスティスによる水の華が発生している。

　プランクトンが増殖して起こる水の華のうち、とくに赤い色を呈するものを赤潮という。海に多く起こり、養殖魚などに大きな被害を与えることがある。湖沼で発生するものは淡水赤潮といい、琵琶湖では、1977年以来毎年のように発生している。

7.4.4　琵琶湖の水環境の変遷

　琵琶湖は日本で一番大きな湖で、近畿1,400万人の飲料水源である。最もくびれた所（現在は琵琶湖大橋がある所）から北を北湖、南を南湖と呼んでいる（図7-5）。琵琶湖の容積の98.9%は北湖で、北湖の最大深度103.58 m、

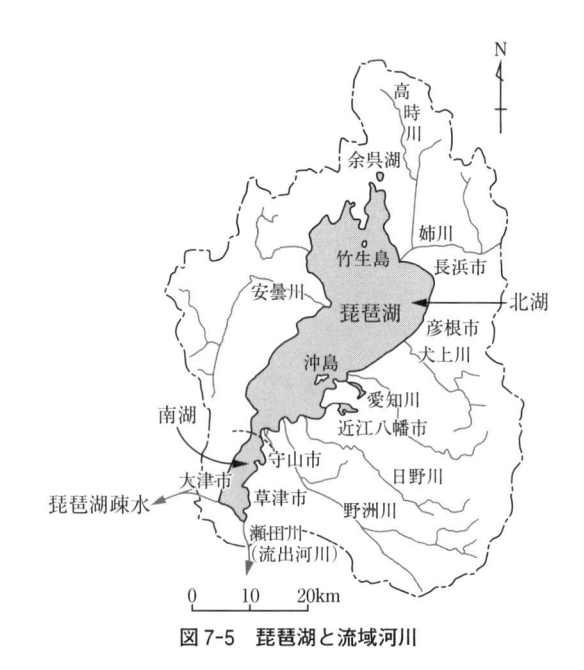

図7-5　琵琶湖と流域河川

平均水深41.2 mに対し、南湖の平均水深は4 mである。琵琶湖に流入する河川は、姉川、安曇川、野洲川、日野川、宇曽川、天野川など一級河川で119本だが、流出する河川は瀬田川のみである。瀬田川は天ヶ瀬ダムを経由して宇治川となり、木津川、桂川と合流して淀川となって、大阪湾に達する。流出する自然の河川は瀬田川のみだが、大津市から京都市の鴨川まで第一疎水（1890年に完成）、第二疎水（1942年完成）と2本の人工的な琵琶湖疎水が田邊朔郎らによりつくられている。

　琵琶湖は日本の高度経済成長に伴い、にわかに汚れてきた。北湖の水は、1950年代、漁師が水筒を持つ必要がないほどきれいな水であったが、富栄養化の進行によって水質変化や生物種の異常現象が生じている（表7-3）。1958年、上水道浄水場で初めてろ過障害が発生し、1969年には水道水のカビ臭が発生し、以後断続的に現在まで続いている。1977年には黄色べん毛藻のウログレナ・アメリカーナによる淡水赤潮が、1983年にはアオコが初めて発生した。アオコはラン藻類のミクロキスティスとアナベナによるもの

表7-3　琵琶湖の富栄養化にともなう水質および生物種の変化

年	水質および生物種の変化
1958	はじめて上水道浄水場のろ過障害発生。
1961	コカナダモ琵琶湖で発見。1964年まで全湖にひろがる。
1962	底生動物相の急変はじまる。
1964	セタシジミの減少はじまる。
1967	コカナダモの繁茂ピークに達し数年間続く。
1969	水道水のカビ臭はじめて発生。以後断続的に現在まで続く。 オオカナダモ琵琶湖に侵入。
1971	コカナダモおとろえ、次第にオオカナダモにおき代わる。
1974	セタシジミ南湖でほとんど全滅。ヤマトシジミがそれに代わる。 オオカナダモ南湖を独占。
1977	ウログレナ・アメリカーナの赤潮がはじめて発生、以後毎年のように発生。 オオカナダモの繁茂のピーク。ヤマトシジミも消失。
1979	オオカナダモ激減。
1982	オオカナダモ・コカナダモともに復活しはじめ、1983年にはさらに繁茂。
1983	水の華（アオコ）が南湖で発生。（ラン藻類　ミクロキスティスとアナベナ）
1898	ピコプランクトンが北湖で大発生。（シネココッカス属の単細胞ラン藻類）
1990	北湖の底層水の溶存酸素が一時ゼロになった（11月）。
1994	北湖でもアオコが発生。

（出典）門司正三ほか編：陸水と人間活動, p.263, 図6.2.1, 東京大学出版会, 1984の年表に1983年以降を筆者が加筆して作成

で、肝臓毒のミクロシスチンや神経毒アナトキシンを出す種類もある。日本ではアオコによる明確な被害は報告されていないが、アメリカ合衆国では湖水と接触した子供が吐き気や下痢などを発症したことが報告されている。また 1989 年初夏には、北湖でシネココッカス属の単細胞ラン藻類であるピコプランクトンが大発生し、これは毒性も心配された。この大発生の原因は不明で、その後発生はない。

　湖では一般に春から夏にかけては表層の水が温められるため、水深ごとに水温差がある水温成層が生じる（成層期）。秋になり表層の水が冷やされると上下の水温差が解消され、循環期へと変化する。また冬に凍結する湖では、氷の方が水よりも比重が小さいため、夏とは逆の水温成層が生じる（図7-6）。琵琶湖北湖は最大深度 100 m 以上、平均水深 40 m と世界でも深い湖であり、水が上下混合する循環期（1～4 月頃）と成層によって上下混合しない成層期（5～12 月頃）に分けられる。琵琶湖での水温と溶存酸素（DO）の鉛直分布を図 7-7 に示す。循環期の 3 月では、水温と DO は水深に関係なく一定で DO は 100% である。一方、成層期の 7 月には水深 10～20 m 付近の水温躍層で水温が急に低下し、DO も表層水より底層水で低い。底層水の DO は水生生物に消費され、循環期に入って酸素が供給されるまで減少する一方である。1990 年の秋には北湖で酸素濃度が一時的にゼロになっている。近年は地球温暖化の影響などで秋になっても気温が下がらず成層期の期間が長びき、毎年のように底層水の酸素濃度が低下している。琵琶湖の堆積物は薄い茶かっ色の酸化層（MnO_2、$Fe(OH)_2$）におおわれ、富栄養化の原因となる栄養塩であるリン酸イオンや有害な重金属を吸着などにより取り込んで

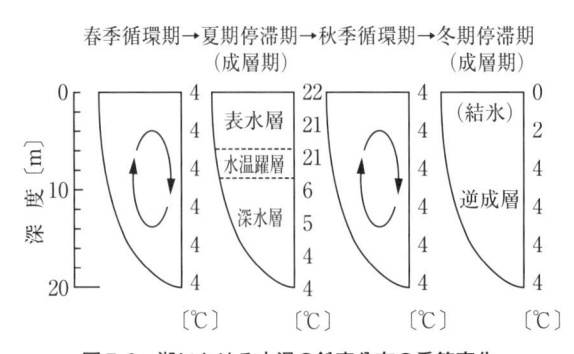

図 7-6　湖における水温の鉛直分布の季節変化

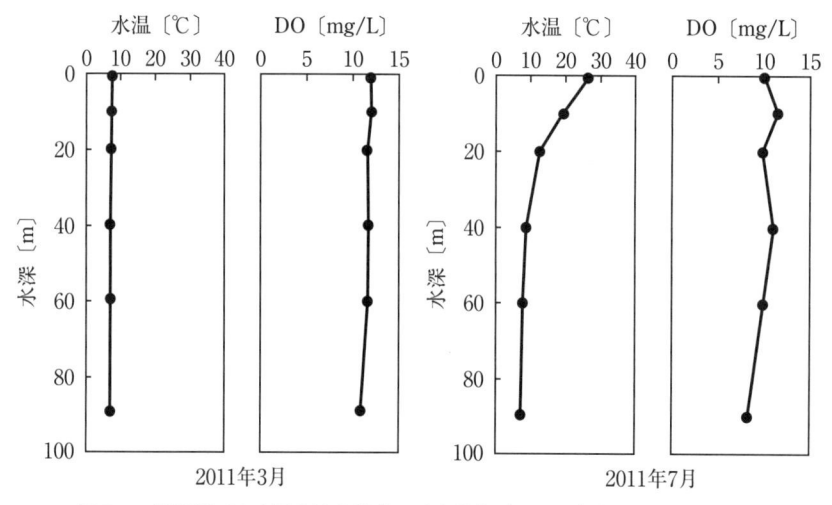

図7-7 琵琶湖での水温と溶存酸素の垂直分布（琵琶湖今津沖、水深90 m）

いる。しかし、底層水の溶存酸素がゼロになると酸化層がなくなり、吸着していたリン酸イオンや有害な重金属が水に溶け出すことにより富栄養化の進行や底生生物の大量死がおこるのではないかと心配されている。

7.5 生活排水対策

1960年代、日本の都市近郊の河川ではいたるところでメタンガスがぶくぶく泡を吹き、硫化水素が鼻をつくような状態だった。1971年に水質汚濁防止法が制定され、工場および事業場から公共用水域に排出される汚水が規制されるようになった。しかし、BODの規制値は160 ppmで未処理の家庭下水と同じ濃度だったうえに、1日の排水量50トン以下の規模の工場には適用されなかったため、当初は著しい効果は認められなかった。その後、都道府県が上乗せ基準を設けてBODの規制値を20 ppm（水域によっては5 ppm）と厳しくしたため、多くの河川はきれいになった。規制前、東京湾に入る河川の汚染源は工場排水80%、生活排水20%であったが、工場排水からの汚染は急激に減少し、1984年には生活排水60%、下水処理場20%、工場排水20%と生活排水の割合が大きくなった。特に、多摩川では生活排水が汚染源の90%を占めていた。このように生活排水が河川水の主たる汚

染源となったのは、水質汚濁防止法及び条例などにより工場排水が規制されたことに加え、国民の生活水準の向上、都市への人口集中および生活様式の変化により、1人当たりの水使用量とともに排出される汚濁物質の量も増加したためと考えられる。我々が日常生活において発生させている水質への汚濁負荷の割合は、し尿によるものが30％、それ以外の炊事、洗濯、風呂などの生活雑排水によるものが70％である。

生活排水の処理としては、下水道方式、浄化槽方式およびくみ取り方式の3通りがある。

くみ取りの場合、し尿はバキュームカーが家まできてくみ取り、し尿処理場に運ばれ、処理される。しかし、し尿以外の生活雑排水は何も浄化されずに近所の川や海へたれ流しされている。

下水道普及率は1970年には人口の16％であったが、2005年には69.3％、2010年には75.1％（東北三県を除く、東日本大震災のため）とかなり普及している。人口規模の大きな都市ほど普及率は高く、2010年に東京都99.2％、大阪府93.2％、兵庫県91.4％、京都府91.2％に対し、47位の徳島県は14.8％と低い。地方の市町村では、人口密度の高いところは比較的狭い範囲に限られ、人口密度の低い郊外や広大な農村部を下水道でおおうのは不経済である。

そこで、下水道でカバーできない地域での生活排水対策として合併浄化槽による処理が有効である。従来のし尿のみを処理する単独浄化槽に対し、合併浄化槽ではし尿だけでなく雑排水も同時に処理し、放流基準は下水処理場と同じBOD 20 ppmである。単独浄化槽の放流基準がBOD 90 ppmときわめて甘いのに対し、合併浄化槽の水質は下水処理場並みで、場所も選ばず（5人用でほぼ乗用車1台分のスペース）、簡単に設置できる。しかも川の水量を減らさないという特徴もあり、下水道と合併浄化槽の守備範囲を適切に決めて使用することが、水環境保全のために重要である。

7.6 下水道

下水道の歴史は古く紀元前まで遡り、メソポタミアやローマで設置されていたが、工学的上水は近代以降であった。微生物を使う下水浄化装置は、19世紀末にロンドンで運転を開始した。1912～1915年にイギリス、アメリカでは活性汚泥法が実用化レベルに確立された。日本では1923年に最初の下

水処理場が東京の三河島につくられた。これは散水ろ床法で、こぶし大の砂利やコークスを敷き詰めた上から下水を細かいしぶきにしてまき散らし、空気中の酸素と下水の中の微生物がよく触れ合うように工夫した方法である。しかし、悪臭が強いなどの理由で1962年から使われなくなった。活性汚泥法は、それまでの方法より悪臭が少なく、場所もとらず、処理時間も短くてすむので、日本の下水処理場のほとんどがこの方式を採用している。世界の大半の国でも同じ方式が使われている。

7.6.1 下水処理のしくみ

活性汚泥法による下水処理について、下水処理場での一次および二次処理を図7-8に示す。下水管を通って流入した下水は最初に第一沈殿池に入る。下水がゆっくり流れている間に、水より重い石や砂、汚れが下に沈む。第一沈殿池の上澄み液は、次に活性汚泥槽（曝気槽）に入る。「曝気」とは空気を吹き込むという意味である。活性汚泥槽では、活性汚泥中の微生物が下水の汚れ（有機物）を体内に取り込み、その一部を空気中の酸素で酸化して生命活動に必要なエネルギーを得る（エネルギー代謝）。このとき、水と二酸化炭素を出す。取り込まれた汚れ（有機物）の残りは、体の成分の合成や増殖（細胞分裂）に必要な成分の合成に使われ、微生物は増えつづける。下水が活性汚泥槽に滞在する時間は6〜8時間が普通である。

第一と第二の沈殿池に沈んだ汚泥は、水分が99%以上もあり泥水といっ

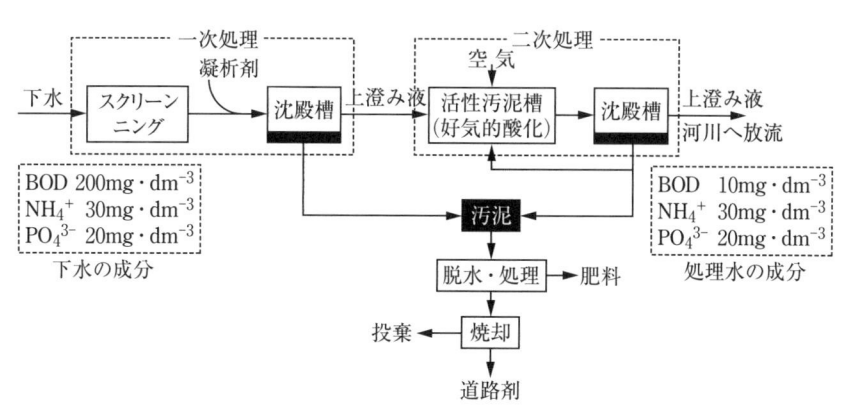

下水の成分
BOD 200mg・dm^{-3}
NH$_4^+$ 30mg・dm^{-3}
PO$_4^{3-}$ 20mg・dm^{-3}

処理水の成分
BOD 10mg・dm^{-3}
NH$_4^+$ 30mg・dm^{-3}
PO$_4^{3-}$ 20mg・dm^{-3}

（出典）御代川貴久夫：環境科学の基礎［改訂版］, p.180, 図13.2, 培風館, 2004
図7-8 下水処理での一次処理と二次処理

てよい状態である。ここに下水の汚れが集積しているので、脱水して汚れが再び私たちの暮らす環境のなかに溶け出ないように、焼却炉で無害な灰にしたうえで、埋立て地などの適切な場所に捨てる必要がある。また、建設材料などに加工する工夫もされている。活性汚泥法では有機物は分解されるが、富栄養化の原因となるリン（P）や窒素（N）は除去できない。そこで下水処理場の中にはPやNを処理できる高次処理を備えたものもある。二次処理水に水酸化カルシウム（$Ca(OH)_2$、消石灰）を加えると排水中のリン酸イオンは不活性のリン酸カルシウムを生成し、リンを除去する。この処理水は約pH11のアルカリ性なので、上澄み液に空気を吹き込むと処理水中のアンモニウム性窒素が溶解度の小さいガス状アンモニアとして除かれる。この過程をアンモニアストッピング法という。放散されたアンモニアは活性炭などに吸着させて処理する。アンモニア性窒素および硝酸性窒素は微生物（硝化菌と脱窒菌）の作用によって窒素ガスに変換することが可能である。これを硝化および脱窒といい、近年はこの生物脱窒法が窒素の処理によく用いられている。

7.6.2 下水道の現状と問題点

　1958年にできた下水道法が1970年に改められ、その目的に「公共用水域の水質保全」の項が初めて加えられた。下水道の建設は、もともとは水洗便所を普及させ、浸水地をなくして、衛生的で住みやすい都市をつくることに目標がおかれていた。その上に、「公共用水域」である私たちのまわりの川や海や湖をきれいに保つことが新たに目標として加えられ、以後その整備に巨費が使われてきた。

　しかし、日本の2010年度末における処理人口普及率（国民の何%が下水道を使えるかを表す数字）は75%と増加しているが、高度処理の普及率は20%以下である。一方、欧米先進諸国のオランダ、イギリス、ドイツは95%以上であり、特に高度処理の普及率はオランダ、ドイツでは80%を超え、非常に普及している。次に、日本の公共用水域の水質については、依然として汚濁の著しい水域が閉鎖性水域を中心に相当程度みられる。巨額の税金を使っているわりには、成果が上がっていない。

　1970年以降、国が下水道をつくるうえで強力に推し進めた政策の一つは大規模化で、新たに下水道法に盛り込まれた流域下水道の建設であった。流

域下水道のしくみができる前は、単独公共下水道と呼ばれ、大小の下水管から下水処理場に至るまで、市町村がすべて建設・管理した。これに対して流域下水道は、おもな下水管と下水処理場を都道府県が建設・管理し、この主下水管に家庭や会社・事業所などの下水を出すところをつなぐ下水管の建設・管理を市町村が行うというやり方である。市町村が建設・管理するこの下水道を流域関連公共下水道と呼んでいる。現在、都市の下水道は、単独公共下水道か、流域下水道と流域関連公共下水道の組み合せのいずれかである。大きなものをつくれば、小さなものを数多くつくるより安上がりになるということであったが、将来入ってくる下水量に見合う大規模な処理施設や大きな下水道を最初からつくるので莫大な建設費用がかかり、その費用のわりには下水道が上流へ延びていかなかった。上流の町ではなかなか下水道が使えず公共用水が汚れる、下水の量が少ないのに大きなポンプを動かす必要があるなど、様々な問題が発生している。そのため、先述したように、合併浄化槽の設置などの対策がとられるようになっている。

7.7 水道水中のトリハロメタン

　水道水は安心して飲める水であることが大切である。水道法によって水質基準が定められており、常にこれに適合していなければならない。水道水の原料となる原水には河川や湖沼、地下水などの水が使われる。原水をもとに水道水をつくることを浄水といい、緩速ろ過と急速ろ過の2つの方法がある。原水の汚染の進行に伴い、浄水の際に多量の塩素を使用して処理すると、水道水に微量だが発がん性や変異原性のあるトリハロメタン（Trihalomethane；THM）が含まれるという問題がある。トリハロメタンとは、メタン（CH_4）の4個の水素原子のうち3個がハロゲン原子（フッ素、塩素、臭素、ヨウ素）で置換された化合物の総称である（図7-9）。水道水からはクロロホルム（$CHCl_3$）、ブロモジクロロメタン（$CHBrCl_2$）、ジブロモクロロメタン（$CHBr_2Cl$）、ブロモホルム（$CHBr_3$）の4種類が検出される。これら4種類をまとめて総トリハロメタン（TTHM）、臭素を含むトリハロメタンを臭素化トリハロメタン（Br-THM）と呼んでいる。総トリハロメタンのうち、クロロホルムには発がん性と催奇形性、ブロモホルムには発がん性と変異原性（放射線、紫外線、天然および合成の化学物質が、遺伝形質を担うDNAに

作用し、突然変異、すなわち親の系統にない新しい形質が子に現れる現象をひき起こす性質)、残りの二つには変異原性がある。

　水道水中のトリハロメタンについては、1972年にオランダ、ロッテルダム水道のルーク (Rook) がライン河川水からトリハロメタンの一種であるクロロホルムを検出し、河川水を塩素処理することにより、さらにクロロホルムを生成することを報告したのが最初である。この時はあまり注目されなかったが、1974年にアメリカのハリス (R. Harris) がミシシッピー州ルイジアナの住民の疫学調査をした結果、水道水を使用している住民は井戸水を使用している住民と比較して膀胱がんおよび大腸がんの発生率が高く、これは水道水中に存在している有機物質が関係していないと否定はできないとの報告(ハリスレポート)を出したことにより、世界的に注目されることとなった。1975年には米国環境保護庁 (U. S. EPA；Environmental Protection Agency) が全米113都市の水道水中の有機物の広範な調査を実施し、世界各地でも水道水の安全性が調査された。1980年頃から日本やアメリカでは、水道水1 L中にTTHM 0.1 mg (100 ppb)、ドイツでは0.025 mg (25 ppb) と規制されている。世界保健機関 (WHO) では1984年にクロロホルムだけについて0.03 mg (30 ppb) と規制していたが、1993年以降緩和している。1994年以降日本では水道水中のクロロホルム、ブロモジクロロメタン、ジブロモクロロメタン、ブロモホルムの規制値は、それぞれ60、30、100、90 ppbで、TTHMとして100 ppbである。

　トリハロメタンは、河川や湖沼などの原水に含まれている有機物と、浄水

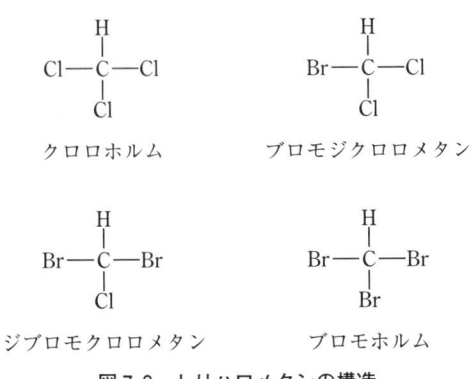

図7-9　トリハロメタンの構造

場で投入する塩素とが反応してできる。原水の水質汚濁が進み、有機物の量が増えるにつれて投入する塩素の量も増え、このため水道水に含まれるトリハロメタンも増加してくる。トリハロメタンの前駆物質となる有機物としては腐植物質（フミン物質）と親水性有機物が知られている。腐植物質は自然界の主たる有機物で、落葉や朽ちた植物などが土壌中の微生物により分解・縮合をくり返して生成するものである。腐植物質には酸でもアルカリでも可溶なフルボ酸と酸には不溶なフミン酸があり、環境水中のほとんどはフルボ酸である。親水性有機物は、植物プランクトンなどが生産する有機物およびその分解生成物などである。

　水道水中のトリハロメタン生成を制御する方法として、①中間塩素処理による低減化、②オゾン・活性炭による高度処理の2つの方法がある（図7-10）。中間塩素処理は、沈殿池の前に塩素を注入していた前塩素処理に代えて、有機物がある程度除去された急速ろ過池のあとに塩素を注入する方法で、これまでの設備のままでトリハロメタン生成を低減化できる。オゾン・活性炭による高度処理は、オゾン処理によりトリハロメタン生成の原因となる有機物を酸化分解して低分子化し、活性炭に吸着させるもので、設備の費用や

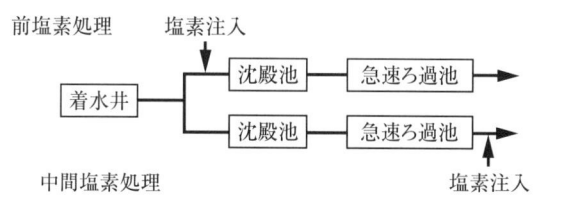

① 中間塩素処理による低減化

② オゾン・活性炭による高度処理

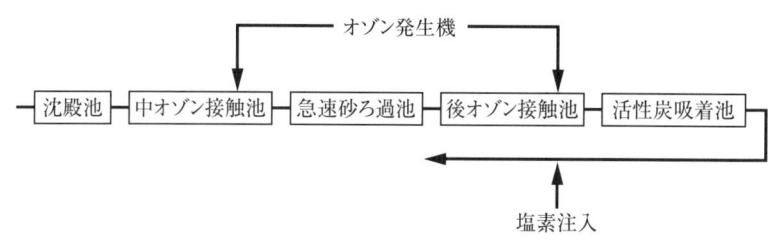

図7-10　水道水中トリハロメタン生成の制御方法

ランニングコストはかかるが、著しくトリハロメタンを減少できる。

家庭用浄水器を用いると、中空系膜で濁りの成分である微細な粒子、雑菌、赤サビなどを除去することができ、活性炭カートリッジでトリハロメタンを吸着除去することができる。浄水器は毎日使用していると水道水の塩素で殺菌されるので問題ないが、使用していないと雑菌の増加や光があたるところでは藻が発生する場合もあるので注意が必要である。

また、浄水場で基準を超える有害なホルムアルデヒドが生成する問題も発生している。2012年5月に利根川水系の浄水場で発生したホルムアルデヒドの生成は、群馬県の処理業者が処理せずに大量のヘキサメチルテトラミン（樹脂やゴム製品の硬化促進剤）を河川に投棄したことが原因であった。

7.8 地下水汚染

7.8.1 ラブキャナル事件とタイムズビーチ事件

1970年代になると、アメリカでは地下水汚染が頻繁に報告されるようになった。最も多い原因は産業廃棄物で、農業や生活排水の場合もあった。

アメリカの代表的な地下水汚染として、ラブキャナル事件とタイムズビーチ事件がある。ラブキャナル事件は、1978年にニューヨーク州ナイアガラ・フォールズ市のナイアガラ滝近くのラブキャナル運河で起きた有害化学物質による汚染事件である。ラブキャナル運河は19世紀に水路として用いられたのち、1930年代以降は廃棄物が投棄されていた。当時は合法的な行為で、1950年頃に化学合成会社のフッカーケミカル社が廃棄した大量の有害化学物質の中にはBHC、ダイオキシンやトリクロロエチレン等が含まれていた。その後、運河は埋め立てられて土地は売却され、小学校や住宅などが建設された。そして、埋立て後約30年を経て投棄された化学物質等が漏出し、地下水や土壌汚染の問題が表面化した。1976年に発がん性物質12種を含む82種の化学物質が大気としみ出し水から検出されたのである。地域住民の健康調査でも流産や死産の発生率が高いことが確認され社会問題となった。1978年にニューヨーク州知事がこの場所を立ち入り禁止にし、住民を疎開させた。

1982年には、ミズーリ州タイムズビーチで土壌汚染が判明した。これは、未舗装の道路にほこり止めとして廃油が散布され、廃油に2,3,7,8-4塩化ダイオキシンが含まれていたことがわかった。1983年、米政府は町全体を買

い上げ、800世帯、2,500人の住民が町を出て、一つの町が消えた。

ラブキャナル事件を契機に、1980年に「包括的環境対策・補償・責任法（CERCLA；Comprehensive Environmental Response, Compensation, and Liability Act)」、1986年に「スーパーファンド修正および再授権法（SARA）」が制定され、2つの法律を合わせて通称スーパーファンド法(Superfund Act)と呼んでいる。汚染の調査や浄化は環境保護庁（EPA）が行い、汚染責任者が特定するまで浄化費用は石油税などで創設した信託基金（スーパーファンド）から支出する。浄化の費用負担は有害物質に関与した生産者、運搬者、土地所有者などすべての責任者が負うという責任範囲の広範さが特徴的である。これにより汚染の発生防止に寄与する一方で、資金が直接の浄化事業より裁判や調査費用につぎ込まれ、浄化が進まない原因とも指摘されている。

7.8.2 ハイテク汚染

金属機械部品や電子部品、ドライクリーニングなどの洗浄剤として使用されるようになったトリクロロエチレン（$Cl_2C=CHCl$)、テトラクロロエチレン（$Cl_2C=CCl_2$）、1,1,1-トリクロロエタン（CH_3CCl_3）も環境汚染、主として漏洩による地下水汚染というかたちで問題になってきた。ハイテクノロジーによる新しい汚染問題なのでハイテク汚染（High-technology pollution）と呼ばれているが、1981年、ハイテクノロジーの集積地として有名なアメリカのカリフォルニア州シリコンバレーで発見された。これは1,1,1-トリクロロエタンによる地下水汚染で、住民の健康障害や子供の先天異常の原因とされた。

日本でも1984年に兵庫県太子町の東芝太子工場（半導体製造）でのトリクロロエチレンによる地下水汚染が発生している。1980年代には熊本市や千葉県君津市の東芝君津工場でのトリクロロエチレンによる地下水汚染が、1998年には高槻市松下電子など松下グループでテトラクロロエチレンによる地下水汚染が判明した。

地下水汚染の対策として、1996年に水質汚濁防止法が改正され、1997年から地下水汚染が判明した場合、必要な水質浄化措置を行わなければならなくなった。汚染地下水の処理技術としては、土壌ガスを吸引して処理するガス吸引式と、くみ上げた地下水に空気を通して処理する揚水処理方式がある。しかし、深層での汚染地下水の処理は困難であり、地下水を汚染しない対策

が重要である。

7.9 海洋環境・海洋汚染

地球表面の70％は海洋で、海洋の平均水深は約4 kmである。太平洋の面積が全体の46％を占め、太平洋、大西洋とインド洋で全海洋の90％である。海は3.5％の電解質溶液で、pHは7.8～8.3（平均pH8.1）で、弱アルカリ性である。1 ppm（1 mg/kg）以上の主要元素は、表7-4に示すように11で、海水中の化学成分、元素の挙動は、生物的、物理的および化学的プロセスに支配されている。

表 7-4 海水の主要成分の組成

元素	海水中での化学種	濃度〔g kg^{-1}〕
塩素	Cl^-	19.354
ナトリウム	Na^+	10.77
硫黄	SO_4^{2-}	2.712
マグネシウム	Mg^{2+}	1.290
カルシウム	Ca^{2+}	0.412
カリウム	K^+	0.399
炭素	HCO_3^-	0.142
臭素	Br^-	0.0673
ストロンチウム	Sr^{2+}	0.0079
ホウ素	$B(OH)_3$　$B(OH)_4^-$	0.0045
フッ素	F^-	0.0013

7.9.1 海水の構造

海水の構造は、表層、中層および深層に分けられる。表層は深さ100～200 mで混合層とも呼ばれよく混合し、生物による光エネルギーを利用した一次生産が行われている。これは植物プランクトンや光合成能力のあるバクテリアによる。中層は200～1,000 mで、ほとんど混合せず、海底に向かって温度が低下し、1,000 mの水温は約4℃である。深層は水深1,000 mより深い層で、水温は2～4℃である。北大西洋からインド洋、北太平洋に深層水が循環しており、その周期は1,500～2,000年である。

海水中における元素の鉛直分布のパターンには①栄養塩型（N、P、Siなどの栄養塩類）、②保存型（Naなど主要元素、Mo、W、Reなど酸素酸元素、

Tl、Li、Rb、Cs など)、③弱栄養塩型(Cr、I、Sb、As、Se など酸素酸元素、Ba、V など)、④除去型 (Mn、Co、Pb、Al、Bi、Sn) の4つのパターンがある (図7-11)。①の栄養塩型の元素は、表層中で植物プランクトンに摂取され表層では低く、中層、深層水中では植物プランクトンの細胞である有機物の酸化分解、および殻や骨格であるケイ酸や炭酸カルシウムの溶解により再生する。②の保存型の元素は、表層から底層まで一様に分布している。③の弱栄養塩型の元素は、栄養塩型の元素ほど強く生物活動に支配されておらず、表層中ではわずかに減少し、中・深層水中ではほぼ一定の分布を示す。④の除去型の元素は、表層中では濃度が高いが、中・深層水では濃度が低くなるものである。

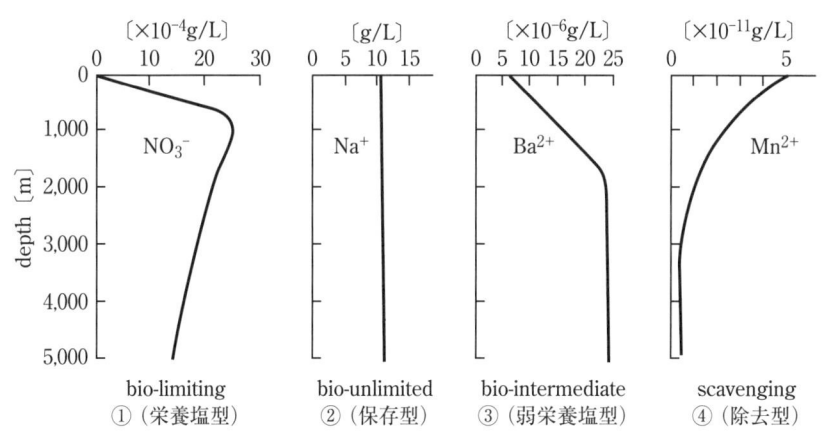

[×10^{-4}g/L]　NO$_3^-$　bio-limiting　①(栄養塩型)

[g/L]　Na$^+$　bio-unlimited　②(保存型)

[×10^{-6}g/L]　Ba^{2+}　bio-intermediate　③(弱栄養塩型)

[×10^{-11}g/L]　Mn^{2+}　scavenging　④(除去型)

(出典) 大学等廃棄物処理施設協議会環境教育部会編:環境講座 環境を考える, p.84, 図3-10, 科学新聞社, 1999

図7-11 海水中の元素の鉛直分布のパターン

7.9.2 海洋汚染

海洋汚染には、①重金属などの無機物質およびメチル水銀などの有機金属化合物、②有機塩素化合物 (PCB、DDT、BHC)、原油、界面活性剤、③ごみなどの浮遊物質、④赤潮の原因となる植物性プランクトンが必要とする栄養塩、⑤人工放射性物質、⑥発電所などの冷却水の熱、⑦生活排水に含まれる病原体、⑧土木工事などに伴う流出土壌などの汚染がある。

特に有機塩素化合物のDDT、BHCなどの農薬は、自然界に散布されると

作物、土壌、水、大気に吸収され、北半球の海水中の BHC 濃度が高くなっている（図 7-12）。DDT や PCB による汚染も、BHC と同様に全地球的に広がり、北極海や南極の氷からも検出されている。汚染がほとんどない地域に住んでいるイルカやクジラなどの高等哺乳動物にも、これらの化学物質が高濃度で蓄積されている。これらは疎水性で分解しにくい化合物なので食物連鎖の過程で生物濃縮される。西太平洋におけるスジイルカの体内から調べた

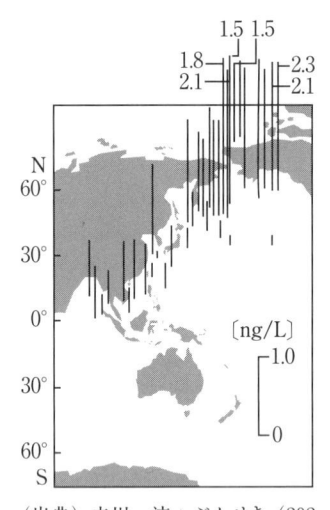

（出典）立川　涼：ぶんせき（202巻，10号），p.789, 1991

図 7-12　海水中の BHC 分布
（1989〜1990）

表 7-5　西太平洋の外洋生態系における有機塩素化合物の濃度と生物濃縮

濃度・濃縮率	PCB	DDT	BHC
表層水〔ppb〕	0.00028	0.00014	0.0021
動物プランクトン〔ppb〕	1.8	1.7	0.26
濃縮率〔倍〕	6,400	12,000	120
ハダカイワシ〔ppb〕	48	43	2.2
濃縮率〔倍〕	170,000	310,000	1,000
スルメイカ	68	22	1.1
濃縮率〔倍〕	240,000	160,000	5,200
スジイルカ	3,700	5,200	77
濃縮率〔倍〕	13,000,000	37,000,000	37,000

（出典）立川　涼：水質汚濁研究（11巻，3号），p.149, 1988

濃縮率は、PCB が海水濃度の 1,300 万倍、DDT は 3,700 万倍、BHC は 3.7 万倍と高い濃縮率を示した（表 7-5）。北極のクマやキツネなども汚染されていることが知られている。

近年の経済活動の発展にともなって船舶の航行が活発になり、船舶からの油の排出や投棄、海難事故、海底油田の開発などで流出した油による海洋汚染が地球規模で広がっている。日本近海においても、油による海洋汚染は頻繁に発生しており、その約 8 割の発生源は船舶である。特に大型タンカーの海難事故による原油流出は大規模な被害をもたらすことになる。これまで、アラスカ沖での「エクソン・バルディーズ号」(1989 年)、スマトラ沖での「マークス・ナビゲーター号」(1993 年)、オマーン、フジャイラ沖での「セキ号」(1994 年)、イギリス、ウェールズ沖での「シー・エンプレス号」(1996 年)、島根県隠岐島沖での「ナホトカ号」(1997 年) と大規模な原油（または重油）流出事故が続いている。2010 年 4 月には、メキシコ湾沖でイギリス BP 社の石油掘削施設が爆発し、海底油田から大量の原油が流出した。原油が海洋に流出すると、揮発しやすい炭化水素化合物は大気中に蒸発し、残りは海洋中で拡散しながら水を内部に取り込んで粘性の高いエマルションとなり、さらに油塊（タールボール）へと変化して浮遊し、その一部は海底に沈降する。流出原油や重油中の成分が分解されるまでは長い年月を要し、それまで海水中や海底に、海岸に漂着した油の場合はしみこんだ砂地のなかに残留することになり、海洋動植物の生態系に大きな影響を与えるおそれが大きい。

海面を漂流する廃棄物が海洋全体で見いだされているが、発見される漂流物の半分近くを、発砲スチロールを含むプラスチック類が占め、プラスチック類による海洋汚染が国際的問題になっている。プラスチック類は安定で、自然のなかで微生物によって分解されず、海上を浮遊しやすいという特性がある。このため、小型船舶の航行に障害となったり、海鳥が漁網やロープに絡まったり、餌と間違えてプラスチック片を飲み込んで死亡するなどの影響が危惧されている。西太平洋水域では、特に日本近海でプラスチック類の浮遊が顕著である。

放射性廃棄物による海洋汚染も問題である。1993 年、ロシア政府は、旧ソ連・ロシアが 1959～1992 年にわたって極東海域に放射性廃棄物を海洋投棄していた事実を公表した。さらに 1993 年、日本海において放射性廃棄物

の海洋投棄を実施したため、大きな問題となった。また、2011年3月11日の東日本大震災により福島第一原発事故が発生し、放射性物質に汚染された水が大量に海に流出している。放射性物質による海洋汚染に加えて、魚など生態系への影響が懸念されている。

7.10 水資源の危機とその対策

　人類が利用できる水資源は一部の淡水に限られ、2025年には安全な飲用水と基本的な公衆衛生サービスを持たない人々が世界人口の2/3に上ると見込まれている。水資源の危機が叫ばれており、水不足と水質汚染が主な問題である。農業用水は水の需要のもっとも大きな部分を占める。日照りや干ばつの影響を最小限に抑える農法として古くから行われている灌漑農業は、安定した水の供給なしでは成り立たないため、河川や湖沼、地下水などを水資源として開発することが進められてきた。しかし、これらの水源からの限度を超えた取水により、世界各地で農業用水や生活用水などが不足する地域が増加している。

　中国の黄河では、1990年代から毎年のように、一時的に下流が干上がっている。1960年代には世界で4番目に広い湖だったアラル海（琵琶湖の100倍）は、旧ソ連が主導した「自然改造計画」により、流入する水量が減少して縮小し、北側の小アラル海を残して消滅しようとしている。20世紀以降、地下水利用の機械化が進み、大量の地下水が農業用水として利用されるようになった。その結果、諸国では持続可能なレベルを超えた地下水の汲み上げが行われ、農業を危機に陥れている。アメリカ合衆国においても、地下水の過剰な汲み上げが農業に影を落としている地域は無数にあり、水質の維持と農業の長期的継続が危ぶまれだしている。合衆国最大級の地下水源である中部大平原のオガララ帯水層では、アメリカの中心部に相当量の穀物を供給するために過剰な汲み上げが行われている。カリフォルニア州のソノマバレーでも過剰な汲み上げの影響が表面化しはじめ、現在、作付面積に制限が課されている。適切に処理されていない生活排水や工場排水、産業廃棄物、農薬や化学肥料の不適切な使用などによって、河川や湖沼、地下水などの貴重な水源が汚染され、農業用水や生活用水などに利用することが困難になった地域が増加している。また自然界にも有害な物質がないわけではなく、これま

で利用していなかった地下水を利用しようとして、土壌中に含まれるヒ素によ る地下水の汚染に気づかず、被害を受ける例もみられる。このような汚染は生活環境を悪化させて健康を害し、生物の多様性にもダメージを与えるほか、農業生産や水生産など産業面でも負の影響を与える。また、汚染の一種として、地下水の過剰な取水によって地下水位が低下し、海岸部で地下水中に海水が入り込み、塩分濃度が上昇して水源として使用できなくなる現象もみられる。

　水資源危機の問題解決としては、下水処理施設の設置と地下水取水の削減が大切である。先進国は進んだ技術だけでなく、費用対効果の高い上下水処理システムを発展途上国に提供し、水の消費量を減らし、自然の水循環を効率的に機能させることが重要である。

（京都工芸繊維大学　環境科学センター　教授　山田　悦）

第8章 化学物質と環境

化学物質は現代文明の発展に不可欠なものである。日本においては1万数千種の化学物質が年間1億トン以上、世界全体では、その数十倍の量が生産・消費されている。しかし、化学物質はその特性を十分に理解して適正に使用しなければ、人の健康被害や環境汚染を引き起こすことになる。水俣病などの公害問題、有機塩素系農薬による地球規模の環境汚染、トリクロロエチレンなどによる地下水汚染、ダイオキシンや環境ホルモンなどの問題も生じている。

8.1 水銀による環境汚染

1950年代から先進国では高度経済成長により恐るべき速度で生産規模が拡大し、排ガス、排水、廃棄物の量が飛躍的に増大した。その結果、日本では1950～1960年代に熊本県水俣湾で有機水銀化合物による水俣病が発生し、新潟県でも阿賀野川流域に第二水俣病が発生した。富山県神通川流域でのイタイイタイ病はカドミウムが原因であることが明らかとなり、経済優先主義によるマイナス面に目が向けられるようになった。1967年の公害対策基本法の施行後、多くの法律が整備され、水や大気などの環境に有害物質を排出しないように規制が始まった。

1956年、熊本県水俣市で"原因不明の中枢神経疾患"の集団発生が発表された。四肢の感覚障害や運動失調、発語、目、耳などへの障害がでたもので、後に水俣病と命名された有機水銀中毒症である。その原因は、アセトアルデヒドを合成する工程で、触媒として使用した水銀が無処理のまま水俣湾に排出されたことである、とあとで判明した。水俣湾での海水中濃度は希薄であったが、有機水銀が食物連鎖の過程で濃縮され、そのような魚を食べたネコや人間に被害が出たのである。1959年、熊本大学医学部は「原因は有機水銀」との結論を出したが、この因果関係が政府により公的に認められたのは1968年になってからであった。その間の1964年、同様のアセトアルデヒド製造工程をもつ新潟県の工場から排出された有機水銀によって、阿賀野

川流域に第二の水俣病が引き起こされた。1968 年に水俣病の原因を排出した工場は水銀法によるアセトアルデヒドの生産を停止し、日本では水銀法でのアセトアルデヒドの生産はすべて停止することとなった。

　水俣病は、有機水銀が食物連鎖の過程で希釈されるのではなく、逆に著しく生物濃縮されるということを教えた。有機水銀は「プランクトン→水生昆虫→魚介類→人間」という食物連鎖の過程で濃縮されてしまった。このことは、食物連鎖の過程で生物濃縮されるような化学物質は、有機水銀と同様に環境汚染や人への被害を引き起こす危険性をもつことを示している。日本など先進国では、このような生物濃縮性をもつ化学物質は既に法律で規制されている。しかし、現在もアマゾン川流域では、金採掘の際に使用される水銀によるとみられる水俣病に似た症状の患者が発生するなど、世界では水俣病の教訓が十分に生かされているとはいえないところもある。

8.2　農薬による環境汚染

　アメリカ合衆国の水産生物学者であるレイチェル・カーソン女史は 1962 年に出版した『沈黙の春（Silent Spring）』で、有機塩素系農薬である DDT[※1] や BHC などの無分別な大量散布は生物環境の破壊をもたらし、人間の生命にも悪影響を及ぼすと警告し、社会に大きなインパクトを与えた。農薬など化学物質による環境汚染の危険性について、科学的観点から警鐘を鳴らした本の内容に関心を示したケネディ大統領は、大統領諮問機関に調査を命じた。その結果、農薬の環境破壊に関する情報公開を怠った政府の責任が厳しく追及され、DDT の使用は全面禁止となり、環境保護を支持する大きな運動が広がった。世界は化学物質が環境に与える負の側面に眼を開かされたのである。DDT、BHC など代表的な有機塩素系農薬を図 8-1 に示す。

　生物濃縮は、難分解性、疎水性（水に溶解しにくく、油に溶解しやすい）の化学物質が生態系で食物連鎖を経て、生物体内において濃縮されていく現象であり、食物連鎖の上位の生物ほど化学物質が濃縮されることになる。水俣病の原因物質である有機水銀は生物濃縮性をもち、海水中濃度は希薄であったが食物連鎖の過程で濃縮され、人への被害や環境汚染をもたらした。DDT や BHC などの有機塩素系農薬も難分解性、疎水性という同様の性質をもつため、食物連鎖の上位の鳥類、イルカやシャチなどの海洋哺乳動物、

極に住むキツネやクマに高濃度で蓄積する結果を招いている。海水では微量であったものが、食物連鎖の過程を経て重大な影響を与えうる濃度にまで上昇するのである。DDT の海水での生物濃縮例を表 8-1 に示す。生物濃縮などにより、先進国では 1970 年代に製造中止、使用禁止になったが、発展途上国に輸出され使用されたため、人為的な汚染の少ない地域に住む生物を汚染することになったのである。

[*1] DDT：*Dichloro-diphenyl-trichloroethane*（ジクロロジフェニルトリクロロエタン）。DDT の殺虫剤としての効果を発見したスイスの科学者、パウル・ヘルマン・ミュラーは、1948 年ノーベル生理学・医学賞を受賞した。人間や家畜には無害と考えられ、爆発的に広まった。日本では、太平洋戦争直後の衛生状態の悪い時代にシラミなどの防疫対策として用いられ、農業用としても利用されていた。しかし、高い土壌残留性や生物濃縮などによる環境汚染が問題となり、先進国では 1970 年代に製造中止、使用禁止となった。

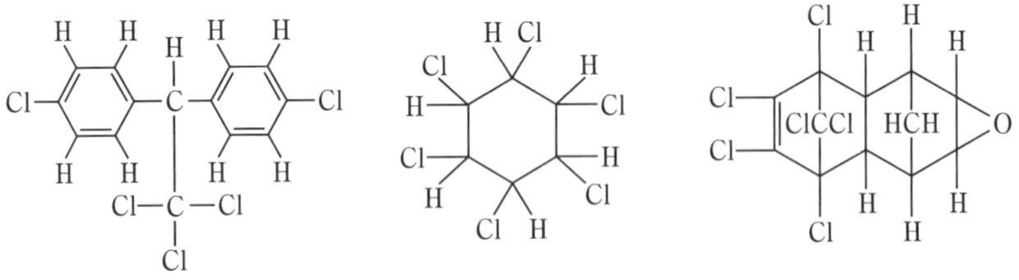

図 8-1　DDT など代表的な有機塩素系農薬の構造式

表 8-1　DDT の海水での生物濃縮例

対象媒体	DDT の濃度	海水に対する濃度比
海水	0.000003 mg/kg 海水	1 倍
植物プランクトン	0.0005 mg/kg 乾燥体	170 倍
動物プランクトン	0.04 mg/kg 乾燥体	13,000 倍
小魚	0.5 mg/kg 乾燥体	170,000 倍
大魚	2 mg/kg 乾燥体	670,000 倍
魚を食べる鳥	25 mg/kg 乾燥体	8,300,000 倍

（出典）西村雅吉：環境化学（改訂版），裳華房，1998

8.3 有機ハロゲン化合物の環境への影響

　低分子量の有機ハロゲン化合物であるジクロロメタン（塩化メチレン）、クロロホルム、四塩化炭素、トリクロロエチレン、テトラクロロエチレンなどは、油分などに対して溶解性が高く、非極性であるため、溶媒などとして広く工業的に利用されてきた。DDTやBHCなどは農薬として利用されてきたが、土壌残留性、大気揮散、生物濃縮などにより、海洋や極地など人為的汚染の少ない地域に住む生物体内に濃縮し汚染していることが明らかとなっている。DDTなど自然に分解されにくく生物濃縮によって人体や生態系に害を及ぼす有機物のことを、残留性有機汚染物質（Persistent Organic Pollutants；POPs）と呼ぶ。

8.3.1 POPsとは

　残留性有機汚染物質、POPsは、環境中において①難分解性、②高い生物濃縮性と生物蓄積性、③大気や水を媒介する地球規模の長距離移動性、および④人の健康や動植物の生態系に対して有毒、という4つの有害な物性をもつ物質群の総称である。

　1960年代のレイチェル・カーソンの告発後、世界各地の生物の体内からDDTやPCBsなどの有機ハロゲン化合物が検出され、残留性の高いこれらの化学物質によって地球規模の汚染が進行していることが明らかとなった。この問題に国際的に取り組むため、POPs条約（ストックホルム条約）が2001年に採択され、2004年に発効した。発効当時の対象はダイオキシン類、PCBs[*2]、DDTなど12物質群であったが、その後追加されて25物質群が対象となり、各国で厳しい規制のもと管理されている。日本においてもPOPsの対象物質群はすでに化学物質の審査及び製造等の規制に関する法律（化審法）や農薬取締法などで規制され、POPs含有廃棄物もPCBs廃棄物の適正な処理の推進に関する特別措置法およびダイオキシン類対策特別措置法に基づいて無害化処理が実施されている。

[*2] PCBs：*Polychlorinated biphenyl*（ポリ塩化ビフェニル）。PCBsは、熱に対して非常に安定で電気絶縁性が高く、耐薬品性に優れているため、冷却用熱媒体、変圧器やコンデンサなどの電気機器の絶縁油、可塑剤、塗料、ノンカーボン紙など幅広い分野で用いられてきた。日本では、1954年に製造が開始されたが、1968年の「カネミ油症事

件」をきっかけに 1972 年に生産・使用中止、1975 年に製造・輸入が禁止された。PCBs は、生体に対する毒性が高く、脂肪組織に蓄積しやすい。発がん性があり、皮膚障害、内臓障害、ホルモン異常を引き起こす。日本では初期の焼却処理のトラブルで長く処理ができずに保管されていたが、2004 年から処理が開始されている。

8.3.2 ダイオキシン類の高い毒性

ダイオキシン類は、ポリ塩化ジベンゾダイオキシン（PCDDs）、ポリ塩化ジベンゾフラン（PCDFs）およびコプラナーポリ塩化ビフェニル（Co-PCBs）の総称であり、いずれも平面構造を持つ芳香族有機塩素化合物で、置換されている塩素の数や位置により多数の構造異性体が存在する（図 8-2）。PCB の中でコプラナー PCB （2, 2′ および 6, 6′ 結合している塩素が 1 以下のもの）は、ダイオキシンに生体作用が似ているとしてダイオキシン類に分類されている。

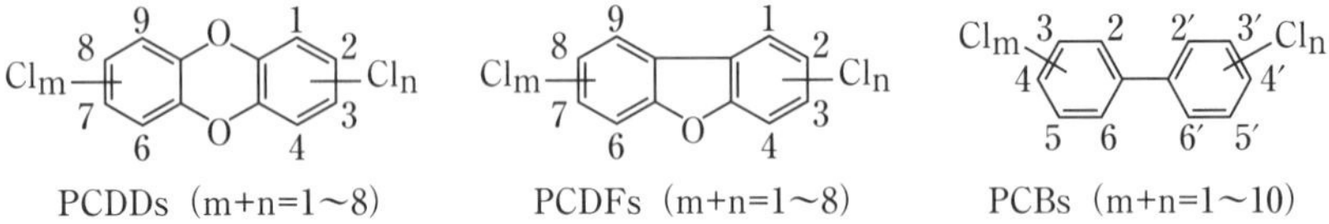

図 8-2　PCDD、PCDF および PCB の化学構造式

PCDDs は 75 種、PCDFs は 135 種、Co-PCBs は 12 種の異性体をもつ。毒性の強さは異性体により異なり、最も毒性が強いとされる 2, 3, 7, 8-4 塩化ダイオキシン（2, 3, 7, 8-TCDD）の毒性を 1 として、各異性体の相対的毒性評価を WHO（世界保健機構）が設定した毒性等価係数（TEF：Toxicity Equivalency Factor）で表す。通常の物質は濃度で規制するが、ダイオキシン類は各異性体の量にそれぞれの毒性等価係数、TEF を乗じた値の総和、毒性等量（TEQ：Toxic Equivalency Quantity）で表している。日本におけるダイオキシン類の大気、水質および土壌の環境基準は、それぞれ 0.6 pg-TEQ/m^3、1 pg-TEQ/L および 1000 pg-TEQ/g 未満である。

8.3.3 ダイオキシン類の生成と発生源

ダイオキシン類は、シアン化カリウム（青酸カリ）よりも毒性が強く、人工的な化学物質としては最も強い毒性をもつ物質であるが、ごみ焼却などに

よる燃焼過程や PCB など化学物質の合成の際に、意図しない副生成物（非意図的生成物）として生成される。米軍がベトナム戦争で散布した枯葉剤の中に 2, 3, 7, 8-TCDD が不純物として含まれ、ベトちゃんドクちゃんのような奇型児が多く誕生したことは有名である。日本においても、PCB や農薬の一部に不純物として含まれており、1968 年に発生したカネミ油症事件も、当初は米ぬか油への PCB 混入が原因とされたが、現在は PCB 中に含まれていた微量のダイオキシンが主な原因であったと考えられている。廃棄物焼却場、金属精錬施設、自動車排ガスおよびたばこの煙などの燃焼過程で発生するほか、山火事や火山活動など自然現象によっても発生する。

　ダイオキシン類は廃棄物などを低温で不完全燃焼することによって生成され、800℃ 以上の高温で燃焼しても排ガスを 200℃ 以下に急冷しないと再合成することが知られている。1990 年代の日本の大気中ダイオキシン濃度は、都市ごみ焼却場からの排出などによりヨーロッパの約 10 倍であった。そこで、1999 年にダイオキシン類対策特別措置法を定め、必要な規制や小規模のごみ焼却場を廃止するなどの対策を実施した。その結果、日本では図 8-3 のようにダイオキシン類の排出量は着実に減少し、大気中のダイオキシン濃

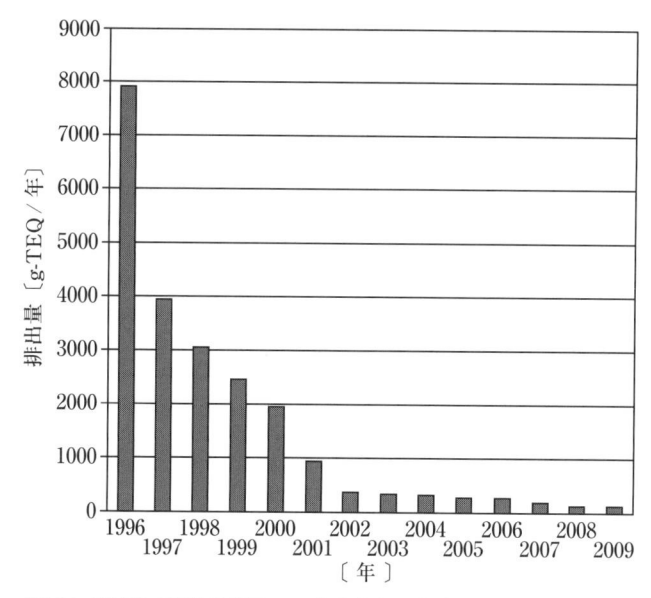

（出典）環境省「環境統計集 2013」をもとに作成
図 8-3　日本におけるダイオキシン類の排出量の推移（1996-2009 年）

8.3　有機ハロゲン化合物の環境への影響………123

度は 1/10 以下となり、ダイオキシン類汚染の改善が進んでいる。

8.4 環境ホルモン（内分泌かく乱物質）

　環境ホルモンの正式名称は「外因性内分泌かく乱化学物質」といい、動物の生体内に取り込まれた場合に、その生体内の正常なホルモン作用に影響を与える外因性の物質である。非常に微量の ppt から ppb 程度（1 mL 中の 1 兆分の 1 から 10 億分の 1 g のオーダー）でも生体内に取り込まれると影響を与える可能性がある。「環境ホルモン」は日本の井口泰泉博士が使用していた名称で、今では広く使われている。1991 年、アメリカ合衆国ウィスコンシン州のウィングスブレッドに世界動物基金のシーア・コルボーン女史を中心に野生生物やホルモンの研究者らが集まり、環境ホルモン問題について話し合い、「ウィングスブレッド宣言」を採択した。シーア・コルボーンらが 1996 年に出版した『奪われし未来（Our Stolen Future）』の日本語訳が翌年に出て、1998 年には環境庁（当時）が内分泌かく乱作用を有すると疑われる化学物質として約 70 物質をリストアップするなど、日本では環境ホルモン問題がマスコミなどで取り上げられ、注目されるようになった。

　これまで、環境ホルモンにより、魚類、は虫類、鳥類といった野生生物に生殖機能異常、生殖行動異常、メス化、オス化、ふ化能力の低下などが生じていると報告されている（表 8-2）。1990 年代になって、これらの報告が急激に増加し、生物の生殖に影響することから世代を超えて影響するのではないかと心配されている。環境ホルモン作用をもつと疑われる物質は、農薬、PCB、ダイオキシンなどの有機塩素化合物、プラスチックの原料であるビスフェノール A や塩化ビニールの可塑剤として用いられるフタル酸エステル、界面活性剤のノニルフェノールおよび有機金属化合物の有機スズ化合物、有機水銀化合物などである。

　この中で、有機スズ化合物は、海の沿岸に生息するイボニシなどの巻貝のメスにペニスが生えるなどオス化（インポセックス）に影響することを、日本の堀口敏宏博士（国立環境研究所）らが発見した。有機スズ化合物の塩化トリブチルスズ（TBT）や塩化トリフェニルスズ（TPT）は、貝の付着を防ぐという目的で船底塗料や漁網に使用されてきた。1980 年代後半、貝などの海洋生物に有害ということで日本など先進国では使用が禁止され、国際海

表 8-2 環境ホルモンの野生生物への影響

生物		場所	影響	推定される原因物質	報告した研究者
貝類	イボニシ	日本の海岸	雄性化、個体数の減少	有機スズ化合物	Horiguchi et al. (1994)
魚類	ニジマス	英国の河川	雌性化、個体数の減少	ノニルフェノール *断定されず	Sumpter et al. (1985)
	ローチ（コイの一種）	英国の河川	雌雄同体化	ノニルフェノール *断定されず	Purdom et al. (1994)
	サケ	米国の五大湖	甲状腺過形成、個体数減少	不明	Leatherland (1992)
は虫類	ワニ	米フロリダ州の湖	オスのペニスの矮小化、卵のふ化率低下、個体数減少	湖内に流入したDDT等有機塩素系農薬	Guillette et al. (1994)
鳥類	カモメ	米国の五大湖	雌性化、甲状腺の腫瘍	DDT、PCB *断定されず	Fry et al. (1987) Moccia et al. (1986)
	メリケンアジサシ	米国ミシガン湖	卵のふ化率の低下	DDT、PCB *断定されず	Kubiak (1989)
哺乳類	アザラシ	オランダ	個体数の減少、免疫機能の低下	PCB	Reijinders (1986)
	シロイルカ	カナダ	個体数の減少、免疫機能の低下	PCB	De Guise et al. (1995)
	ピューマ	米国	精巣停留、精子数減少	不明	Facemire et al. (1995)
	ヒツジ	オーストラリア (1940年代)	死産の多発、奇形の発生	植物エストロジェン（クローバ由来）	Bennetts (1946)

（出典）環境庁「外因性内分泌かく乱化学物質問題に関する研究班中間報告書」(1997年)

洋機関も船底塗料へのTBTの使用を禁止した条約を2001年に採択した。しかし、船底塗料に使用している国もあるため、船の航行により海は有機スズ化合物で汚染され続けている。

イボニシのオス化はppt(10^{-12})～ppb(10^{-9})という非常に微量の有機スズ化合物が原因である。ただし、環境ホルモンの中で、有機スズ化合物のようにその影響を特定できた物質は少なく、表8-2に示した野生生物への影響で

も「推定される原因物質」とされている。環境ホルモンの有害性評価については メダカ、魚類やラットなどを用いて世界中で研究されているが、明らかな内分泌かく乱作用が認められているものはほとんどなく、不明な点が多い。

8.5 環境汚染とリスク評価

化学物質は我々の生活を豊かにし、便利で快適な生活を維持するうえで欠かせないものである反面、これまで述べてきたように、中には環境や人の健康に影響を及ぼすおそれがあるものが多く存在している。この環境リスクを低減するには、工場や事業所で使用する化学物質の環境中への排出量を削減し、有害性の低い化学物質を使用した製品を選択するなどの対策が必要である。

8.5.1 環境リスクとは

環境リスクとは、「環境にとって良くないできごと」が起きる確率（生起確率）である。評価において「良くないできごと」をエンドポイントといい、エンドポイントの生起確率がリスクである。発がんリスクは「がんになる」、すなわち発がんをエンドポイントとした場合の生起確率である。環境リスクは、人の健康へのリスクと生態系へのリスクの二つに分けられる。

人の健康リスク研究は 1980 年代以降、アメリカ合衆国で精力的に進められ、環境政策や食品管理、衛生管理政策の基礎となっている。日本でリスク概念がはじめて規制に導入されたのは 1992 年の水道水の水質基準値改正の際で、それもリスクの値を明示するのではなく、WHO の指針値を踏襲するものであった。日本ではっきりとリスク概念が規制に導入されたのは、1997 年のベンゼンの大気環境基準の決定の時である。

一般に化学物質は、その暴露量が低い領域では有害な影響を生じないが、暴露が増加するに伴い、影響の生じる確率が増大する。暴露量とは、対象とする化学物質がある期間内に集団あるいは個人に到達する量である。多くの場合、摂取量、用量と同じ意味である。暴露量（用量）と反応率（有害影響の出現率）との関係はリスク評価の鍵であり、様々な毒性発現機構が働いているので複雑さをきわめている。

8.5.2 化学物質のリスク評価

化学物質の毒性の発現には、急性毒性、長期毒性（慢性毒性）などがあり、体内への侵入経路が経気（呼吸器系統から）、経口（食物などと一緒に口から）、経皮（皮膚を通じて）によるのかで同じ物質でも毒性が異なることがある。例えば、金属水銀は経気により体内に侵入し、肺から吸収されると強い毒性を示すが、経口の場合は比較的迅速に排出されれば毒性は弱い。逆にダイオキシンを含む食物を経口により摂取した場合、毒性が発現するといわれている。

毒性学では、用量と反応の累積頻度との関係を図8-4に示すように描き、これを量－効果関係とするのが普通である。図はA、Bの2種の仮想的物質についての致死効果が示されている。実際には動物群に対して、特定物質の異なる量を段階的に投与し、全数生存から全数死亡に至る数点を得、図のようなS字状の曲線を描くのである。この曲線は死亡率50％の点で対称形になるが、この点における量をLD_{50}（50% Lethal Dose）、すなわち半数致死量という。A、B2種の物質の相対的毒性はLD_{50}の大小で比較することができ、図ではAがBより毒性が高いといえる。

用量反応関係にいき値があるか、ないかは非常に重要である。いき値とは、その用量以下では反応率がゼロであるような、反応を起こすのに必要な最小限の用量である。図8-5に「いき値ありの場合」と「いき値なしの場合」の用量反応関係の概念図を示す。前者では無毒性量（NOAEL；no observed adverse effect level）を定義できるが、後者は無毒性量を定義できず、どんな

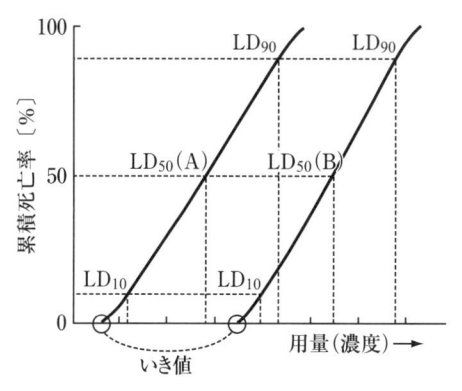

図8-4　化学物質の用量―反応曲線

反
応
率

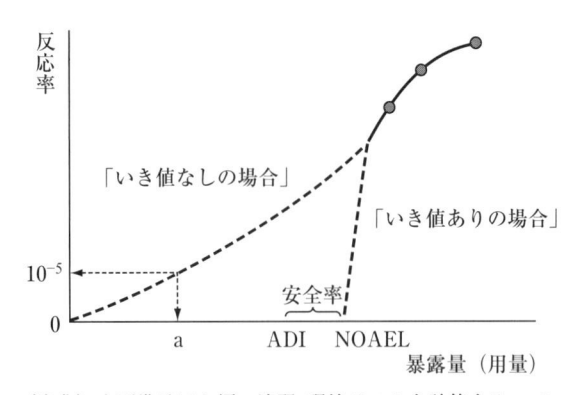

「いき値なしの場合」

「いき値ありの場合」

10^{-5}

安全率

0   a   ADI   NOAEL
暴露量（用量）

（出典）中西準子ほか編：演習 環境リスクを計算する，p. 5,
図 0-2, 岩波書店, 2004

図 8-5 「いき値ありの場合」と「いき値なしの場合」の用量反応関係

に暴露量が小さくても、リスクが残る。「いき値なしの場合」ではaの用量での反応率（リスク）は 10^{-5} である。

いき値ありのモデルを用いる場合は、動物実験や疫学調査で得られた用量（暴露量）と反応率の関係から無毒性量（NOAEL）を求め、それを一定の安全率で割って、一日許容用量（ADI；Acceptable Daily Intake）を求める。ADIは TDI（Tolerable Daily Intake）ともいう。一日許容用量（ADI）＝無毒性量（NOAEL）／安全率で表す。安全率は不確実性係数あるいは安全係数ともいい、無毒性量の数値が人に対して確実なほどその数値は小さく、逆に不確かなほど大きく設定する必要がある。

例えば WHO（世界保健機構）の水道水中ホルムアルデヒトの水質指針値は 0.9 mg/L である。無毒性量は 15 mg/kg/日、安全率（不確実性係数）は 100 として計算しているため、ADI（TDI）は 0.15 mg/kg/日である。WHOでは体重 60 kg の人が 1 日水 2 L を摂取し、水道水からの摂取寄与を 0.2 とし、$0.15 \times 60 \times 0.2 \div 2 = 0.9$ として水質基準値を求め、ホルムアルデヒトの水質基準値を 0.9 mg/L としている。その後 2003 年に日本では、ホルムアルデヒトに発がん性があることから安全率をより厳しく 100 から 1000 と見直し、体重も 50 kg に見直した。そのため、$0.015 \times 50 \times 0.2 \div 2 = 0.075$ となり、水道水のホルムアルデヒトの水質基準値は 0.08 mg/L と、より厳しい数値に見直されている。いき値なしの場合は、10^{-5} の発がんリスクで決

めることが多い。10^{-5}の発がんリスクとは、一生涯の間に10万人中1人が、がんに罹る確率があることを意味している。

このように化学物質の水や大気における環境基準は、リスク概念を導入して規制されるようになり、新たな知見があれば数値を見直して人の健康被害や環境汚染が発生しないよう十分に注意している。

8.6 化学物質の規制

化学物質の性質を正確に把握し、安全に管理することで、環境と人の健康を守るという観点から様々な法律が整備されている。

1974年に施行された「化学物質の審査及び製造等の規制に関する法律」(略称は化審法) は、人の健康および生態系に影響を及ぼすおそれがある化学物質による環境汚染の防止を目的とする法律である。新たに製造・輸入される化学物質について難分解性、生物濃縮（蓄積性）、人や動植物への有害性を事前に審査し、該当する物質の製造・輸入および使用を規制するものである。大きく分けて、①新規化学物質に関する審査および規制、②既に製造・輸入されている化学物質に関する継続的な管理措置、③化学物質の性状等に応じた規制で「特定化学物質」「監視化学物質」などを指定、の3つで構成されている。

1999年には「化学物質排出管理促進法」（化管法）が制定され、特定の化学物質の購入、使用、廃棄、保管量を記録し、環境への排出量を把握して行政に報告するPRTR（Pollutant Release and Transfer Register）制度と、化学物質の適切な管理の改善を促進するため、化学物質の特性および取扱いに関する情報である化学物質安全データシート（Material Safety Data Sheet; MSDS）の提供を義務づけるMSDS制度を柱としている。化学物質を適正に使用、管理して環境を汚染しないための制度で、欧米などでMSDSの提供が義務化されたことから日本でも運用され、2012年に欧米にあわせてSDSと変更されたが、まだ(M)SDS制度と記載されている。

毒物および劇物取締法、労働安全衛生法、消防法などでも化学物質は環境と安全のため規制されている。

(京都工芸繊維大学　環境科学センター　教授　山田　悦
　　　　　　　　　　　　　　　　　　　助教　布施泰朗)

第9章
生物の多様性

　地球上には約40億年前に誕生した生命から進化した多くの種類の生物が生存しており、自然の物質循環を基礎とする生態系の中で繋がり、支えあいながら微妙な均衡を保っている。これを生物多様性（biodiversity）という。生物は多様であるほど安定な生態系がつくられるが、多くの生物種が人間や人間活動に伴う自然環境の変化により絶滅の危機に瀕している。

9.1　生物圏の環境問題

　地球上に今日見られる生物多様性は約40億年の進化の結果である。約35億年前にバクテリアなどの単細胞生物が誕生し、その後光合成生物が出現し、多細胞生物が発生した。さらに、地球上では5億年前に生命のバリアであるオゾン層が成層圏に形成され始め、その結果、植物や動物がようやく陸地に出現した。

　約5億4,000万年前の古生代カンブリア紀に、動物種の分化が爆発的に起こり、生物多様性が急速に発展した（図9-1）。その後、大量絶滅として分類される多様性の大量消失の時期が5度ある。短期間に生物の多くが絶滅し、

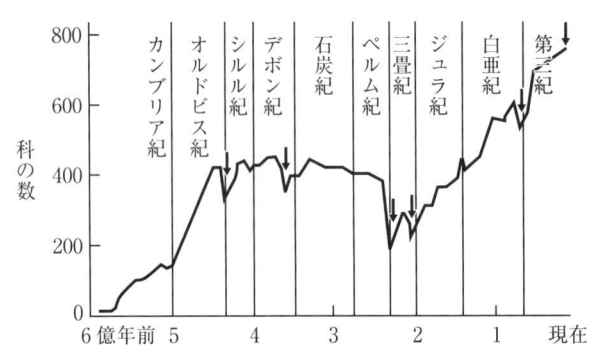

（出典）井田徹治：生物多様性とは何か，p.59, 図2-1, 岩波書店，2013

図9-1　古生物学に基づいて推定される過去の大絶滅
（E. O. ウィルソン『生命の多様性』を改変）

後に別の種に代わるという現象が繰り返されてきた。最初の大絶滅は4億4,000万年前（古生代オルドビス紀末）に発生し、生物の85％が絶滅した。当時栄えていた三葉虫や、イカやタコに似た頭足類などが大きな影響を受けた。3億6,500万年前（古生代デボン紀末）には、多くの海の魚が絶滅したが陸上の植物や節足動物への影響は小さく、その後これらが急速な進化を遂げた。2億4,500年前の絶滅は地球史上最大規模で、海の生物の95％以上が絶滅し、有孔虫、多くのサンゴなどが姿を消し、そのうえ残っていた三葉虫など古生代の生物もすべて絶滅した。2億1,500万年前の絶滅は、1,500万年という比較的長い時間にわたって続き、生物の75％が絶滅した。アンモナイトなど海の生物への影響が大であった。5度目の大量絶滅は約6,500万年前（中生代白亜紀末）で、ジュラ紀から繁栄していた恐竜が突如として絶滅した。アンモナイトが完全に絶滅し、海の底生生物やプランクトンの大多数が姿を消し、地上の植生の多くが失われた。それ以降、地球上の生物種は増え続けてきた。かつて一つだった大陸が大陸移動によってばらばらになり、多様化した環境に適応して生物が進化し、小惑星の衝突や巨大な火山活動などもなかったことが原因と考えられる。

　しかし、今世界では湿地や熱帯林などの破壊が急速に進み、数多くの野生生物が絶滅の危機に瀕している。生物多様性研究の先駆者エドワード・ウィルソンは、熱帯林が破壊される速度などをもとに、熱帯林1千万種の生物種のうち、1年間で2万7,000種が絶滅していると推定しているが、これは自然に起こる生物の絶滅の2,700倍と非常に高い。ウィルソンは、現代を「第6の大絶滅時代」と呼んでいる。過去の5回に匹敵する規模と考えられているが、質的に異なる。人間が自然の再生産能力を超えた資源の過度な利用をしてきたため自然環境の悪化が進み、その結果、生物多様性を失う速度が速まり、生態系は衰退の一途である。

　生物多様性の脅威としては、生息地の破壊があげられる。人間による熱帯雨林の破壊や砂漠化が直接的な原因で、地球温暖化、大気や水汚染、気候変動などの要因もある。また、人間による外来種の導入は、競争による在来種や固有種の絶滅、遺伝子汚染による生物種の変化を通じて多様性に影響を与えている。

9.2 森林破壊

9.2.1 熱帯林の消失

　世界の森林面積は、約1万年前には62億haあったといわれているが、その後、文明の発達とともに減少し、現在は約40億haで陸地面積の約30%を占めている。世界と地域別の森林面積と森林率（陸地面積に対する森林面積の割合）を表9-1に示す。地域別の森林面積はヨーロッパ、南米、北中米の順に広く、地球全体に占める森林面積は7.7%で、熱帯林は3.6%である。森林率は南米、ヨーロッパでは40%を超えているが、アジアは19%と低く、世界全体では約30%である。国別の森林面積はロシア、ブラジル、カナダの順に広く、森林率はフィンランド、スウェーデン、日本の順に高い。日本の森林率は約66%と世界の平均よりずっと高い。

　森林の面積の変化をみると、アフリカ、南米などの熱帯林を有する国での減少が大きい（図9-2）。1980年に19億haあった熱帯林は、1990年に17.5億ha、2000年には16億haに減り、毎年1,500万haもの熱帯林が減少している。特にブラジルでは毎年310万ha、インドネシアでは約190万haの熱帯林が減少している。このままの速度で消滅していくと、アマゾンの熱帯林はあと数十年で消滅してしまうと試算されている。地球上の熱帯林の消失速度は17万km^2/年である。

　熱帯林の消失の原因は、アジア地域では商用の伐採、焼畑農業による入植地の開発である。南米地域は牧草地の開発、焼畑農業による入植地の開発、ダムの建設などである。一方、アフリカ地域では商用伐採もあるが薪炭の採

表9-1　地域ごとの世界の森林面積と森林の占める割合

地域	森林面積〔億ha〕	森林率〔%〕
ヨーロッパ	10.1	45
アジア	5.9	19
北中米	7.1	33
南米	8.6	49
オセアニア	1.9	23
アフリカ	6.7	23
世界	40.3	31

（出典）森林・林業学習館ホームページをもとに筆者作成

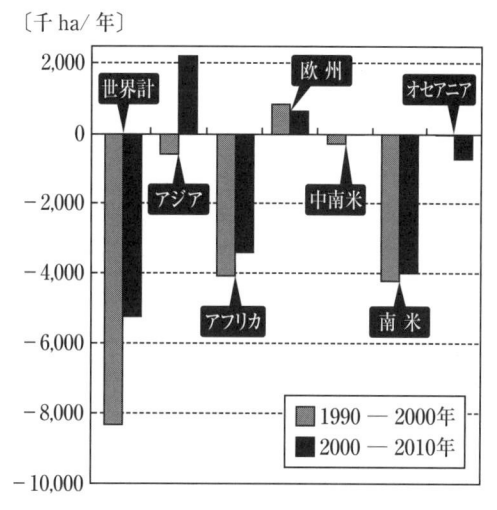

〔千 ha/年〕

(出典）森林・林業学習館ホームページより
図 9-2　世界の森林面積の変化

取や過放牧などが熱帯林消失の原因で、直接生活と結びついており、砂漠化の要因にもなっている。熱帯雨林は年間 1,000 mm 以上の降水量の地域（ほとんどは熱帯地域）に形成されている樹林で、生息する生物の種類が多いという特徴がある。熱帯林は高温で雨が多いので、樹木を伐採してもすぐに植物が生育すると考えられがちであるが、降雨量が多いために土壌の栄養分が流出してしまい、植物が根をはる土壌の厚さも薄いため、植物の生育は困難で砂漠化する。

9.2.2　森林破壊の影響

　森林には水資源管理や土壌保護の役割がある。森林は雨水を吸収保存して、土壌から河川への流出速度を調節し、洪水や乾期の河川水の枯渇を防いでいる。森林は土壌保持機能があり、土壌の河川の流出を防ぎ、河口などの土砂の堆積を防いでいる。したがって、熱帯林が伐採され森林破壊がおこると、森林による雨の吸収・再生が行われなくなり、雨は濁流となって地表面を走り、洪水や土砂崩れなどの災害が発生する。

　森林には、光合成により二酸化炭素を吸収する役割があるが、森林破壊がおこると逆に二酸化炭素は放出される。二酸化炭素の放出量は約 60 億トン

と推定され、これは化石燃料による放出量（260億トン）の20〜30％にあたり、地球温暖化が加速されることになる。

森林には多種多様な生物が生息し、遺伝子プールとしての役割もある。熱帯林に地球全体の生物種の50〜90％、少なくとも3,000万種以上が生息している。熱帯林の消失が進めば今後30年間に10〜20％の種類（300〜600万種）が絶滅することになる。

また、森林の生産物が魚類の餌になるので、森林破壊がおこると漁獲量の減少にもつながる。

9.3 砂漠化

干ばつや過放牧、過度な耕作、薪炭材の過剰な採取などにより、地球規模で砂漠化が進行している。いったん砂漠化した土地は、どれだけ労力や費用をかけても元に戻すのは難しい。

現在、地球上の陸地（149億ha）の約4分の1（36億ha）が砂漠化の影響を受け、これによって約10億人（世界人口約60億の6分の1）の人々が何らかの影響を受けている。砂漠化は、サハラ砂漠の南側のサヘル、中東諸国、中国の西北部などで進行し、北アメリカやオーストラリア大陸でも見られる。耕作可能な乾燥地における砂漠化地域の割合は、アジア36.8％、アフリカ29.4％、北アメリカ12％、オーストラリア10.6％の順で、アフリカとアジアで66％と世界の3分の2を占めている。

砂漠化の要因には自然的要因と人為的要因があり、それぞれ相互に影響しあい、進行している。自然的要因には、地球規模での気候変動、長期の干ばつ、降水量の減少と、これに伴う乾燥化がある。一方、人為的要因は人間の活動が原因で、ヤギやヒツジなどの家畜を過剰に飼育する過放牧、燃料用の薪や住居用の木材を過剰に伐採すること、農業開発のために過度に原野を開墾することなどが挙げられる。これらにより植物が少なくなると、風によって運ばれた土粒子により、岩石や地表が削られ侵食される風食や、水によって土が流される水食による土壌侵食がおこる。また、不適切な水管理による灌漑や地下水のくみ上げなどにより、土の表面で水が蒸発すると土壌面に塩類が集積し、塩害が発生して植物が育たなくなり砂漠化する。

1968〜1973年に起きた西アフリカのサハラ周辺の干ばつでは、2,500万人

もの人が被災した。これを契機として、1974年に国連砂漠化防止会議が開催された。しかし、1983～1984年にかけて再び大干ばつが発生し、モザンビーク、アンゴラ、スーダンなどでは、干ばつに加え政情不安定もあり、飢餓で多数の死者を出した。人口爆発、干ばつにより砂漠化は急速に進行し、貧困・気候変動も密接に関連しているため、決定的な解決策がない。サハラ南部は世界で最も砂漠化が進行している地域である。

1996年にアフリカなどの発展途上国で深刻化する砂漠化問題に関する国際協力について定めた砂漠化防止条約（United Nations Convention to Combat Desertification；UNCCD）が発効し、砂漠化の影響を受けている国が砂漠化防止計画を作成すること、先進国がこれに対して支援することが義務づけられている。日本は1998年に条約発効し、政府開発援助（ODA）などを中心に様々な砂漠化対処支援策を実施している。

砂漠化は、農作物の生産力を著しく低下させるため食料不足などが深刻化し、アフリカなどでは飢餓や民族間対立といった社会的混乱が発生している。森林破壊や地球温暖化など他の地球環境問題への影響も深刻で、砂漠化の進行がさらに砂漠化を引き起こすという悪循環が生じている。砂漠化は生物にとっても生息する場所を失うことになり、生物多様性の消失への影響も大きいといえる。

9.4　野生生物種の減少

人間の直接的な影響や熱帯林の減少、砂漠化など自然環境の変化、気候変動などにより、世界中で数多くの野生生物種が減少している。ほとんどの生物は共生関係にあり、種が多様なほど生態系は安定している。野生生物が減少し、絶滅する原因は、乱獲、生息域の減少、生態系の変化である。乱獲は、人間が食用、装飾用、医薬用に多くの動物を捕獲した結果であり、生息地の減少は森林の伐採や乱開発などの結果である。

国際自然保護連合（IUCN；International Union for Conservation of Nature and Natural Resources）がまとめた2009年版の「レッドリスト」には、絶滅のおそれの高い種として8,782種の動物や8,509種の植物が掲載されている。

鳥類は名前がつけられている種の12%の1,222種で、カエルやサンショ

ウウオなどの両生類は確認されている種のほぼ30％に絶滅のおそれがあるとされている。日本を含めた世界各地で個体数の減少が目立ち、アマガエルなど小型カエルの状況が深刻で、IUCNは世界の両生類は危機的状況にあるとしている。水質汚染や気候変動乾燥化などの影響を受けやすく、最近ではツボカビという菌類の一種に感染したカエルの大量死が報告されている。哺乳類も生息地の破壊などを原因として、評価した種の約20％の1,141種に絶滅のおそれがあるとされている。現在絶滅しかかっている動物としては、トラ、パンダ、ゴリラ、クロサイなどがある。海洋生物も同様に、7種のウミガメのうち6種に、1,045種のサメやエイの17％に絶滅の危険があるとされている。主な原因は、乱獲や漁網への混獲、海岸やサンゴ礁など生息地の破壊である。昆虫やサンゴなどの小型の生物の状況も厳しいことがわかってきた。

　海に囲まれた南北に長い島国、日本には9万種を超える動植物が存在し、未分類のものなどを加えると30万種を超える。島しょ部を中心に多くの固有種が存在する。2006～2007年に環境省が公表した「レッドリスト」では、動物1,002種、植物2,153種の計3,155種の動植物が絶滅のおそれのある種とされている（表9-2）。既に絶滅した種としては、カンムリツクシガモ、

表9-2　日本の絶滅種と絶滅危惧種（2007年）

分類群	評価対象	絶　滅	野生絶滅	絶滅危惧
動　物				
哺乳類	180	4	0	42
鳥類	約700	13	1	92
爬虫類	98	0	0	31
両生類	65	0	0	21
汽水・淡水魚類	約400	4	0	144
昆虫類	約30,000	3	0	239
貝類	約1,100	22	0	377
クモ類・甲殻類等	約4,200	0	1	56
植物など				
維管束植物	約7,000	33	8	1,690
蘚苔類	約1,800	1	0	229
藻類	約5,500	5	1	110
地衣類	約1,500	5	0	60
菌類	約16,500	30	1	64

（出典）井田徹治：生物多様性とは何か，p.52，表2-2，岩波書店，2013

リュウキュウカラスバトなど13種の鳥類、オキナワオオコウモリ、ニホンオオカミなど4種の哺乳類など、動物46種および植物74種があげられている。維管束植物と哺乳類は約4種に1種、は虫類や両生類、汽水・淡水魚類、貝類では3種に1種が絶滅危惧種になっており、日本の生物多様性の状況は厳しいといえる。

　生息地の破壊に加えて人間による外来種の導入は、競争による在来種や固有種の絶滅、遺伝子汚染による生物種の変化を通じて多様性に脅威を与えている。外来生物は、捕食者や寄生者、あるいは養分、水、光を在来種から奪う攻撃的な種である場合がある。在来種は進化的背景や環境の影響によって、外来種に対して防御的で競争力がないことがあり、外来種が生態系に導入されて自立した集団を確立すると、その生態系にいる在来種は生き残れないかもしれない。例えば、アメリカのミシシッピー川ではハクレンという中国産の外来種が大量に繁殖して問題になっている。日本の琵琶湖では魚食性の強いブラックバスやブルーギルが増え、固有種のニゴロブナやモロコなどの魚が激減するという問題が発生している。

　2006年末には、中国の長江（揚子江）に生息する淡水イルカ、ヨウスコウカワイルカの絶滅が宣言された。ヨウスコウカワイルカは急速に発展する中国の中で、パンダと並ぶ重要保護動物とされ、世界の研究者などが長い間保護活動を行ってきたが、絶滅をくい止めることはできなかったのである。

9.5　生物多様性の保全

　生物多様性の危機的状況を受け、生態系の保全や生物種の保護に向けて積極的に取り組むべきという声が高まり、1992年開催の地球サミットに合わせて「生物多様性条約」が採択された。特定の種や生態系を対象にした「ワシントン条約」や「ラムサール条約」の取り組みだけでは不十分とし、「生物多様性条約」はあらゆる生態系・生物種を包括的に保全することを目的とした。

　同条約では具体的に、①生物多様性の保全、②生物多様性の構成要素の持続可能な利用、③遺伝資源の利用から生じる利益の公正かつ衡平な配分の実現の三つを主要な目標としている。これらのもとで様々なテーマを取り上げ、国や政府機関はもちろん、NGO、地方自治体、民間企業などの幅広い参画

を促している。

　生物多様性条約について、締約国会議COP（Conference of the Parties）は1994年11月以来、ほぼ2年ごとに開催され、2002年のCOP6（オランダ、バーグ）では、生物多様性の損失速度を2010年までに顕著に減少させるという「2010年目標」を採択している。

　生物多様性の危機がさしせまっていることから、アメリカのノーマン・マイヤーズ博士らは、人類が優先的に生物多様性保全の努力をすべき場所を特定しようと、「生物多様性のホットスポット」の概念を提案し、2000年にはマダガスカル、ニューカレドニア、ブラジル中央部のセラードなど25カ所を選定した。2005年には9カ所の新たなホットスポットが追加され、ソマリアやエチオピアなどのアフリカ半島北東部や中央アジアの山岳地帯とともに、固有の植物種が非常に多いことから日本も含まれている。

　日本では1995年に「生物多様性国家戦略」を策定し、2002年には里山、干潟などを含めた国土全体の生物多様性の保全、自然再生の推進、多様な主体の参加と連携などの内容を盛り込んだ改訂を行った。2010年3月には「生物多様性国家戦略2010」を策定し、過去100年間に破壊した国土の生態系を次の100年で回復するという長期的な目標を掲げている。

　2010年10月には名古屋市でCOP10が開催され、179の締約国、関連国際機関、NGO等から13,000人以上が参加した。COP10では生物多様性を守る国際目標、「愛知目標」と遺伝資源へのアクセスと利益配分に関する「名古屋議定書」などが採択された。「愛知目標」は、「2050年までに自然と共生する世界を実現する」という中長期目標と、「2020年までに生物多様性の損失を止めるために、実効的かつ緊急の行動を起こす」という短期目標からなる。これは「2010年目標」が達成できなかったことを踏まえたものである。「名古屋議定書」では、遺伝資源（医薬品や食品の開発につながる動植物や微生物）を利用して得られた利益を、原産国と利用国とで公平に分け合うことを定めている。

　生物多様性の保全のためには、人間も地球の生態系の一部であり、その恩恵なしには生きていくことができないことを理解し、人間と自然との共存を考えていくことが重要である。

（京都工芸繊維大学　環境科学センター　教授　山田　悦）

第10章
農業と環境

10.1 農業生産をめぐる状況

　世界の人口は1960年の30億人から2010年の69億人まで50年間で2.3倍に増加し、引き続き年率1%を超える勢いで増加している。この間、増え続ける人口を支える穀物の収穫面積は約8%の伸びにとどまっている。一方、穀物の生産量は2倍を大きく上回る伸びを示している。図10-1をみると生産量の伸びは単収の増加によるところが大きいことがわかる。

　農業資材の投下量も生産の伸びと同様に伸びており、肥料の消費量は2010年で窒素質肥料が105百万トン、リン酸質肥料が45百万トン、カリ質肥料が27百万トンとなっている（図10-2）。農薬については効果や有効成分の違いがあり単純に消費量を見ることには問題もあるが、日本、オランダ、イタリア等の園芸が盛んな国の消費量が減少傾向にあり、東アジアの中国、韓国では消費量が伸びている。この結果、世界全体としては農薬使用量は横ばいを続けている（図10-3）。

　農業は、適切に生産活動が行われれば、農地やその周辺環境と一体になった二次的自然環境[※1]の形成や、自然環境の保全、良好な景観等に寄与するこ

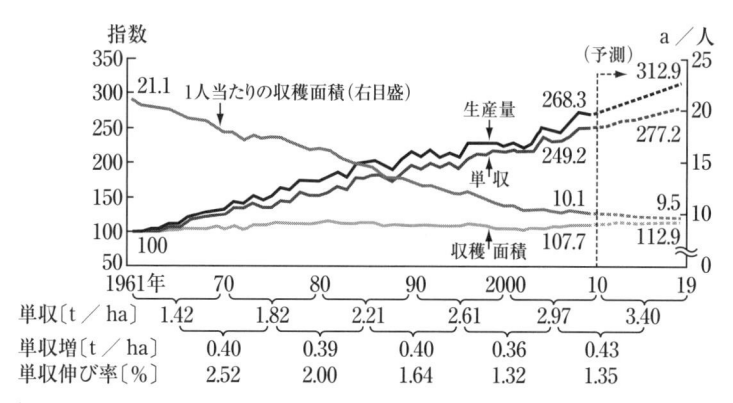

単収[t／ha]	1.42	1.82	2.21	2.61	2.97	3.40
単収増[t／ha]		0.40	0.39	0.40	0.36	0.43
単収伸び率[%]		2.52	2.00	1.64	1.32	1.35

（出典）農林水産省編：平成22年版食料・農業・農村白書, p.30, 2010
図10-1　世界の穀物の生産量、収穫面積、単収等の推移と見通し

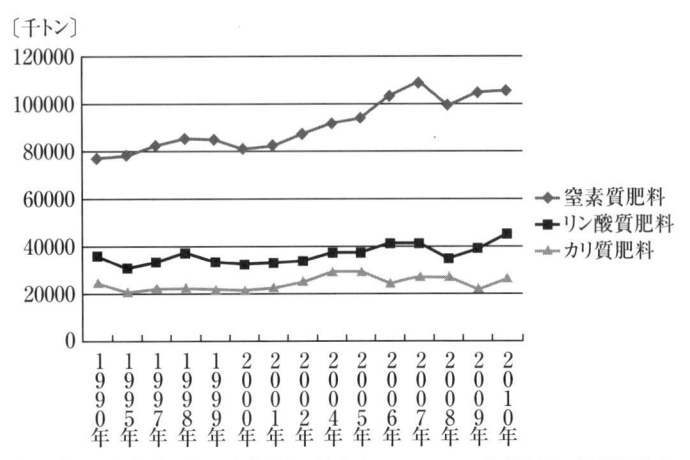

(出典) 環境省「肥料の消費量」, 総務省ホームページ「世界の統計」より

図10-2　世界の肥料の消費量

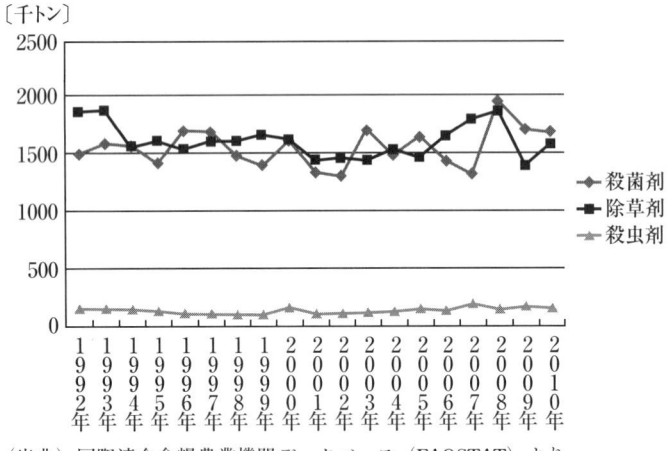

(出典) 国際連合食糧農業機関データベース (FAOSTAT) より

図10-3　世界の農薬の消費量

とができる。しかし、不適切な肥料、農薬等の使用、経済性や効率性を優先した農地や水路の整備等により、環境へのさらなる負荷や、二次的自然環境の劣化を招くなどのおそれもある。

[※1] 二次的自然環境：人間活動によって創出されたり、人が手を加えることで管理・維持されてきている自然環境であり、里地里山（※2参照）を構成する水田やため池、雑木林、また、牧草地や放牧地等の草原をいう。

10.2 農業の持つ環境保全的機能

　農業の有する環境保全的機能については、農林水産省の諮問を受けた日本学術会議が2001年に我が国の農業の有する多面的機能の具体的内容やその発現メカニズム、定量的評価の手法と留意点を盛り込んだ答申を行っている。

　我が国の農業は、急峻な地形とアジアモンスーンの豊かでかつ厳しい自然条件のなかで水田稲作を中心に発達し、同時にそれが地域社会を形成する原動力となった。生産と生活は同じ空間を共有しながら発展し、それが多くの文化・芸能を生み出すとともに、資源の循環系を形成してきた（図10-4）。このような歴史的過程から明らかなように、農業には食料を供給する役割のほかに、国土保全や景観形成等、環境に貢献する役割を有している。こうした農業の有する多面的機能は、自然と調和した農業生産活動が持続的に行われることによって発揮される有形・無形の価値である。これらは、農業生産と密接不可分に作り出され、農産物のように市場において評価されるものではない外部経済効果としての性格、また、誰もが対価を直接支払わずに享受することができる公共財的な性格を有している。

　こうした農業の有する多面的機能は、水田稲作を中心に発展してきた我が

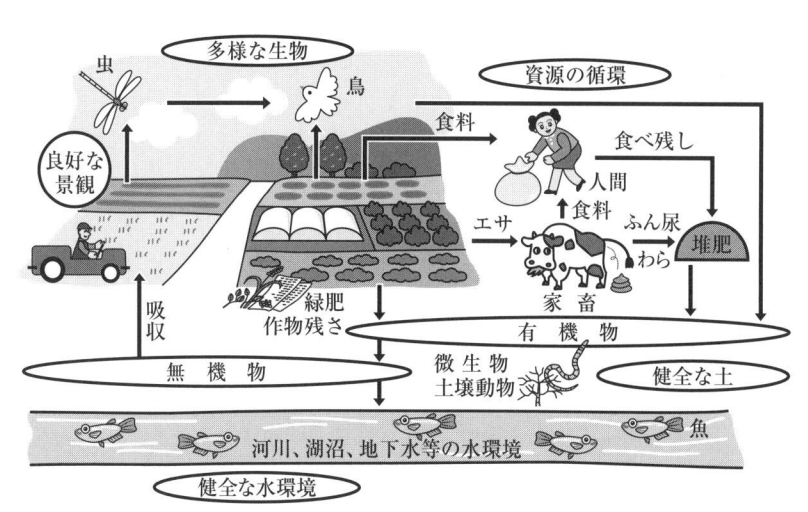

（出典）農林水産省編：平成25年版食料・農業・農村白書, p.262, 2013をもとに作成
図10-4　農業の自然循環機能のイメージ

国の農業形態と密接に関連したものであり、その機能を確保していくためには、農業の持続的な発展が不可欠である。

農村の自然環境の豊かさを示す例として、水田や農村地域に見られる里地里山[*2]は、多くの生き物にとっての生息環境の提供、景観保持等の面で貴重であることが挙げられる。また、水田には5千種を超える生き物が確認されており、その中にはメダカやタガメといった絶滅危惧種が存在し、国民が慣れ親しんできた地域の生態系の中核的な役割を果たしているものもある。我が国の絶滅危惧種が集中して生息する地域の約5割は里地里山にある（生物多様性国家戦略2010（2010年3月16日））。こうした農村の自然環境は農業が営まれることによって維持されている。

[*2] 里地里山：原生的な自然と都市との中間に位置し、集落とそれを取り巻く二次林、それらと混在する農地、ため池、草原等で構成される地域。農林業等に伴う様々な人間の働きかけを通じて維持されてきた。

10.3 農業による環境負荷と環境保全型農業

10.3.1 肥料

我が国の水田稲作を中心とする農業は、本来、持続的な生産が可能なものである。しかし、農業資材の不適切な利用や管理等は、環境に悪影響を及ぼすおそれがある。不適切な施肥は、河川や地下水等の水質汚染・富栄養化を招くおそれがあるほか、温室効果ガスである一酸化二窒素の発生、土壌劣化等、様々な面で環境へ負荷をかけるおそれがある。

肥料についてみると、世界的規模での急激な生産拡大を支えるため、品種改良などに加え、大量の化学肥料を使用することにより単収を増大させてきた。窒素肥料とリン酸肥料の世界の消費量の変化を見ると、いずれも旧ソ連・東欧の崩壊により1989年から大きな落ち込みがみられるが、その後、主としてアジア、特に中国における使用量増大により、世界の使用量は増加を続けている。窒素およびリン酸肥料使用量は過去50年間に約10倍と4倍になった。耕地面積当たりの化学肥料投入量は地域により大きく異なり、窒素肥料に関しては中国が突出している。また、日本は、農地面積の減少により肥料の総使用量は減少傾向にあるが、耕地面積当たりでは1961年から一貫して100 kg/haから150 kg/ha程度の施肥量（N、P_2O_5のいずれも）であ

り、特にリン酸肥料の面積当たり投入量は世界の中で最高水準である。

　窒素とリンの循環を概観すると、化学肥料が登場する以前は、微生物が大気中から固定する約1億トン/年の窒素が、陸域で生物が利用できる窒素のほとんどであった。窒素は有機物、NO_3^-、NH_4^+等へ形態を変えながら繰り返し植物や微生物に利用され、最終的に脱窒により大気に戻り、河川や海への流出はわずかであった。1913年に大気中の窒素を工業的に固定するハーバー＝ボッシュ法が発明されて以来、窒素肥料使用が急増し、現在自然の窒素固定とほぼ同じ量の窒素が人工的に固定されている。窒素肥料を大量に使用している地域では、窒素が農地からの排出や、家畜のふん尿、家庭排水などとして環境へ流出し、地下水汚染、河川・湖沼の富栄養化、赤潮などの水質汚染を引き起こしている。肥料や家畜分尿から揮散したアンモニアは広域に拡散・移流して自然生態系の生物地球科学的な循環に影響を及ぼし、また亜酸化窒素が地球温暖化やオゾン層破壊の原因となるなど、様々な環境問題の原因となっている。

　一方、リンは気体の形態をとらず、水にも溶けにくいため窒素のような地球規模での循環はしない。リン鉱石から製造されたリン酸肥料のうち利用されなかったものは土壌に蓄積し、浸食土壌とともに河川を通して、海洋に運ばれ蓄積するという一方向の動きである。リンは窒素とともに富栄養化の原因となる。なお、リンについては、採掘可能なリン鉱石の埋蔵量は180億トンといわれ、資源問題として枯渇までの年数の評価や、下水からの回収法について研究も行われている。

　過剰施肥を防ぎ、施肥効率を高めることにより、肥料の損失、環境への流出を最小とする努力が求められる。

10.3.2　農薬

　農薬の毒性が問題になり出したのは、DDTの開発をきっかけにして、第2次世界大戦後、次々と毒性の強い農薬が開発されるようになり、かつ、空中散布をはじめとして、それらが大量に用いられるにおよんで、以前には見られなかったような中毒例や食品への残留、環境汚染が起こるようになってからである。例えば、日本でもかつて、いもち病防除のために、多量の有機水銀が水田中に散布され、このために米の中の水銀量が著しく増加して、大きな社会問題となったことがあった。また、BHC、DDTなどの有機塩素系

殺虫剤が農作物や土壌に広く残留し、これが飼料を通じて家畜の体内に取り込まれ、肉や牛乳の汚染につながった。

　大量に散布された農薬の有毒物質は、まず、直接農作物に取り込まれたり、飼料として家畜に取り込まれ、肉、卵、乳などの食品として人間に摂取される。一方、耕地や山林から放流水として流れ出した農薬は、河川や湖沼、海で魚介類に取り込まれ、これも食品として人間に摂取される。食品への農薬残留量は、動物性食品ほど多い傾向にあるが、それは食物連鎖による生物濃縮によって、農薬が濃縮されていくからである。

　このような農薬による食品、環境汚染が、1960年代後半には大きな社会問題となり、残留性の強い有機水銀剤や有機塩素殺虫剤の使用が禁止された。この結果、現在、それらの人体への残留は、次第に低下の傾向にある。

10.3.3　我が国における肥料・農薬の使用量

　化学肥料と農薬の使用量を諸外国と比較すると、化学肥料については、日本の使用量は259 kg/haと諸外国と比べて大きな差はない。一方、農薬については、農薬使用量の計算方法や農薬の定義が国によって異なるため単純な比較はできないが、我が国の農薬使用量は欧州各国に比べて多くなっている（図10-5）。この背景には、温暖多雨で、病害虫・雑草の発生が多く、農薬を使用しない場合の減収や品質低下が大きいといった実情がある。

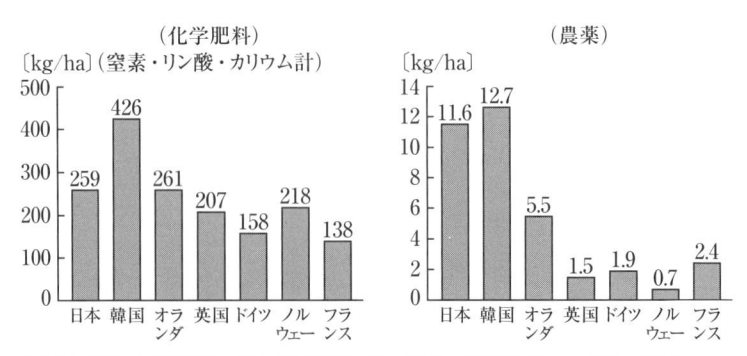

（出典）農林水産省編：平成25年版食料・農業・農村白書，p.266，2013
図10-5　単位面積当たりの化学肥料、農薬使用量の国際比較

10.3.4 環境保全型農業の推進

政府は、1992年以降、農業のもつ物質循環機能を生かし、生産性との調和等に留意しつつ、土づくり等を通じて化学肥料・農薬等による環境負荷の軽減、さらには農業が有する環境保全機能の向上に配慮した持続的な農業である「環境保全型農業」の定着を図るため、農業環境規範の普及・定着、エコファーマーの取り組みへの支援、先進的な営農活動への支援、有機農業の推進等の取り組みを行っている（図10-6）。

エコファーマー制度は、環境と調和のとれた農業生産の確保を図り、農業の健全な発展に寄与することを目的に設けられた。1999年に制定された「持続性の高い農業生産方式の導入の促進に関する法律」に基づき、土づくりと化学肥料、化学合成農薬の使用低減に一体的に取り組む計画を策定し、都道府県知事がエコファーマーとして認定を受けた農業者を支援する制度である。エコファーマーに対しては、環境保全に効果の高い営農活動に取り組んだ場合に支援される環境保全型農業直接支援対策等の支援措置が講じられている。

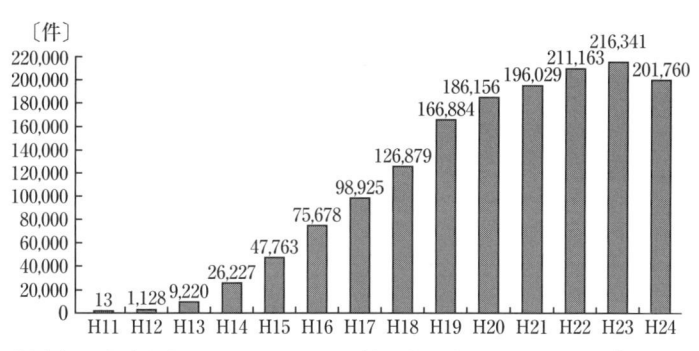

〔件〕

年度	認定件数
H11	13
H12	1,128
H13	9,220
H14	26,227
H15	47,763
H16	75,678
H17	98,925
H18	126,879
H19	166,884
H20	186,156
H21	196,029
H22	211,163
H23	216,341
H24	201,760

（出典）農林水産省ホームページより（持続性の高い農業生産方式導入計画の認定状況）

図10-6 エコファーマー認定件数の推移

10.3.5 農業生産工程管理

農林水産省によれば、農業生産工程管理（GAP；Good Agricultural Practice）は、「農業生産活動を行う上で必要な関係法令等の内容に則して定められる点検項目に沿って、農業生産活動の各工程の正確な実施、記録、点検及び評価を行うことによる持続的な改善活動のこと」と定義されている。国連食糧

農業機関（FAO）では、「農業生産の環境的、経済的及び社会的な持続性に向けた取組みであり、結果として安全で品質の良い食用及び非食用の農産物をもたらすもの」としている。GAP は安全な農産物を供給するための取り組みであるが、その中には適切な肥料、農薬の施用など環境に対する配慮も含まれている。

具体的には、農産物の安全確保、環境の保全等様々な目的を達成するため、農業者・産地自らが、作物や地域の状況等を踏まえ、
① 農作業の計画をたて、点検項目を決定し、
② 点検項目に従い農作業を行い、記録し、
③ 記録を点検・評価し、改善点を見出し、
④ 次回の作付けに活用する
という一連の工程を経て管理すべき項目（図10-7）を絞り込んでいく。

我が国の GAP は、農業者団体や地方公共団体、流通業者、民間団体等様々な主体が独自に GAP を策定して取り組みを推進してきたことから、その内容が多岐にわたっている。こうした実態を踏まえ、農林水産省は 2012 年 4 月に高度な取組内容を含む先進的な GAP の共通基盤として、「農業生産工程管理（GAP）の共通基盤に関するガイドライン」（以下「ガイドライン」という）を策定した。このガイドラインは、食品安全、環境保全や労働安全に関する法律や指針の内容を踏まえ、我が国の農業生産活動において、実践を

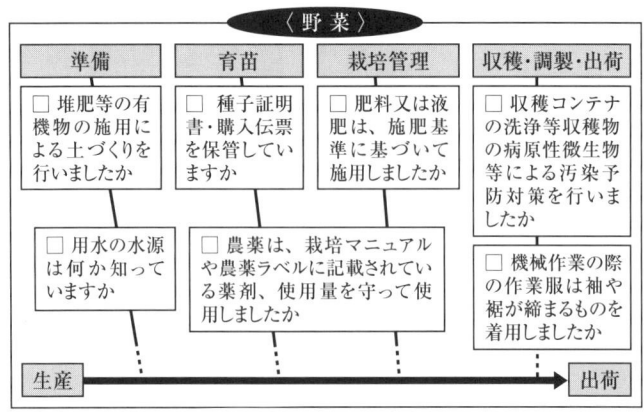

（出典）農林水産省生産局農産部技術普及課「農業生産工程管理（GAP）について」（2013 年 4 月）

図 10-7　GAP における点検項目のイメージ

奨励すべき取り組みを明確化したものとなっている。

GAPを導入している産地は、2012年3月末現在で、2,462産地で主要産地の60％に達している（図10-8）。さらに、ガイドラインに則したGAP導入産地数は620産地で、ガイドラインに示されている高度な取り組みを行う産地も増えている。

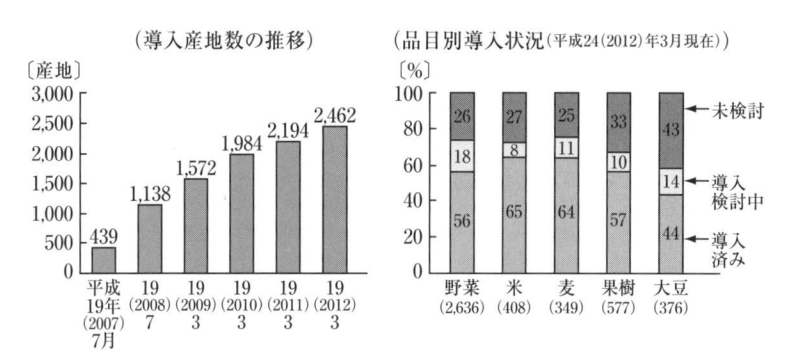

図10-8　GAPの導入状況

（出典）農林水産省編：平成25年版食料・農業・農村白書，p.130，2013
1) 平成23（2011）年3月の結果は福島県を除く。
2) 品目別導入状況のグラフの（　）内は品目ごとの産地数。

10.4　農薬の使用規制と環境保全

10.4.1　農薬の登録

農薬は、使い方を間違うと生物や環境に影響を与える薬剤・天敵であり、その安全性は、農薬取締法に基づく登録制度によって審査され、安全が確保されるよう、作物への残留や水産動植物への影響に関する基準が設定され、この基準を超えないよう使用方法が定められている。人を含めた生物や環境への安全性は、登録された農薬について定められた使用法を遵守することにより達成される。

農薬は、その安全性の確保を図るため、「農薬取締法」に基づき、製造、輸入から販売、使用に至るすべての過程で厳しく規制されている。特定農薬（その原材料に照らし安全であることが明らかなものとして、農林水産大臣および環境大臣が指定する農薬）を除き、農林水産省に登録された農薬だけが製造、輸入および販売できる。

農薬の登録を受けるに当たって農薬の製造者や輸入者は、その農薬の品質や安全性を確認するための資料として病害虫などへの効果、作物への害、人への毒性、作物への残留性などに関する様々な試験成績等を整えて、農林水産大臣に申請する。申請に必要な試験成績は通知により明示されており、薬効、薬害、毒性（急性毒性、中期的影響、動植物体内での分解経路、環境中での影響）および残留性に関するものを提出する必要がある（表10-1）。これらの試験成績をそろえるためなどにより、新たな農薬の開発には、およそ10年の歳月と数十億円にのぼる経費を要するといわれる。
　申請された農薬については、農薬の作物残留、土壌残留、水質汚濁による

表10-1　農薬登録申請に際して提出する試験成績

(1) 薬効に関する試験成績 適用病害虫に対する薬効に関する試験成績 （農作物等の生理機能の増進又は抑制に用いられる薬剤にあっては、適用農作物等に対する薬効に関する試験成績） (2) 薬害に関する試験成績 ア　適用農作物に対する薬害に関する試験成績 イ　周辺農作物に対する薬害に関する試験成績 ウ　後作物に対する薬害に関する試験成績 (3) 毒性に関する試験成績 急性毒性を調べる試験 ア　急性経口毒性試験成績 イ　急性経皮毒性試験成績 ウ　急性吸入毒性試験成績 エ　皮膚刺激性試験成績 オ　眼刺激性試験成績 カ　皮膚感作性試験成績 キ　急性神経毒性試験成績 ク　急性遅発性神経毒性試験成績 中長期的影響を調べる試験 ケ　90日間反復経口投与毒性試験成績 コ　21日間反復経皮投与毒性試験成績 サ　90日間反復吸入毒性試験成績 シ　反復経口投与神経毒性試験成績	ス　28日間反復投与遅発性神経毒性試験成績 セ　1年間反復経口投与毒性試験成績 ソ　発がん性試験成績 タ　繁殖毒性試験成績 チ　催奇形性試験成績 ツ　変異原性に関する試験成績 急性中毒症の処置を考える上で有益な情報を得る試験 テ　生体機能への影響に関する試験成績 動植物体内での農薬の分解経路と分解物の構造等の情報を把握する試験 ト　動物体内運命に関する試験成績 ナ　植物体内運命に関する試験成績 環境中での影響をみる試験 ニ　土壌中運命に関する試験成績 ヌ　水中運命に関する試験成績 ネ　水産動植物への影響に関する試験成績 ノ　水産動植物以外の有用生物への影響に関する試験成績 ハ　有効成分の性状、安定性、分解性等に関する試験成績 ヒ　水質汚濁性に関する試験成績 (4) 残留性に関する試験成績 ア　農作物への残留性に関する試験成績 イ　土壌への残留性に関する試験成績

（出典）農薬の登録申請に係る試験成績について（平成12年11月24日付け12農産第8147号農林水産省農産園芸局長通知）（最終改正平成25年3月31日）

人畜への被害や水産動植物への被害を防止する観点から国が定めた基準に従い、農薬ごとにこれらの基準を超えないことを確認して登録する。これらの基準は、審査の結果、基準を超えると判断された場合には登録が保留されることから「登録保留基準」と呼ばれ、環境大臣が定めて告示する。このうち作物残留に係る基準については、食品衛生法に基づく食品規格（残留農薬基準）が定められている場合、その基準が登録保留基準となる。

10.4.2 環境への安全性

(1) 人や家畜への安全性

水田で使用される農薬には作物に散布された農薬が水面に落下するだけでなく、直接水田に施用されるものもある。使用された農薬は水田の土壌に付着したり、水中で分解したりするが、排水路などに流出し、河川を経由して飲料水として摂取されることも考えられる。そこで、日本人1人当たりの1日の飲水量を2Lとし、飲料水からの摂取が許容される農薬の量をADI[※3]の10%の範囲までとなるように、水質汚濁に係る農薬登録保留基準の値を設定している。水質汚濁性試験成績から計算した150日間の平均濃度が、基準値を超えていなければその農薬は登録される。水質汚濁に係る登録保留基準については、環境大臣が定めることとされている。

[※3] ADI：一日摂取許容量のこと。人が毎日、生涯にわたって食べ続けても、健康に悪い影響が出ないと考えられる量。

(2) 水産動植物や昆虫等に対する安全性

農薬を登録するうえで、人や家畜に対する安全性に加え、水産動植物やミツバチ等に対する安全性についても検査を行っている。

① 水産動植物への影響

水産動植物にかかる登録保留基準として、コイに対する48時間の半数致死濃度（LC50）を用いて一律の基準が設定されている。しかし、供試生物はコイのみであり、また環境中での暴露量が考慮されていないなどの課題がある。このため、環境省において農薬による野生生物や生態系への悪影響の未然防止に係る検討を行い、水産動植物に対する毒性に係る登録保留基準について、実質的な生態系の保全を視野に入れた取り組みを強化している。その一つとして、魚類、甲殻類、藻類に対する毒性値と、公共用水域における

予測濃度を比較して、評価する手法に改める旨の環境省告示改正が行われ、2005年4月から施行されている。

なお、農林水産省においては従来から魚類のコイだけでなく、甲殻類のミジンコ類、藻類では植物プランクトンの一種を供試生物として実施した試験成績を求めている。魚毒性試験では処理96時間における半数致死濃度（LC50）を、ミジンコ遊泳阻害試験の場合には、処理48時間の半数遊泳阻害濃度（EC50）を求め、影響の程度の判定を行い、農薬の使用上の注意に反映されている。

② 有用昆虫等への影響

有用昆虫（蚕、ミツバチ、天敵昆虫等）への影響をみるため、各有用昆虫を用いた試験が行われる。ミツバチでは半数致死量LD50、蚕では残毒期間等が調べられ、農薬使用時における安全な取り扱い法が確立される。

③ 鳥類に対する影響

使用場面、剤型などを考慮のうえ、必要に応じて実施される。ウズラやマガモ等を用いて経口毒性試験の結果、強い毒性が認められる場合には、混餌投与毒性試験も実施され、鳥類への影響を調べている。

④ 有効成分の性状、安定性、分解性等

農薬の有効成分等の性状、安定性、分解性等、農薬の安全性評価に当たって必要不可欠な基礎的科学的知見を得ることを目的として行われる試験であるが、環境中での動態を推測するのに重要な指標としても利用される。

(3) 農薬の使用基準

農薬の使用基準は農薬取締法に基づき、農林水産省、環境省合同の省令として定められている。農薬使用者の責務として、また一般的な注意事項として以下の事項が示されている。

① 農作物等に害を及ぼさないようにすること。
② 人畜に危険を及ぼさないようにすること。
③ 農作物等の汚染が生じ、かつ、その汚染に係る農作物等の利用が原因となって人畜に被害が生じないようにすること。
④ 農地等の土壌の汚染が生じ、かつ、その汚染により汚染される農作物等の利用が原因となって人畜に被害が生じないようにすること。
⑤ 水産動植物の被害が発生し、かつ、その被害が著しいものとならないよ

うにすること。

⑥　公共用水域の水質の汚濁が生じ、かつ、その汚濁に係る水（その汚濁により汚染される水産動植物を含む）の利用が原因となって人畜に被害が生じないようにすること。

このほか、表示事項の遵守、農薬の使用状況に応じた留意事項や必要事項の届出の遵守、帳簿の記載について定められている。

10.5　農業環境と食品の安全

農地に含まれる有害物質は農産物の安全性に大きく影響する。農地の汚染については、「農用地の土壌の汚染防止等に関する法律」に基づき対策が講じられている（表10-2）。この法律は、1968年、神通川流域（富山県）において、イタイイタイ病が発生したことをきっかけとして制定された。イタイイタイ病は、神岡鉱山からの排水に含まれていたカドミウムによって河川水が汚染され、それをかんがい水として利用していた農地が汚染され、さらにこれらの農地で生産された米を摂取したことによるカドミウムの慢性中毒を原因とする疾病であった。

現在、この法律に基づき人の健康をそこなうおそれがある農畜産物が生産され、または農作物等の生育が阻害されるおそれがある物質として、①カド

表10-2　農用地土壌汚染地域の状況

（2011年度末）（単位：ha、（　）内は検出又は指定地域で重複を含む。）

	基準値以上の検出地域	対策地域指定地域	うち対策計画策定地域	うち事業完了解除地域	県単独事業完了地域	未指定地域
カドミウム	7033 (96)	6428 (63)	6343 (63)	5612 (857)	387 (52)	217 (18)
銅	1405 (37)	1225 (12)	1225 (12)	1169 (12)	171 (25)	9 (1)
ヒ素	391 (14)	164 (7)	164 (7)	84 (5)	162 (7)	65 (5)
計（重複除く）	7575 (134)	6577 (72)	6492 (72)	5747 (65)	707 (80)	291 (23)

（出典）環境省「農用地土壌汚染防止対策の概要」（2011年度）

ミウムおよびその化合物、②銅およびその化合物、③ヒ素およびその化合物が指定されている。

なお、食品衛生法によるこれら汚染物質の食品中の残留基準は、カドミウムについては米（玄米および精米）に 0.4 ppm 以下、銅については清涼飲料水およびミネラルウォーターに 1.0 mg/L、砒素については水道水中に 0.01 mg/L などである。

10.6 放射能汚染対策

東京電力福島第一原発の事故により、広範囲にわたる農地を含めた土地等が放射性物質により汚染され、人の健康への影響が懸念されている。

農産物を含む食品については、食品衛生法に基づき、当初は暫定規制値が、2012 年 4 月から基準値（表10-3）が適用され、基準値を上回る食品の流通が禁止されている。

表 10-3　放射性物質の基準値

（単位：ベクレル/kg）

核　　種	食品群	基準値
放射性セシウム	飲料水	10
	牛乳	50
	一般食品	100
	乳児用食品	50

（出典）厚生労働省「食品，添加物等の規格基準」（2012 年 3 月 15 日）より抜粋して作成

原子力災害対策本部は、食品中の放射線セシウムの検査について地方公共団体が検査計画を策定する際のガイドラインと、検査の結果、放射性セシウムの基準値を超えた農畜産物等に対して行われる出荷制限の取り扱いを定めた「検査計画、出荷制限等の品目・区域の設定・解除の考え方」を公表している。この「考え方」については、放射性物質の検査が必要な地域・品目に重点化した検査内容となるよう、新たな基準値の設定や検査結果の集積に伴い見直しが行われている。基準値を超えた放射性物質が検出された農畜産物等に対しては、原子力災害対策本部長から知事に対し原子力災害対策特別措

置法に基づき出荷制限の指示が行われる。

　米については放射性セシウムの濃度が基準値を超えない米だけを出荷させるため、基準値を上回る米が発見された場合の集荷停止だけでなく、基準値を超える米が発生した地域（旧町村単位）に対する作付制限、吸収抑制対策および収穫後の検査の組み合わせによる安全を確保している。

　農地を含む土地の除染については、「放射性汚染物質対策特措法」に基づき、警戒区域または計画的避難区域の指定を受けたことがある「除染特別地域」については、国が除染の計画を策定し除染事業を進めている。また、平均的な放射線量が1時間当たり0.23マイクロシーベルト（追加被曝線量が年間1ミリシーベルト）以上の地域を含む市町村については、「汚染状況重点調査地域」として市町村単位で指定し、市町村が調査測定を実施して除染実施区域を定め、除染実施計画を策定し、除染を進めることとなる。

10.7　遺伝子組み換え作物

　遺伝子組換え技術とは、ある生物の遺伝子（DNA）を人為的に、他の生物の染色体などに導入する技術のことで、この技術により、その生物に新しい能力や性質を持たせたり、ある機能をなくしたりすることができる。食品生産を量的・質的に向上させるだけでなく、加工特性などの品質向上に利用されることが期待されており、既に、害虫や病気に強い遺伝子を導入した農作物が実用化されている。

　一方、遺伝子組換え技術によって作出された農作物が利用されることについては、アレルギーを引き起こさないか、食べ続けても大丈夫か、といった安全性に関する懸念のほか、以下のような生物多様性への懸念が表明されている。

① 遺伝子組換え農作物が有害物質を産生し、他の生物に影響を与えることはないか。

② 遺伝子組換えにより、元の農作物よりも繁殖力が強まったり雑草化しやすくならないか。

③ 遺伝子組換え作物で自生したものが、同種の植物と交雑し、生物多様性に影響することはないのか。

④ 害虫抵抗性の遺伝子組換え農作物を栽培し続けると、抵抗力の強い害虫

が発生しないか。

このため、我が国においては、一つ一つの遺伝子組換え農作物ごとに、その用途に応じて生物多様性への影響のほか、食品や飼料としての安全性について、最新の科学的知見により評価を行い、安全性が確認されたもののみ使用を認める仕組みが導入されている。

我が国で遺伝子組換え農作物を栽培したり、食用や飼料用として利用するためには、生物多様性への影響と食品および飼料の安全性を評価することが法律で定められている。生物多様性への影響は「遺伝子組換え生物等の使用の規制による生物多様性の確保に関する法律（カルタヘナ法）」に、食品としての安全性は「食品安全基本法」および「食品衛生法」に、飼料としての安全性は「飼料安全法」および「食品安全基本法」に基づき科学的な評価を行い、すべてについて問題のないもののみが栽培され、流通する（図10-9）。

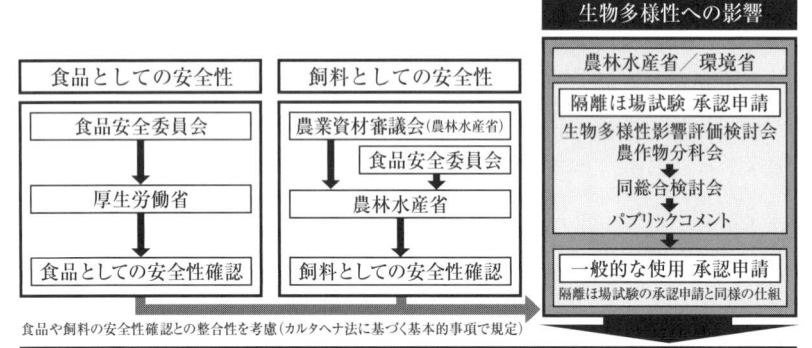

注※：カルタヘナ法に基づく告示「遺伝子組換え生物等の使用等の規制による生物の多様性の確保に関する法律第三条の規定に基づく基本的事項（平成十五年財務省、文部科学省、厚生労働省、農林水産省、経済産業省、環境省告示第一号）の第一の1の(2)のニ「第一種使用規程の承認に当たって考慮すべき事項」において「主務大臣は（略）人の健康に対する影響を考慮するとともに、食品として国内で第一種使用等をする（略）ものにあっては、食品、添加物等の規格基準（略）の規定による安全性審査との整合性、飼料として国内で第一種使用等をする（略）ものにあっては、飼料及び飼料添加物の成分規格等に関する省令（略）の規定による安全性についての確認との整合性を考慮すること。」とされている。

（出典）農林水産省　消費・安全局農産安全管理課組換え体企画班・組換え体管理指導班「遺伝子組換え農作物の管理について」（平成25年8月）

図10-9　遺伝子組換え農作物の評価の仕組み

10.8 食品産業における環境負荷軽減の努力

10.8.1 食料の輸送に伴う環境への負荷の軽減

　我が国は、世界一の農産物純輸入国であり、多種多様な農畜水産物・加工食品を多くの国・地域から輸入している。これらの輸入に伴う CO_2 排出量は、年間1,690万トンと試算されており、我が国の国内における食料品全体（輸入食品含む）の輸送に伴う排出量900万トン（試算）の1.87倍になる。食料の輸送量に輸送距離を乗じた指標として「フード・マイレージ」がある。これは、生産地から消費地までの距離が短い食べ物を食べた方が、輸送に伴う環境への負荷が少ないであろうとの考え方に基づくものである。人口1人当たりの輸入食品のフード・マイレージは、我が国では2001年に7,093 t·km、2011年には6,770 t·km となっており、米国1,051 t·km、英国3,195 t·km、フランス1,738 t·km、ドイツ2,090 t·km（注：いずれも2001年、輸出国内の輸送距離を含み、輸入国内の輸送距離を含まない）と比較すると相当高い水準となっている。

　今後、我が国においては、食料の輸送に伴う環境への負荷の軽減に向け、国内生産の拡大、地産地消の推進等の取り組みを行っていくことが望まれる。

10.8.2 カーボンフットプリント

　フード・マイレージには、トラック、鉄道、船舶等の輸送手段の違いによる CO_2 排出量の違いが反映されていないことや、輸送面に限定された指標であり、生産、加工、消費、廃棄による環境負荷は考慮されていない。このため、ある製品の原材料調達から生産、流通、使用、維持管理、廃棄、リサイクルの全段階で排出された温室効果ガスの排出量を合計し、それを CO_2 排出量に換算した指標であるカーボンフットプリントを使用することも多い。カーボンフットプリントを商品に表示することにより、農業者や消費者の排出削減意識を高めることができる。

　農林水産省では、カーボンフットプリントの算定・表示に必要となる「商品種別算定基準」策定や、この基準に基づく CO_2 排出量の算定・表示を支援しており、これまで実際に米、ばら、野菜（ピーマン）にカーボンフットプリントを表示した農産物の販売例がある。

10.8.3 食品廃棄物の削減

　我が国では、農産物、加工食品等を合わせた全体の食用仕向け量は年間約9,100万トンとなっている。このうち、一般家庭からは約1,100万トンの廃棄物が発生しており、うち、可食部分である食品ロスは200～400万トンである。食品関連事業者（食品製造業、食品卸売業、食品小売業、外食産業）からは年間約800万トンの廃棄物が発生しており、うち可食部分と考えられる量（規格外品、返品、売れ残り、食べ残し）は300万～500万トンである。これらを合計すると、食品由来の廃棄物は年間1,900万トン、うち本来食べられるにもかかわらず捨てられているもの（食品ロス）は、約500万～900万トンと推計される。なお、食品由来の廃棄物1,900万トンのうち、家畜の飼料等への再生利用量は500万トン、焼却等は1,400万トンとなっている。

　世帯における食品の食べ残しや廃棄の割合（食品ロス）について推移をみると、2000年の7.7%から2006年には3.7%に減少し、その後ほぼ横ばいで推移している。農林水産省により消費者モニターアンケート結果（2011年公表）では、「少量パック等、食べきれる量の食品を購入している」25%、「賞味期限を過ぎていても、見た目やにおい等で判断して食べている」25%、「賞味期限が切れないよう在庫管理を行っている」21%等の対応が行われている。外食産業における食品ロスの割合は、2009年度で食堂・レストラン3%、結婚披露宴14%、宴会11%、宿泊施設15%となっている。外食産業等では、客の好みや食べたい量に合わせた料理の提供に努めることが必要である。

10.8.4 食品リサイクル

　食品産業における食品廃棄物の量は、2001年度の1,092万トンから2007年度の1,134万トンまでほぼ横ばいに推移しているが、食品循環資源（食品廃棄物のうち肥料、堆肥等の原材料となるもの）の再生利用率は37%から54%と上昇傾向にある。業種別にみると、食品製造業81%、食品卸売業62%、食品小売業35%、外食産業22%となっている（2007年度）。

（東京海洋大学　先端科学技術研究センター　食品流通安全管理専攻　教授　湯川剛一郎）

第11章 都市環境

　世界の人口の半数以上が都市に住むようになり、都市の巨大化、過密化に伴い様々な問題が発生している。森林、河川などの自然環境が改変され、都市からのエネルギー放出が増大し、都市の気温上昇、ヒートアイランド現象、都市型洪水、地下水位の低下、騒音問題、大気汚染などの問題が顕在化している。発展途上国では、森林伐採、過放牧による砂漠化などの環境問題だけでなく、経済的な問題や戦争による難民が都市に流入し、都市環境の悪化や失業者問題などが生じている。

11.1 都市の人口増加

　世界でいち早く都市に人口が集中したのはイギリスである。イギリスにおける都市の人口は、1800年には国民の約20%であったが、産業革命による産業の発達などにより、1900年には約80%と100年で4倍に増加した。そのため、イギリスでは急速な人口増加による都市環境の悪化と貧困の拡大の経験から、都市計画の重要性が早くから認識された。1900年代はじめにE. Howardがロンドン郊外のレッチワースやウェリンで都市をデザインする際には、広い並木通り、工業地帯と住宅地域の分離、広い公園、学校や病院などの公共施設を注意深く設計していた。

　しかし、発展途上国では21世紀になっても、森林伐採、過放牧による砂漠化などの環境問題から、土地を手放して都市に流入する、いわゆる環境難民が増えている。また、農業の大規模化などの経済的な問題による経済移民や戦争による戦争難民も都市に流入し、人口が急速に増加している。これらにより、都市のスラム化、不適切な衛生設備などの問題や多くの失業者問題などが生じている。

　日本の都市の人口は、1950～1960年代の高度経済成長時に急激に増加し、特に東京・名古屋・大阪の三大都市圏への人口移動は著しく、三大都市圏の人口比率は1950年の34.7%から1970年には46.1%と全国の半数近くになっている。1970年代になると経済成長率の低下や地方との格差の縮小な

どにより、大都市圏への人口移動は急激に減少したが、1980年代の経済バブル期や近年の経済回復で増加し、2005年にはじめて三大都市圏の人口比率が50%を超え、今後も東京圏を中心に大都市圏の人口が増加すると予想されている。地方でも1970年以降は地方中枢・中核都市を中心に人口が増加し、都市的生活様式が地方都市や農村にまで普及し、日本全体が都市化社会に移行してきている。都市化の動向を人口の集積度を示す指標として用いられるDID地区（人口集中地区；人口密度が1 km^{2}当たり4,000人以上の国勢調査区が互いに隣接して、当該隣接する国勢調査区の合計人口が5,000人以上となる地域）の尺度でみると、DID地区人口は、1960年の4,100万人に対し、2000年には約8,300万人と2倍に増加して国民の65%に達し、現在も増加傾向にある。日本でもイギリスなどと同様に都市化による様々な環境問題が生じている。

11.2 都市の気温上昇とヒートアイランド現象

　都市は高層建築が立ち並び、交通網が整備され、森林、河川など自然環境が改変されたきわめて人工的な空間となり、その結果、都市内は本来の気候とは異なる大気環境となっている。都市を横断して気温分布を調べると、都市の気温は郊外に比べて高く、気温分布が島のような形になるため、これをヒートアイランド現象とよんでいる。都市の気温上昇は都市の膨張とともに広がり、気温も高くなる。都心と郊外の気温差は冬に大きく夏に小さい。1日のうちでは夜間に大きく、日中は小さい。郊外との気温差は都市の規模と人口に依存し、大都市では4〜5℃、中都市では3℃、小都市では1〜2℃である。

　世界の平均気温は、ここ100年で約0.7℃上昇しており、地球温暖化が主な原因と考えられている。表11-1に日本の主要都市として東京、名古屋、大阪などの9都市の気温の長期変化を示し、比較のため、都市化の影響が少ないと考えられる国内17地点の平均値をあわせて表示する。主要都市の気温の上昇率は、全般に17地点平均に比べると大きく、年平均気温では、17地点平均が100年あたり1.5℃上昇に対し、東京は3.3℃上昇と約2倍である。夏季（8月）と冬季（1月）を比較すると、平均気温、日最高気温、日最低気温のいずれも1月の上昇率が大きく、主要都市と17地点平均の上昇

表 11-1 主要都市および都市化の影響が少ないと考えられる 17 地点平均の気温の上昇率

都市	気温変化率〔℃/100年〕							
	平均気温			日最高気温			日最低気温		
	年	1月	8月	年	1月	8月	年	1月	8月
札　幌	2.7	3.9	1.2	0.9	1.7	-0.3	4.5	6.5	2.8
仙　台	2.3	3.3	0.6	0.9	1.7	-0.2	3.2	4.2	1.1
東　京	3.3	4.8	1.7	1.5	1.6	0.8	4.6	6.9	2.5
横　浜	2.8	3.8	1.5	2.3	2.7	1.4	3.6	5.2	2.0
新　潟	2.1	2.8	1.4	1.9	3.1	0.7	2.4	2.9	2.0
名古屋	2.9	3.4	2.4	1.1	1.6	0.9	4.1	4.3	3.3
京　都	2.7	3.0	2.4	0.9	1.0	0.9	3.9	4.3	3.3
大　阪	2.9	2.9	2.5	2.3	2.0	2.4	3.9	3.6	3.7
広　島	2.1	2.1	1.6	1.1	1.1	1.1	3.2	3.1	2.6
福　岡	3.2	3.3	2.4	1.6	1.9	1.4	5.2	4.8	3.8
鹿児島	3.0	3.4	2.7	1.4	1.6	1.4	4.3	4.6	3.8
17地点平均	1.5	1.9	0.9	1.0	1.3	0.4	1.9	2.3	1.3

（出典）気象庁ホームページの表をもとに作成

率の差も大きい。日最高気温と日最低気温を比較すると、年、1月、8月のいずれも日最低気温の上昇率が大きく、主要都市で明瞭である。主要都市の1月の日最低気温の上昇率は特に大きく、札幌、東京では100年あたりの上昇率が6℃を超えている。前述したように、ヒートアイランド現象に伴う都市と郊外との気温差は、夏季より冬季に、日中より夜間に大きいといわれており、この効果が顕著に現れているものと考えられる。熱帯夜（夜間の最低気温が25℃以上）の日数は増加し、冬日（日最低気温が0℃未満）の日数は減少している。

　日本の大都市においては、地球温暖化による気温上昇にヒートアイランド現象がもたらす気温上昇が加わって、急速に都市の温暖化が進んでいる。

11.2.1 ヒートアイランド現象の原因

　ヒートアイランド現象の主な原因は、①人工排熱の増加、②都市形態の高密度化、③地表面被覆の人工化の三つである（図11-1）。

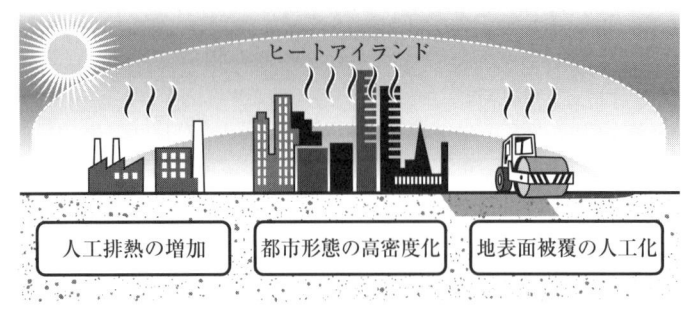

図 11-1 都市におけるヒートアイランド現象

　人工排熱は、エアコンなど空調機器や自動車などから排出される熱、工場や火力発電所、ごみ焼却場からの排熱などが主要なものである。電気、ガス、石油などのエネルギー使用量が増加すれば、熱となって大気へ放出されて、気温の上昇につながる。省エネルギーの促進や排熱利用などにより、都市の排熱総量を削減していくことが重要である。

　中高層の建物が密集すると、風向きによっては地上近くを流れる風が弱くなり、熱の拡散や換気力を低下させる可能性がある。建物の配置は、風通しに配慮した工夫が求められる。高いビルが密集した地域でビルの谷間から上を見上げると、空の見える割合「天空率」が低くなるが、そのような場所では夜間の放射冷却が進まず、日中に蓄えた熱を次の日に持ち越し、気温上昇の一因となる。

　緑地が減り、道路のアスファルト化やコンクリート建物の増加などの人工化で地表面が変化すると、太陽エネルギーは建物や路面に吸収される。アスファルトやコンクリートは日射を受けて、夏季の日中には表面温度が50〜60℃程度にまで上昇し、大気を加熱する。また、アスファルトやコンクリートは日中に蓄えた熱を夜間に放出するため、夜間の気温低下を妨げる。一方、植物は葉の表面から蒸散を行い、日射を受けたエネルギーを潜熱として大気中に放出するため、気温を上昇させない働きをもつ。また、樹冠の大きな木は日射を遮ることにより地表面温度の上昇を抑制し、まとまった緑地は都市を冷やす冷熱源となる。しかし、植生の減少により潜熱が減少し、植物による冷却効果が低下している。

11.2.2 ヒートアイランド現象による環境影響

　ヒートアイランド現象により、我々の健康や生活、動植物などに様々な影響が生じている。

　人の健康への影響には、高温化による熱中症の増加や睡眠の阻害などがある。熱中症は、高温下で体温の調節機能が破綻するなどして、体内の水分や塩分（ナトリウムなど）のバランスが崩れ、発症する障害の総称である。重症化すると、筋肉のひきつけ症状や失神を起こす場合があり、死に至るケースもある。東京での熱中症救急搬送者数（5～10月）は、1996年の200人に対し、2007年には1300人と6.5倍になっている。日最高気温が30℃を超えるあたりから、熱中症による死亡が増え始め、その後気温が高くなるに従って死亡率が急激に上昇する。熱中症発症のリスクは、梅雨明け直後など急に暑くなった時に高まる傾向があるので、比較的涼しい地域においても、突然高温になる日には熱中症を起こす危険がある。熱中症は屋外で発生することが多いが、屋内でも発生するので注意が必要である。2003年の夏、ヨーロッパが熱波によって高温となり、フランスではパリなどで多数の高齢者が死亡した。また、東京では熱帯夜の日数が1970年の11.2日から2000年には35.2日と3倍以上に増加し、他の都市でも同様に増加している。熱帯夜の増加は夏季の睡眠環境を悪化させるだけでなく、冷房の使用によるエネルギー消費も増加させている。

　ヒートアイランド現象により、都市では大気汚染も悪化する。風がほとんどない場合、都心部で空気が暖められると上昇気流が発生し、上昇気流は上空で冷やされ、郊外に向けて下降しながら、都心部へ流れ込んでくる。これにより循環流が生じて都市上空にドームが形成されたようになり、都市内で生じた大気汚染物質の拡散を妨げるため、都市部の大気汚染を悪化させる(図11-2(a))。この現象を「都市ドーム」と名づけている。弱い風がある図11-2(b)のように都市ドームが崩れると、都市があたかも巨大な煙突のように汚れた空気を風下に流すことになる。このような状態を「都市プルーム」とよんでいる。また、都市の気温上昇で光化学反応によるオゾン生成が促進され、日中、海風の風下にあたる内陸部（関東地方では群馬県や埼玉県など）で光化学オキシダントなどの大気汚染物質濃度の上昇が見られる。

　ヒートアイランド現象による高温化は、人や生物への直接的な影響だけでなく、冷暖房によるエネルギー使用量の増加、大気循環の変化による局地的

(a) 無風に近いとき

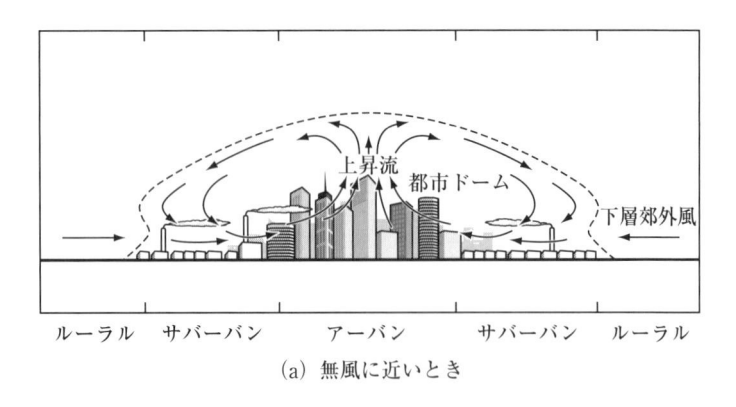

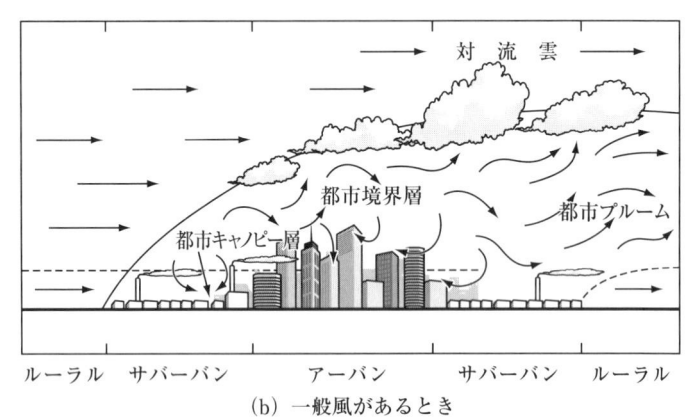

(b) 一般風があるとき

(出典) 水越允治, 山下脩二：気候学入門, 古今書院, 1985
図11-2　都市大気の模式図

な集中豪雨の頻発、水資源の需要・蒸発量増加による資源量減少などの問題を生じている。

11.2.3　ヒートアイランド問題への対策

　ヒートアイランド現象を緩和するには、空調や照明などのエネルギー使用機器を高効率なものにする省エネや、建物の断熱化、節電、交通量の低減、物流の効率化などにより、人工排熱を減らすことが有効である。公園や植えこみなどの整備による緑地の確保、屋上や壁面の緑化、水辺の整備、「風の道」の確保など、自然の力を取り入れて冷却効果を高めることも重要である。「風の道」の確保は、ドイツのシュツットガルト市で最初に導入された。ヒー

トアイランド対策として、郊外の丘陵地の涼しい空気が市街地に流れやすいよう道路幅の拡張など都市計画を策定したもので、日本でも東京や大阪などで海風を取り入れる計画が進んでいる。

11.3 地下水位の低下と都市型水害

　都市では土地利用が変化し、田畑を含む植生の減少とコンクリート化、道路のアスファルト化によって雨水などの浸透域が減少し、非浸透域が増加している。浸透域でも、植生の減少に伴う根水域の通水性の低下や踏圧などによって浸透能は低下している。これに従って、雨水の地下への浸透がうまくいかず、表面流出を増大させ、地下水涵養量の減少や地下水位の低下を招いている。このことは土壌層からの蒸発を減少させ、河川への基底流入量の減少まで引き起こしている。東京武蔵野台地の井の頭池の湧水帯は、これにより枯れてしまった。浸透能の低下、および表面貯蔵量と表面粗度の減少は、地下水の低下に加え、洪水の危険性も増大させる。局地的な集中豪雨が起きると、雨水が一気に下水道や中小河川へ流れ込むからである。高度に整備された都市の排水処理機能が、昨今の都市部での集中豪雨の雨量に追いつかず、下水道や中小河川からあふれ出し、道路や低地の冠水、繁華街や地下街での浸水による被害が発生している。このような災害を都市型水害という。

11.3.1 最近の都市型水害

　堤防等の治水施設の整備により、近年、水害による浸水面積は減少し、大きな河川の堤防の決壊による死者の発生や家屋の流失も減少している。しかし、中小河川では、堤防が決壊し、被害が出ることが増加している。

　1999年の福岡水害では、梅雨前線による記録的豪雨で市中心部の御笠川が氾濫し、JR博多駅が浸水して、ビルの地下で死者がでた。福岡では2003年にも同様の被害が発生している。2000年の東海豪雨災害は、新川の堤防決壊と内水氾濫（降った雨が、下水道や河川に排水できないことによって引き起こされる浸水）により、名古屋市内の各所で浸水し、死者がでて、新幹線などの鉄道、道路などのライフラインの被害も大きなものであった。2004年には新潟・福島豪雨災害、2005年には東京都中野区・杉並区で浸水被害が発生している。

都市部の河川流域では、宅地開発や道路面積の増大等により、地表面がコンクリートやアスファルトに覆われ、雨水は地下に浸透しにくくなっている。そのため、短時間のうちに直接河川や下水道へ流れ込む雨水が増大し、従来は水害にならなかった規模の降雨でも、河川や下水道からの氾濫が生じている。ピーク流量が増加し、ピークまでの発生時間が短いのが都市型水害の特徴である。

　また、都市部では、地下街や地下室など地下空間の利用が進んでいることも水害の要因の一つである。地下は、地上と比較して浸水の水位が上昇するのが早く、水災上の危険性は極めて高い。1999年には、東京都新宿区、福岡県博多駅周辺で、地下空間の浸水被害による死者が発生した。

11.3.2　都市型水害への対策

　都市型水害の対策としては、雨水浸透貯留施設、透水性舗装や遊水地などの整備、放水路、堤防強化などの河川改修、自然地の保全、警戒避難体制の整備などが推進されている。

11.4　都市の騒音・振動問題

　道路、鉄道、航空機など交通は、都市の活動を支えるのに重要であるが、一方で騒音、振動、大気汚染などの問題が生じている。工場、建設作業や近隣の騒音、振動の問題もある。

　自動車の走行に伴い発生する騒音、排出ガス等により、交通量の多い幹線道路沿道等で問題が生じている。新幹線沿線の騒音については、防音壁の設置、車両の改良等によりかなり改善されてきた。航空機の騒音については、空港の拡張や大型ジェット機の頻繁な離着陸により、空港周辺の騒音被害は深刻であった。しかし、離着陸や飛行コースの選択、夜間の離着陸の制限などによって、一部の空港を除いて大幅に改善されてきている。なお、オランダ・アムステルダム近郊のスキホール空港では、離着陸のアプローチの工夫や夜間の飛行制限に加え、空港近辺を買い取って人が住まない公有地とし、航空騒音の基準を26デシベル以下と厳しい値に設定している。

　東京での騒音および振動の発生源別苦情件数は、建設作業および工場・事業場に対するものが最も多く、騒音が全体の50%以上、振動が全体の90%

を占めている。都市の騒音・振動問題の解決のためには、建設作業および工場・事業場からの騒音、振動への対応が重要である。

11.5 その他の問題

　都市では活動が高密度に営まれ、生活水準の向上などから廃棄物の増加および多様化が進み、廃棄物の処理方法、廃棄物処理施設の整備や埋立て処分場の確保などが大きな課題である。都市では分別収集など住民の積極的な協力を得て、廃棄物の削減、資源化、再利用の推進が必要である。

　都市では、近隣にマンションなどの高層の建物が建つと、日当たりが悪くなり、昼間なのに太陽の光がさしこまないという日照権の阻害が起こる。高層のホテルやビルが立つと、景観が損なわれることも発生する。1990年代に京都では、高層ホテルの建設によりお寺からの借景が破壊され景観が損なわれるという問題が発生した。

（京都工芸繊維大学　環境科学センター　教授　山田　悦）
（　　　　　　　　　　　　　　　　　　助教　布施泰朗）

第12章
廃棄物問題

　経済発展によって大量生産・大量消費が当たり前の社会となり、廃棄物は大きな社会問題となった。先進国の廃棄物が発展途上国に不法に運ばれるなど、世界的な問題にもなっている。そのため、廃棄物の削減、再利用、再資源化（3R）を考えた循環型社会の形成をめざし、取り組みが進んでいる。

12.1　ごみの種類

　日本では、廃棄物は「廃棄物の処理及び清掃に関する法律（廃棄物処理法）」において、「ごみ、粗大ごみ、燃え殻、汚泥、ふん尿、廃油、廃酸、廃アルカリ、動物の死体その他の汚物又は不要物であって、固形状又は液状のもの」と定義されている。廃棄物の区分を図 12-1 に示している。
　廃棄物処理法では、ごみは一般廃棄物と産業廃棄物に分けられる。
　一般廃棄物の多くは、主に一般家庭の日常生活にともなって生じた生ごみ、不燃性ごみ、粗大ごみなどの生活系廃棄物である。これらのごみ処理は最終的には自治体に責任がある。それぞれの市町村は処理計画を独自に立て、その計画にしたがって回収や処理が行われなくてはならない。自治体ごとに処理計画が異なるので、可燃不燃の分け方など、ごみ出しの要領が違う場合もある。
　一般廃棄物であっても、爆発性や毒性があるために人の健康や生活環境に被害を及ぼす恐れがある廃棄物は、他の廃棄物と区分して収集、運搬するように法律で定められている。たとえば有害な PCB 使用部品が含まれる電気製品などがこれに含まれる。これらの廃棄物は「特別管理一般廃棄物」といい、有害性をなくす処理をしなければ処分できない。
　産業廃棄物とは、利益を生むような事業所から出る廃棄物のうち図 12-1 の 20 種類の廃棄物のことである。事業活動にともなって出たごみでも 20 種類に含まれないものは一般廃棄物（事業系一般廃棄物）の取り扱いになる。
　産業廃棄物のうち特に処分に注意が必要なものは「特別管理産業廃棄物」として法律で分類されている。廃 PCB や廃石綿などの「特定有害産業廃棄

物」や、医療機関などから発生して感染の可能性がある「感染性産業廃棄物」などがこれに含まれる。

　原子力発電所、医療機関、研究機関などから出てくる放射性廃棄物は「放射性同位元素などによる放射線障害の防止に関する法律」などによって扱いが別になっている。これらの放射線が十分減衰するまで人間の生活環境から隔離することが義務付けられている。

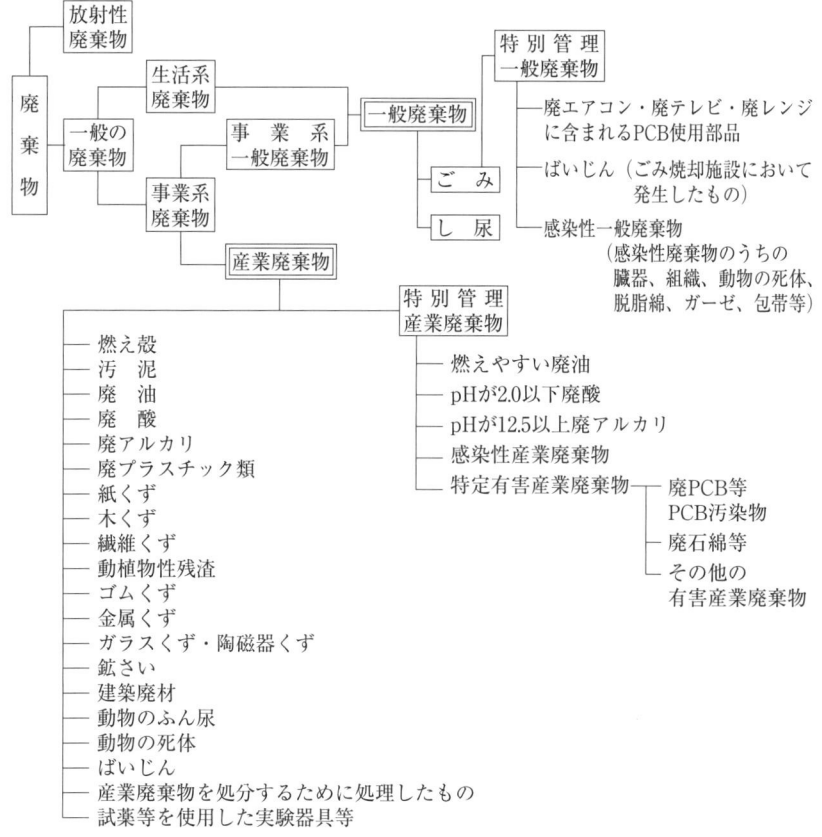

```
廃棄物 ─┬─ 放射性廃棄物
        └─ 一般の廃棄物 ─┬─ 生活系廃棄物 ──┬─ 一般廃棄物 ─┬─ ごみ
                        │                 │              └─ し尿
                        ├─ 事業系一般廃棄物 ┘
                        └─ 事業系廃棄物 ── 産業廃棄物

特別管理一般廃棄物
  ├─ 廃エアコン・廃テレビ・廃レンジに含まれるPCB使用部品
  ├─ ばいじん（ごみ焼却施設において発生したもの）
  └─ 感染性一般廃棄物
      （感染性廃棄物のうちの臓器、組織、動物の死体、脱脂綿、ガーゼ、包帯等）

産業廃棄物
  ├─ 燃え殻
  ├─ 汚泥
  ├─ 廃油
  ├─ 廃酸
  ├─ 廃アルカリ
  ├─ 廃プラスチック類
  ├─ 紙くず
  ├─ 木くず
  ├─ 繊維くず
  ├─ 動植物性残渣
  ├─ ゴムくず
  ├─ 金属くず
  ├─ ガラスくず・陶磁器くず
  ├─ 鉱さい
  ├─ 建築廃材
  ├─ 動物のふん尿
  ├─ 動物の死体
  ├─ ばいじん
  ├─ 産業廃棄物を処分するために処理したもの
  └─ 試薬等を使用した実験器具等

特別管理産業廃棄物
  ├─ 燃えやすい廃油
  ├─ pHが2.0以下廃酸
  ├─ pHが12.5以上廃アルカリ
  ├─ 感染性産業廃棄物
  └─ 特定有害産業廃棄物 ─┬─ 廃PCB等 PCB汚染物
                        ├─ 廃石綿等
                        └─ その他の有害産業廃棄物
```

（出典）左巻健男ほか：ごみ問題100の知識, p.13, 東京書籍, 2004をもとに作成

図12-1　廃棄物の区分

12.2 ごみの処理方法

　日本におけるごみ総排出量は、2000年度に5,483万トン（人口一人1日あたり1,185 g）と最も多く、それ以降は継続的に減少しており、2010年度は4,536万トン（人口一人1日あたり976 g）で、2000年度と比較すると20%近く減少している。世界でのごみ排出量と比較すると、アメリカ合衆国、ロシア、中国は日本の約4.5倍、4倍、3倍と非常に多く、ドイツは日本と同程度、イギリス、フランスは日本の60〜70%である。

　ごみ総処理量は、ごみ総排出量から自家処理量を除いたもので、2010年度は4,279万トンであり、これが市町村のごみ処理の対象になる。直接資源化が217万トン（ごみ総処理量の5.1%）、焼却以外の中間処理が616万トン（同14.4%）、直接焼却が3,380万4,000トン（同79.0%）、直接最終処分が66万トン（同1.5%）である。

　日本では、焼却（直接焼却）の比率がとても大きいという特徴がある（図12-2）。全国の焼却施設は、2000年度には1,715施設あったが、2010年度には1,221施設と約70%まで減少した。これは、ダイオキシン類対策特別措置法の排出基準が2002年12月から完全適用されたため、基準に適合しない小型炉が廃止され、連続運転が可能でダイオキシンを排出しない大型の焼却施設が残ったためと推測される。

　焼却以外の中間処理の内訳にある、「粗大ごみ処理施設」とは、粗大ごみを対象に破砕・圧縮などの処理および有価物の選別を行う施設である。「資源化等を行う施設」とは、不燃ごみの選別施設、圧縮梱包施設等のうち、「粗大ごみ処理施設」・「ごみ燃料化施設」以外の施設である。「高速堆肥化施設」とは、厨芥類等の移送・撹拌が機械化された堆肥化施設である。「ごみ燃料化施設」とは、ごみ（可燃ごみ）を加工してごみ燃料（RDF）をつくる施設である。「その他の施設」とは、資源化等を目的とせず埋立処分のための破砕・減容化を行う施設等である。

　中間処理された後のごみは、資源化されるものと、最終処分されるものに分かれる。2010年度のごみ総処理量4,279万トンのうち、資源化量が672万トン（ごみ総処理量の15.7%）、最終処分量が484万トン（同11.3%）、および中間処理減量化量が3,124万トン（同73%）となる。中間処理減量化量とは、たとえば100トンのごみを焼却して、10トンの灰になった場合、

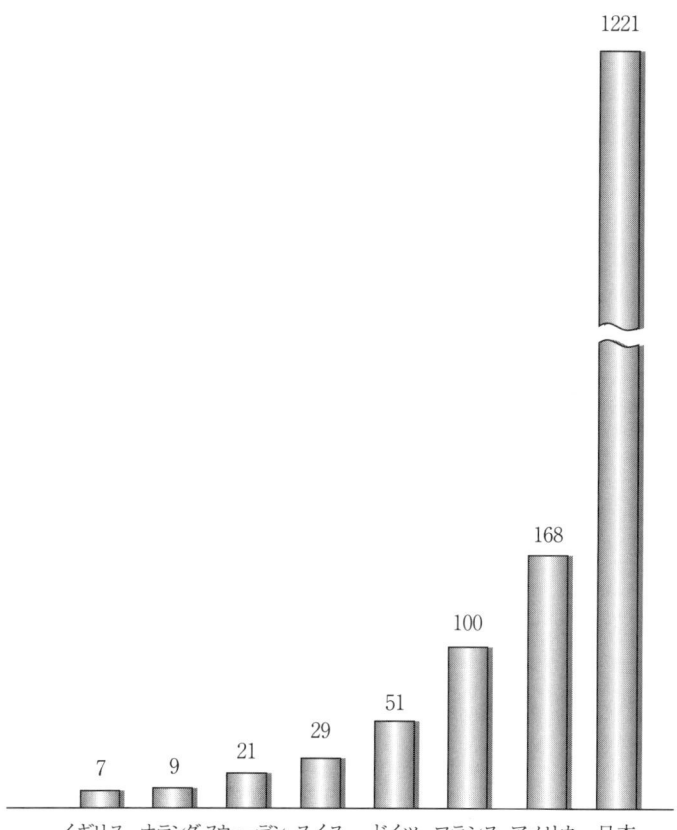

(出典) 環境省「環境統計集」をもとに作成
図 12-2　日本と主要国の焼却施設の数 (2008 年、日本のみ 2010 年)

減量化量は 90 トンということである。

　産業廃棄物の総排出量は 2009 年度に 3 億 8,975 万トンと、一般廃棄物の約 8 倍と多く、汚泥、動物のふん尿、がれき類がそれぞれ 44.5、22.6、15.1％と、これら 3 種類の廃棄物で 80％ 以上を占めており、再生利用量は 53％ である。産業廃棄物の最終処分場には安定型、管理型および遮断型の 3 つのタイプがある (図 12-3)。

　圧倒的に多いのは「掘った穴にごみを入れて埋めてしまう」だけの安定型処分場である。安定型というのは、「腐敗せず、有害物質が溶出しない」ごみ、つまり「変化が少なく安定している」ごみのことを指している。ここで

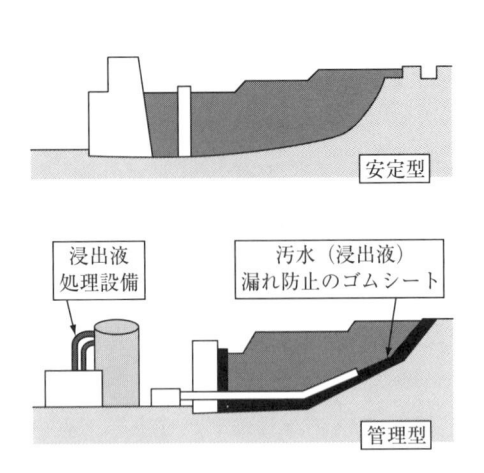

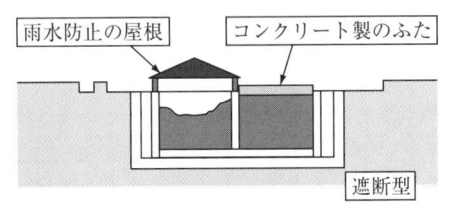

(出典)左巻健男ほか：ごみ問題100の知識,
p.31, 東京書籍, 2004をもとに作成
図12-3 3タイプの産業廃棄物最終処分場

　埋め立てることができるのは、廃プラスチック、建設廃材、金属、ガラス・陶磁器、ゴムのごみで、捨てられるごみが安定したものだから、処分場には排水設備の設置や水質検査の義務付けはない。管理型は、基本的に一般ごみの最終処分場と同じである。充分管理すれば環境を汚染しないものを対象としている。遮断型は、私たちの生活環境から隔離しなければならないもの、すなわち水銀やカドミウムなどの有害物質を含む燃えがら、ばいじん、汚泥、鉱さい等、無害化することが難しいごみを処分するためのものである。鉄筋コンクリートの頑丈な構造物で、埋め立て中は雨水が入らないように屋根をつけてある。いっぱいになったらコンクリートでふたをする。
　さて、「有害物質が溶出しない」ごみだけが処分されているはずの「安定型処分場」だが、ここから漏れ出していると思われる高濃度の水銀や鉛の化合物が周辺の土壌や地下水から検出されることがある。これは、「安定型」ではないごみも捨てられているからだと考えられる。都会の水源である山奥の谷間の処分場周辺の地下水を汚染している場合がある。また有害物質の最

終処理の法律がまだ充分整備されていなかった時代の化学工場の跡地の土壌や地下水が、これらの有害物質で汚染されている場合もある。

世界各国のごみ処理の現状であるが、米国、カナダなど北米の広大な国土をもつ国々では、埋立処理が一般的なものとなっている。一方、ドイツはじめ環境保全に熱心な EU 諸国はダイオキシンを発生する焼却処理を減らすため、廃棄物の発生抑制、資源化など、いかにしてごみの発生を抑制し、資源化させるかを試行錯誤してきた。ごみ処理の先進国、ドイツには現在でも約 50 基の焼却施設があるが、ごみの焼却工場のある土地は安全性以外にも立地域周辺の地価は著しく下がるなど、原子力発電所並みに危険だと考えられている。またドイツでは、焼却灰は核廃棄物並みの処理が要求され、日本のように安直に処分場に処分されることはない。

ドイツは世界で最初に拡大生産者責任を制度化している。拡大生産者責任とは、物づくりの上流から各種資源の徹底した再利用、再資源化を推し進めることであり、それに要する費用や使用済み製品の回収費用も製品コストに上乗せさせ、企業間で発生抑制と資源化について競争させる制度である。一方、北米や豪州では近年、自治体ぐるみでごみの資源化が「ゼロ・ウエイスト」の名のもとで推進されている。たとえば、米国カリフォルニア州では、州内全自治体でごみの 50％ を資源化する州法が制定され施行されている。ニュージーランドでは自治体の半分以上が「ゼロ・ウエイスト」を宣言し、具体的にごみの発生削減を進めている。オーストラリアの首都キャンベラでも「ゼロ・ウエイスト」戦略によって、固形廃棄物の徹底した再利用、資源化、再資源化が行われ、従来の埋立量の 64％ の削減に成功している。

12.3　ごみの再資源化

日本でも循環型社会構築に向けて、ごみ・リサイクルに関係する法律が整備されている。ごみ・リサイクルを含めた循環型社会形成についての基本法である「循環型社会形成推進基本法」、ごみ（廃棄物）の適正処理のための「廃棄物処理法」、リサイクル推進のための「資源有効利用促進法」「容器包装リサイクル法」「家電リサイクル法」「食品リサイクル法」「建設リサイクル法」「自動車リサイクル法」「グリーン購入法」である。その他の法律として、「ダイオキシン類対策特別措置法」などがある。

廃棄物処理法は1970年に清掃法を改める形で成立したごみについての中心的な法律である。1991年にできた再生資源利用促進法は、リサイクルについての最初の法律で、リサイクル法と呼ばれていたが、2000年に資源有効利用促進法と名称変更し、廃棄物の発生抑制（リデュース）、部品などの再使用（リユース）対策なども目的に追加している。1995年にできた容器包装リサイクル法では、市民・自治体が容器包装ごみを分別収集した場合、それをリサイクル（再商品化）する義務を事業者側（容器包装材の製造・使用事業者）が負う。さらに事業者責任の重い法律として、家電リサイクル法や自動車リサイクル法が成立している。

12.3.1 アルミ缶とガラスびんのリサイクル

アルミニウムは、ボーキサイトというオレンジ色の鉱石を原料にしている。ボーキサイトから、アルミナ（アルミの酸化物）をとり出し、さらに電気分解によってアルミニウムをつくる。これを型に入れて固めたものが、アルミニウムの新地金である。アルミナからアルミニウムをつくるときに行う電気分解には、たくさんの電力が必要だが、一度アルミニウムの新地金をつくってしまえば、リサイクルをして再生地金にするときに使う電力は、新地金をつくるのに比べてわずか3%ですむ。また、アルミ缶はアルミ缶へ、何度でも繰り返してリサイクルできる（Can to Can）。2011年のアルミ缶のリサイクル率は92.5%、Can to Canのリサイクルは64.5%で、2005年以降大きな変化はない（図12-4）。

アルミ缶のリサイクルは、自治体でガラスびん、スチール缶とともに混合回収→リサイクルセンターで手選別・磁選およびプレス→回収業者へ→問屋でシュレッダーにかけて鉄を磁選で除く→再生地金メーカーでアルミニウム二次合金にする、という流れになっている。

ガラスびんは、大きく「リターナブルびん」と「ワンウェイびん」に分けられる。ビールびん、一升びんや牛乳びんのように、回収して繰り返し使うものが「リターナブルびん」で、20回から25回ほど使われる。ワインびんなどのように一度の使用で捨てられるのが、「ワンウェイびん」である。新びんの生産量はリターナブルびんが約2割で、ワンウェイびんが約8割である。

消費者が軽いプラスチック製・紙製の容器や販売店への返却の要らないワ

ンウェイ容器等の他容器を選ぶので、リターナブルびんは徐々に減っている。日本酒や焼酎・調味料のメーカーでも、ワンウェイびんや紙パックへ、ペットボトルへ切り替えるなど、リターナブルびん使用を減らすケースが増えている。

使い切ったリターナブルびんやワンウェイびんは、回収後、細かく砕いてカレット（くずガラス）にする。カレットは、新しいガラスびんをつくるときの原料の一部になる。カレットだけではもとのガラスにはならないので、新しいガラスに、50〜60％のカレットを混ぜてガラスに戻す。しかし、色

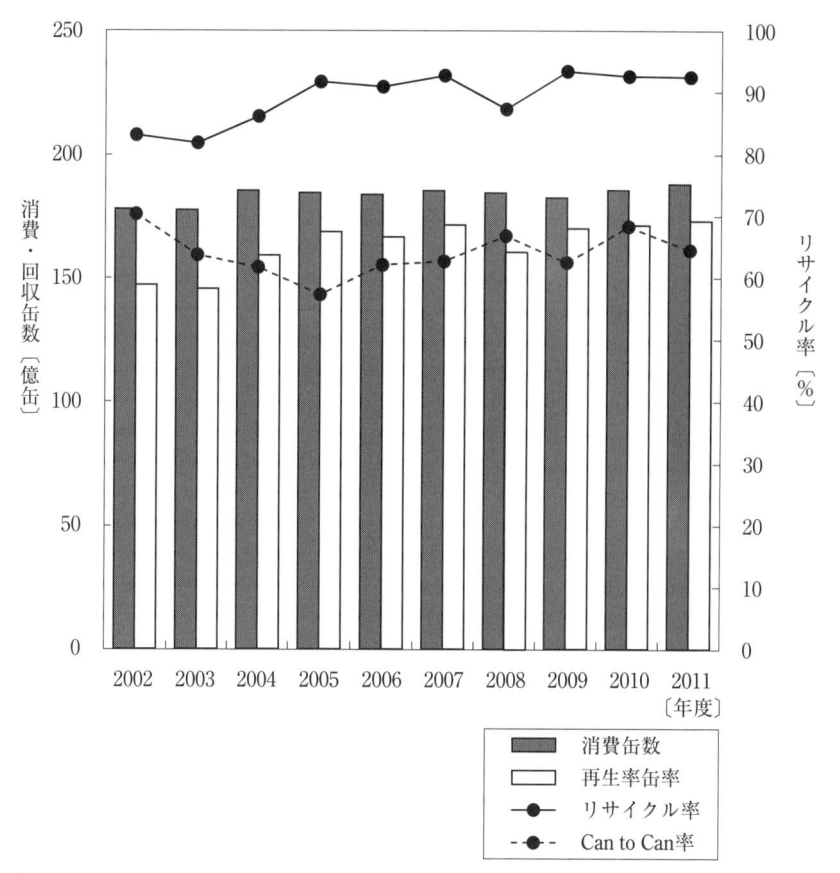

（出典）アルミ缶リサイクル協会ホームページ，2011年度飲料用アルミ缶リサイクル率報告書をもとに筆者作成

図12-4　アルミ缶の消費・回収缶数とリサイクル率およびCan to Can率の経年変化（2002-2011年）

12.3　ごみの再資源化………173

の異なるびんをまぜてカレットにすると、つくったびんは色が濁り、価値がなくなってしまうので、ワンウェイびんを回収するときは色別に分別収集する必要がある。

12.3.2 プラスチックのリサイクル

プラスチックリサイクルの手法は、マテリアルリサイクル、ケミカルリサイクルおよびサーマルリサイクルの3つに、大きく分けることができる。

マテリアルリサイクルとは、廃プラスチックをプラスチックのまま原料にして新しい製品をつくる技術である。ケミカルリサイクルとは廃プラスチックに、熱や圧力を加え、もとのモノマーなど基礎化学原料に戻してから、再生利用することをいう。サーマルリサイクルとは、廃プラスチックから熱エネルギーを回収して利用することである。ペットボトルや発泡スチロールなどは、日本では主にマテリアルリサイクルでリサイクルされている。ペットボトルとその他のプラスチックには識別マークが付けられている(図12-5)。ペットボトルのリサイクル率は2011年には85.8%で、国内と海外での再資源化量はほぼ同じである。

プラスチック容器といえば、ペットボトルや食品トレー(PSP他)などがあるが、年々、回収し再生される原料の量が増加し、その需要確保には大きな労苦が発生している。それならば元と同じ製品に再生すれば、需要確保への苦労は少なくなるわけである。元の製品と同じものに再生することを「水平リサイクル」というが、工場での製造時に出た規格外品や端材を利用した「プロセスリサイクル」と違い、使用済み製品を回収し再生する「ポストコ

PETボトル識別表示　　　プラスチック製容器包装識別表示

図 12-5　ペットボトルとその他のプラスチックの識別マーク

ンシューマーリサイクル」では、異物混入などもあり、概して石油から作った新原料より再生原料の品質が劣るなどの問題も発生している。

　プラスチック容器の水平リサイクルに道を開いたのは、食品トレーメーカーのエフピコで、1992年、自主回収した使用済みPSPトレーを原料にした再生トレー（エコトレー）を開発し販売を始めた。エフピコのエコトレーは、スーパーや自治体との協働による自主回収ルート構築によって排出ルールの徹底に努め、かつ芯に再生原料を用い、食品に触れる外側に新原料から作ったPSPフィルムをラミネートし、「食品衛生法」の規格基準をクリアした。

　ペットボトルにおいても、化学分解法による「ボトルtoボトルリサイクル」の技術がすでに開発されており、化学メーカーの帝人ファイバーは、回収した使用済みペットボトルをポリエステル原料のDMT（テレフタル酸ジメチル）とEG（エチレングリコール）に分解し、DMTをさらにボトル用ペット樹脂原料のTPA（テレフタル酸）に精製する技術を確立し、2003年11月より山口県の徳山事業所（周南市）において操業を始めた。このシステムは回収したペットボトルを分子レベルにまで分解することで、石油から精製した新原料と同等以上の高純度原料を得ることができ、省エネルギー効果でも石油からDMTを生産した場合と比べ84％削減、二酸化炭素排出量では77％削減できる。しかし、中国などの使用済みペットボトルの需要が急増したことにより、使用済みペットボトルの入手が困難となり、2008年から休止している。リサイクル設備は、使用済みペットボトルから新たなポリエステル繊維を再生する「ボトルto繊維」に転活用している。

12.3.3 **家電製品、自動車などのリサイクル**

　2001年4月より家電リサイクル法が施行され、テレビ、エアコン、洗濯機、冷蔵庫の4品目のリサイクルが義務付けされた。これは、消費者が廃棄時にリサイクル料金を負担し、製造業者がリサイクルするというものである。2003年10月1日にはパソコンリサイクル法（資源有効利用促進法）が施行され、この法律施行前に販売されたパソコン、ディスプレイは、テレビなどと同様に消費者が廃棄時にリサイクル料金を負担し、製造業者がリサイクルすることになった。パソコンリサイクル法の施行後に発売されたパソコン、ディスプレイには、あらかじめ販売価格にリサイクルのための費用が上乗せ

されており、その印としてPCリサイクルマークが取り付けられている。このマークがついているパソコン、ディスプレイは廃棄時にリサイクル費用を負担する必要はない。

　図12-6にテレビとパソコンがどのようにリサイクルされるかを示す。テレビは、家電リサイクル法で55%以上のリサイクルが義務付けられており、まず手作業で分解され、ブラウン管、基板類、キャビネット類（外枠など）などに分けられる。ブラウン管は、画面を表示する前面のパネルガラスと、後部の円錐型をしたファンネルガラスに分別し、リサイクルされる。キャビネット類などプラスチック製の部材は破砕されて、プラスチック原料として

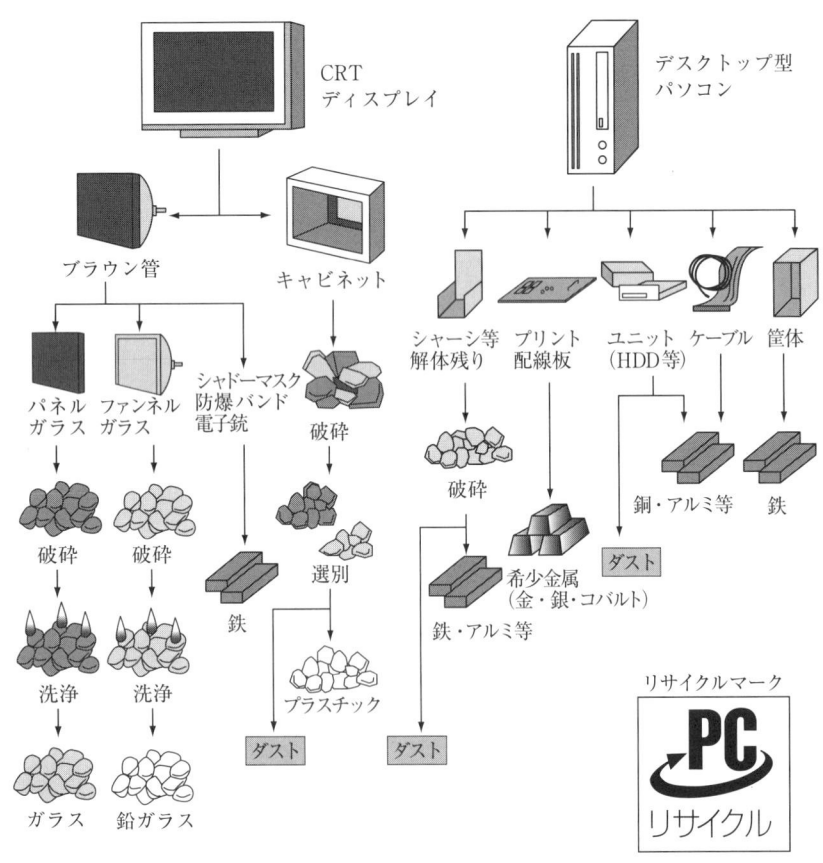

（出典）左巻健男ほか：ごみ問題100の知識，p.149，東京書籍，2004をもとに作成

図12-6　テレビとパソコンのリサイクルフロー

リサイクルされる。

　パソコンの CRT ディスプレイは、テレビと同様にリサイクルされる。パソコン本体は金属部品、プラスチック部品、プリント板、ユニット部品(ハードディスクドライブなど)に分け、金属部品、ユニット部品を破砕した後、鉄、アルミニウム、銅などに分け、それぞれの金属原料としてリサイクルされる。プラスチック部品は同じ種類のプラスチックに分類した後、プラスチック原料として再利用される。メモリなど半導体回路には金、銀、パラジウムなどの貴金属が使われているので、これらを回収し、残渣が路盤材などに再利用される。

　2005年1月からは自動車リサイクル法が完全施行となり、従来のリサイクルシステムで問題になっていたシュレッダーダスト、フロン類、エアバッグ類について、新たにリサイクル対応されている。

　リサイクルが製造業者に義務づけられたことから、リサイクルを考えた製品設計・開発の重要性が認識されるようになり、製品を分解・分離しやすくする、部品の点数を少なくする、リサイクルしやすい部品・部材を使う、長寿命化するなどの工夫がなされるようになっている。製品が環境や資源に与える各種の負荷(環境負荷)を、製品のライフサイクル全体にわたり評価しようという試み、ライフサイクルアセスメント(Life Cycle Assessment；LCA)の手法により、省エネルギー、省資源で環境負荷の少ない製品作りが評価されるようになっている。

(京都工芸繊維大学　環境科学センター　教授　山田　悦)

第13章
エネルギー問題

「現在、最も重要なエネルギーは何ですか？」と問われれば、それは「石油です」と答えるしかないであろう。近年は、新エネルギーなどという言葉も聞かれるが、それらでさえ現状では石油なしでは成り立たないと言っても過言ではないからである。石油は液体で取り扱いやすく、固体の石炭や気体の天然ガスと比べても、持ち運びも容易であり、使いやすい。しかも、自動車や汽車、汽船、飛行機にも使え、もちろん発電にも使えるなど、何にでも使える最高のエネルギーなのである。ちなみに、石炭では飛行機は飛ばないし、原子力ではほとんど電気を作るだけである。電気も確かに大切なエネルギーではあるが、例えば日本では、全エネルギーの中で電気エネルギーの占める割合は3割ほどに過ぎない。

13.1 エネルギー問題とは何か

現在の先進国の経済や生活は、石油、石炭などの化石燃料を消費することで成り立っているといっても過言ではない。この化石燃料という名前は、太古の動物や植物が変化を受けて石油や石炭に変化したと考えられているからであるが、これはあくまでも仮説であり、証明されたものではない。とはいえ、何から生成していようと地球に存在する量に限りがあり、このまま使い続ければいずれはなくなってしまうだろうということは容易に想像できる。20年ほど前から、あと40〜50年で枯渇するという予測がまことしやかにささやかれている。しかも世界中で、経済発展を目指して年々使用量を増やしているため、枯渇がさらに早まる可能性があるともいわれている。

エネルギー問題の難しさは、この限りある資源、石油中心の世界におけるエネルギー情勢という課題に加えて、人間の経済活動の拡大が及ぼす自然への影響が自然の許容量を超えつつあるという、地球環境面からの制約が強まってきたことにある。今、世界各国は、このエネルギー供給の安定性をいかにして確保していくかを問われているのである。

ただ、一般的に言われているように、あと数十年で石油が枯渇するかどう

かは容易にはわからない。あとで述べるように、エネルギーや資源量を扱うときには、わざわざ『確認』埋蔵量というわかりにくい数字が使われるからである。だから石油にしても、40年も前からあと30年しかないとずっと言われ続け、20年前にはあと40年と言われていたのに、まだあと50年分もあるということになるのである。

13.2 エネルギーとは

ところで、ここでいうエネルギーとは、物理学でいうエネルギーということではない。

ここでちょっとしたクイズをやってみよう。物理学でいうエネルギーの問題である。

[問題] いわゆるアラブ諸国などの産油国、石炭やウランなどの産出国を除けば、どこの国が、単位面積当たりのエネルギーを一番多くもっていると思いますか？

答えは、例えばネパール。ここまでいうと、勘のいい諸君はもうわかるだろう。そう、ネパールは裏山がヒマラヤ山脈で、標高が 8,000 m を超え、最も高いエベレストは標高 8,848 m の岩山である。それを形作っている岩々がもっている位置エネルギーは相当なものであるだろう。もし崩れれば、インド洋に達するまでに多大の被害を及ぼすであろう。この問題で問うているように、単位面積当たりのエネルギーではおそらく世界で 1 番であろう。

でも、誰もネパールがエネルギー大国だとは言わない。なぜ言わないのか？ それは、いくらエネルギーがあっても、使えないエネルギーではどうしようもないからである。エネルギーは、人が容易に使えてこそエネルギーである。最近はあまり話題に上らないが、原子核融合などはそういった意味では使えないエネルギーという範疇に入るであろう。

要するに、大量に存在し、いつでも欲しいときに使うことができ、しかも容易に使うことができるエネルギーが良いエネルギーなのである。そういった面では、石油は最高のエネルギーであるということになる。

13.3 石油はあと何年分あるのか

　石油、石炭などの化石エネルギー資源は限りある資源といわれている。では、いったいあと何年で私たち人類は使い尽くしてしまうのだろうか。有限ならば、使えばいずれはなくなるのは当然だから気になるところだ。確認埋蔵量を現在の消費量で割って、あと何年分あるのかを計算したものを可採年数といい、石油は40年あまりといわれている。

　また、化石燃料に変わるエネルギーの有力候補に原子力発電があげられていたが、これに使用するウランもせいぜい70年で枯渇するといわれている。このように私たちはエネルギー問題を「資源は有限なのだ」ということを頭の隅に置きながら考えていかなければならない。

　主要資源の確認埋蔵量と可採年数は、たとえば図13-1のようにいわれている。ただ、こういった数値はさまざまな場所でさまざまな機関によって報告されており、この図もいくつも発表されているうちの一つの例と考えればよい。

　この図を見ると、すでに主役の座を石油に譲った石炭はまだ多く存在しているが、次代の主要エネルギーと期待された原子力発電に使うウランには、さほどの可採年数がないことがわかる。だから原子燃料サイクル（プルサーマル）という使用済み燃料を繰り返し使える体制の確立を急ぐという考えが

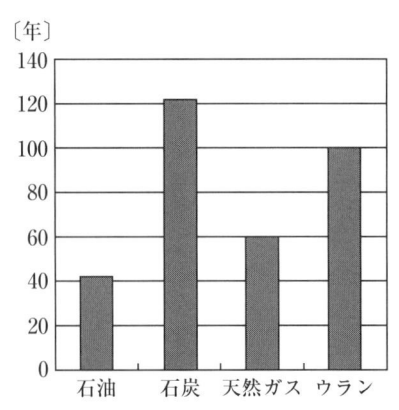

（出典）資源エネルギー庁ホームページより（世界エネルギー事情2010）

図13-1　主なエネルギー資源の可採年数

あるが、2011年に東京電力の福島第一原子力発電所で起きた事故により、原子力発電は運用上、非常に危険な側面があることが誰の目にも明らかとなった。

13.4 確認埋蔵量と可採年数

地下に存在する石油や天然ガスなどの埋蔵量は、油層内に存在する油の総量を「原始埋蔵量」とし、技術的・経済的に生産可能なものを「可採埋蔵量」という。石油連盟によれば、この量は通常「原始埋蔵量」の20～30%程度ということで、そのうち、もっとも生産が確実視されるものを「確認埋蔵量」といっている。

エネルギー資源の問題で、いつも話題となるのは確認埋蔵量である。しかしこれは今の技術において、そのコストを考えながら経済的に見合う埋蔵量のことであるということを示している。ということは、技術の進歩や価格の変動によって、その量も大幅に変わる可能性があることになる。また最近の北米でのシェールガス革命のように、技術の革新はそれまで手をつけることができなかったところでも採掘を可能にする。確認埋蔵量は地球全体の本当の埋蔵量のごく一部なのかもしれないのである。

そして可採年数とは、その年の年末の確認埋蔵量をその年の生産量で割った数値である。確認埋蔵量そのものが埋蔵総量のごく一部であってどうにでもなる量なので、その年数で石油が掘り尽くされるわけではない。だから、まだ、あと200年分ぐらいあるかもしれないという説も出てくるのである。

13.5 変遷する石油の可採年数

現在の私たちの経済や生活は、石油、石炭、天然ガスといった化石燃料を消費することで成り立っている。これは日本だけではなく世界中どこでも同じことである。次世代のエネルギーと目されていた原子力発電にしても、その建設に膨大な石油がないと成り立たない。電気で動く重機はまだ登場していない。

この限りある化石燃料は、使えばなくなってしまうことは自明のことである。資源エネルギー庁によると、2010年現在、世界中の原油の確認埋蔵量

を現在の使用量で割って得られる可採年数は42年ほどだという。このままのペースでいくとあと50年ももたずに枯渇することになる。地球上のすべての人が現在のアメリカなみに消費すればあと5年、日本なみに消費すればあと10年ということであるが、最近では中国、インドをはじめとする大国の使用量が大きく伸びてきている。

巷（ちまた）でよくささやかれるシナリオは、もしある国の原油が枯渇すれば、産油国（OPECなど）が大幅に生産量の抑制、輸出の削減を行い、それによって世界経済が大混乱、崩壊するというものである。今、中国をはじめとする新興国や発展途上国が経済発展のために使用量を増やせば、もっと早く枯渇するかもしれない。しかも、埋蔵量の少ない産油国ではあと20年で枯渇するという説もあるのである。

しかし可採年数というのは面白いもので、時代とともに推移しているのが実情である。現在の可採年数が42年でも10年後は32年であるとはいえないのである。また逆に20年前には62年であったというのでもない。

では地球には、本当はいったいどれだけの石油があるのだろうか。

可採年数の算出で使う確認埋蔵量だが、この「確認」という言葉が実は曲者なのである。「確認」という単語を使われると、ふつうの人は「今のところ、存在がわかっているのはこれだけだ」と素直に受けてしまいがちである。しかもここで、「あとどのくらいあるのですか」と聞いても「未確認だからわかりません」と言われるのが落ちである。石油の売買も商売だから、「石油はたくさんある」とは口が裂けても言えないだろう。あまりに供給量が多いと値段が下がってしまうからである。逆に、あまり「少ない、少ない」と発表したのでは、石油離れが起こるかもしれない。だから、ちょうど手ごろな、適当な数値を公表しているのではないかという感がしてくる。だからかどうかはわからないが、何十年も前から「あと40年」という数値が出ているように思える。

新しい大油田が発見されたといったニュースも聞かないのだが、1998年末のデータでは、確認埋蔵量は約1兆350億バレル、可採年数43年（石油連盟）だったのが、2005年では1兆2,900億バレル、可採年数49年（石油情報センター）となっている。この増え方だから、石油は、おそらくまだまだたくさんあるのだろうと思ってしまっても無理はないだろう。

13.6 日本のエネルギー事情

　日本のエネルギー自給率は、資源エネルギー庁によると主な国の中で最低（原子力を含まない計算で約 4%、原子力を含める計算で 19%）であるとされており、最も危険だといわれている（ウランも国産ではないので、自給率 4% が妥当なところであろう）（図 13-2）。

　今、石油の輸入が削減されると日本国中はおそらく大パニックに陥るだろう。日本は、電気、自動車、物資や食糧の輸送など、経済や生活のすべてが石油に大きく依存している。普段は意識することはないが、石油とは無縁のように感じられる農業でさえも化学肥料、農薬、機械化に頼っている。1970 年代のオイルショックのときにわが国は痛感したのだが、石油の削減は大打撃であり、石油の輸入削減は致命的なのである。

　日本のエネルギー消費量は、資源エネルギー庁がまとめているエネルギー需給実績で報告されており、2004 年に過去最高を記録したといわれている。この年の国内の最終エネルギー消費は 16,043 ペタジュール（ペタジュールはジュールの 1,000 兆倍、[PJ]）であった。2008 年度以降、ややエネルギー消費量が下がったが、オイルショックのあった 1973 年以降、日本の GDP の増加と相まってその消費量も順調に増加してきた。

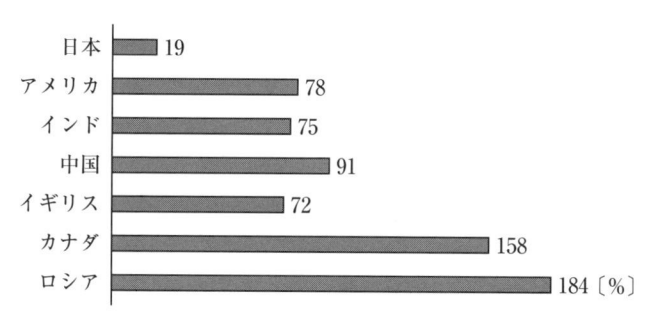

国	自給率
日本	19
アメリカ	78
インド	75
中国	91
イギリス	72
カナダ	158
ロシア	184 [%]

（出典）OECD/IEA「エネルギー白書 2011」（第一章），一般社団法人海外電力調査会ホームページをもとに筆者作成

図13-2　各国のエネルギー自給率の例（2010年、原子力を含む自給率）

13.7 エネルギー問題と地球温暖化

　この化石燃料を中心とするエネルギー問題は地球温暖化問題と結びついて

いる。まるで「風が吹けば桶屋が儲かる」という諺のような論法だが、「化石燃料が大量に消費されることで、大気中の二酸化炭素の濃度は急激に増加する。それによって地球温暖化が起こり、異常気象、海面上昇、洪水、食糧不足、環境難民増加など重大な問題が起こるだろう」といわれているのだ。これを回避するため、国連の IPCC 報告では、「二酸化炭素排出量を早急に 60～80％ 削減の必要あり」と警告している。

そして、「だから原発が必要なのだ」とまことしやかに述べられてきた。ひょっとしたら、このことが言いたいために地球温暖化説と二酸化炭素原因説が出てきたのかもしれないという疑いもある。たしかに、原子力発電ではウランの核分裂で生じる熱を利用するので、発電中のみに限れば CO_2 はでない。しかし、建設から放射能廃物の処理までの過程をすべて計算すると、結局は膨大な量の石油が必要とされることがわかる。それでも、2011 年 3 月 11 日の東日本大震災の津波によって、東京電力福島第一原子力発電所の事故が起きるまでは、『原子力発電は、発電中は二酸化炭素を出しません』という詐欺のような広告がまかり通っていた。『発電中は』という文が入ると、先の文章はさほど間違ってはいないことになる。でも広告主は、核分裂で CO_2 が出ないことをわざわざ言う必要はなかったはずである。この宣伝で、原子力発電全体でも CO_2 が出ないのだと錯覚するのを期待していたかのように聞こえる。

13.8 原子力発電について

現在ではどちらかというと厄介ものになっていると言ってもいいかもしれないが、原子力発電はかつて、「夢のエネルギー」とよばれたことがあった。「夢の…」といわれるものほど、あとで良くないことがわかるものも多いようである。DDT や PCB、それにフロンなどはみな「夢の…」という形容詞がついていたが、現在ではすべて悪者になっている。

ここでは世界的な動向を含めて、この原子力発電について改めて考えてみたい。

現在では、世界中に約 500 基、日本には 50 基（2013 年 9 月現在）の原子力発電所が存在する。

原子力発電といっても特別な発電法をするのではなく、火力発電と同じよ

うに水を沸騰させてタービンを回して発電する。タービンが回れば、あとは自転車の発電機と同様に電気をつくりだすことができる。火力発電所では石油を燃やすが、原子力発電所ではウランが核分裂したときに発生する熱で水を沸騰させるのである。

石油は有限なので枯渇することが予想されるが、代替エネルギーとして核燃料を利用すると、理論上は（あくまで理論上であるが）無限に近いエネルギーが取りだせると考えられていた。

しかし、実験施設もんじゅの経緯をみてもわかるように、使用済み核燃料を繰り返し使う原子燃料サイクル（プルサーマル）は明らかに行き詰まっている。原子力発電では必ず放射能を含んだ廃物が出る。それが最大の欠点なのである。日本の普通規模の原発1基(100万kW)を1年間運転すると、200万世帯で使用する電力が得られる。しかし、それとともに、放射性廃物（死の灰）が約30トン（広島型原爆約1,000発分）発生し、原爆の原料になる放射能物質プルトニウム（長崎型原爆約50発分）ができる。そして、やっかいなことに、人類はまだ放射能を消すことができないのである。

13.9 原子力発電の問題点

原子力発電の燃料となる核分裂性のウラン235は、天然ウランの中にたった0.7%しか含まれていない。このわずかなウラン235のみを原料とするなら、いずれは枯渇してしまうのは目に見えていた。それでは原子力発電にはさほどの将来性はないはずであったのだが、このウラン235を核分裂させたときに飛び出す中性子を、燃えないウラン238に照射すると核分裂性のプルトニウムに転換できる。このプルトニウムを原子炉の使用済み燃料から抽出して高速増殖炉で燃やせばウラン資源を100倍ほど有効に使える。もしウランが100年分しかなかったとしても使い切るまでには100年の100倍で1万年分のエネルギーが得られる、ということになった。こうして原子力発電は、1960年代に未来の夢のエネルギーとして脚光を浴びたのである。

しかし、そこには技術的に大きな問題点があった。大量の金属ナトリウムを使わなければならないのである。中学や高校の実験で見た人も多いだろうが、金属ナトリウムは水に触れると爆発し、空気に触れても激しく燃える。これが漏れだせば、大爆発や火災によって放射能が漏れだす危険性があるの

だが、すでに福井県敦賀市にある高速増殖炉「もんじゅ」ではこの事故が起こっている。

このようにプルトニウムの利用は技術的、経済的、さらには社会的に非常に困難であるので、世界各国は高速増殖炉から撤退していった。プルトニウムの語源である Pluto は冥王星と同じで「黄泉の国」を表す。誰が名づけたのだろうか、なんとなく不吉な命名である。

問題は技術的なものにとどまらない。原子力関連施設がテロリストの標的になる可能性は大いにある。2001年アメリカの9.11同時多発テロ事件の後も原子力発電所が狙われているとうわさされた。これから原子力関連施設をテロリストから守るためにきわめて厳しい核防護システムを市民に課すことになるだろう。

こうなってくると国民すべてを監視するシステム（総背番号制など）や、プルトニウムに関する情報を完全に秘匿したりといった具合に、個人情報の管理や情報公開の原則が守れないなど、民主主義の基本に背く結果になってしまうのである。

13.10 核廃棄物の問題

2011年3月11日、福島県にある東京電力の原子力発電所事故の、その後の核燃料や核廃棄物の経緯については諸君もある程度は知らされているだろう。

私たちは、例えばこのやっかいな核廃棄物を最終的にどう処分するかという問題一つに対しても、いい方法を見つけることができないでいる。これは日本のみならず世界を見渡してもそうなのである。

また核廃棄物の管理コストは非常に高くつく。このことを考えるとコストが非常に高くなるので、採算が合わないという計算も報告されだしている。さらに、いわゆる温暖化防止策としての原子力発電であったはずだが、原子力発電所の建設、ウラン鉱石を燃料に加工、保管するためなどに使用されているエネルギー源が石油であることを考えると、この策は成立しないということになる。

それだけではない。原子力発電所の寿命は40年といわれている。壊して廃棄するにしても、その際に出る膨大な核のゴミのために大変なことになる

のは目に見えている。核廃棄物の最終処分の場所すら確定できていないのである。しかも廃炉の方法はまだ研究中である。日本政府は原子力発電所の寿命を、まだ使えるという理由で延長している。コンクリートの建築物に何年の耐久性があるかということを考えると、怖い話である。

13.11　チェルノブイリ事故のその後

　2006年4月はあの有名なチェルノブイリ原子力発電所の事故から20年の節目であったため、新聞などにも関連記事が載っていた。それによると、閉鎖されたチェルノブイリの発電所の管理のためにいまだに3,000人という大勢の人が働いているということである。しかも、事故原発を覆った鉄筋とコンクリートの構造物（『石棺』と呼ばれているらしい）がたった20年で老朽化し、ウクライナの大統領は新たな石棺建設のための国際支援を呼びかけている。8億ドルから14億ドルとされる建設費に加えて、被災者救済に財政負担を強いられていて、とても一国ではまかなえないという。

　ウラン235の半減期は約7億年といわれている。プルトニウムは2万4,000年である。半減期という単語はマジックのように使われているが、この数字の2倍で消えてなくなるわけではない。半分の半分、すなわちまだ4分の1が残っているのである。いずれにしろ、気の遠くなるような長い期間、これからずっとこの事故を起こした原発の跡地を多くの負担と犠牲を払って管理しなければならないのである。

13.12　使用済み核燃料の中間貯蔵施設

　原子力発電において最も懸念される点は、使用済み放射性廃棄物の処理問題である。人間は放射能を消すことができないので、自然に消えるまでの気が遠くなる機関、貯めておくしかない。その原子力発電所の貯蔵プールからあふれた使用済み核燃料を一時保管する中間貯蔵施設計画が、2001年から動きだしている。

　そもそも使用済み核燃料は、冷却するために原発敷地内にある貯蔵プールに3～5年ほど保存される。2007年初頭の時点で、10,000トンほど貯蔵されている。国策会社である日本原燃が青森県六ケ所村に建設中の再処理工場の

年間処理能力は、一年に最大800トンで、福島第一発電所の事故で原発の稼働が止まるまでは毎年約900トンずつ出ていた使用済み核燃料は、今後もずっと溜まる一方だったのである。

さらには、使用済み核燃料とウランと混ぜて原発で燃やすプルサーマル計画は、燃料加工を委託しているイギリス企業の検査データ改ざん問題が起こったために大幅に遅れている。またプルトニウムを使う高速増殖炉「もんじゅ」が事故で停止していて、当分は稼動できない。

日本は全量再処理の方針を変えていない。「中間貯蔵施設」は、国のこうした行き詰まりの急場しのぎとして登場した。再処理で取り出したプルトニウムの行き場はないのだ。さまざまな行き詰まりの中で、2000年末に改定した原子力開発利用長期計画では高速増殖炉への取り組み姿勢を一歩後退させたようである。

では、世界ではどうなっているのだろう。日本のこのような原子力政策に対し、カナダ、アメリカ、スウェーデンなどは、使用済み核燃料を再処理せずにそのまま直接処分することにした。アメリカは、ネバダ州の地下に使用済み核燃料の最終処分場をつくる計画を2002年に正式決定していたが、2009年にオバマ大統領が中止を表明し、未だに建設のめどは立っていない。

一方、ドイツは、一時貯蔵をしていたが、国の原子力政策が一変した。2000年に政府と電力業界は原発の運転を平均30年間で段階的に停止することで合意した。再処理も2005年に止め、使用済み燃料はそのまま直接処分することになった。隣国スイスも同様に原子力から撤退を決めた。

13.13　水力発電の世界的な現状と一つの結末

水力発電は自然にやさしいというイメージがある。自然の恵みである雨をダムに溜めて、高いところから、その水を落とすという位置エネルギーで発電するのだから、煙もでないし、自然にやさしいなどと思っている人も多いだろう。

しかし、歴史的にみると、思わぬところで自然環境に与える負荷が大きく、経済性にも問題があったようである。そしてダムは、その象徴でもある。ダムをつくったせいで、それまでの人々の生活が一変したという例をアラル海の消滅に見ることができる。

アラル海は、中央アジアのカザフスタンとウズベキスタンにまたがる塩湖で、かつては世界第4の大きい湖であった。小さな地球儀でもはっきりと書かれているほどであった。ちなみに琵琶湖は、地球儀では見えない。つい30年ほど前まで漁業が盛んで、中央アジアでは最も栄えた漁港があった。
　そんなアラル海であったが、旧ソ連時代に、流入するアムダリア川とシルダリア川にダムをつくり、その水を小麦や綿花の灌漑事業に使いだしたため、アラル海に流入する水量が減って、湖が干上がりだした。現在では、面積も4分の1になり、塩分も濃くなって年間44,000トンの水揚げがあった漁業も崩壊した。人々はその地を去って長らく栄えた港町の文化も消滅したのである（図13-3）。
　同じようなダムの失敗例として、エジプトのアスワンハイダムを挙げる人もいる。
　昔は、エジプトの肥沃な農地は、ナイル川が上流から運んでくる泥土によって支えられていた。「エジプトはナイルの賜物」といわれたほどである。このナイル川は毎年決まった時期に氾濫する。そして水が引いた後には、よく肥えた土地が残されたというわけである。
　ところが1970年になって、ナイル川の河口から900 kmのアスワンという町に巨大なアスワンハイダムがつくられた。洪水を防ぎ200万kWを超える能力をもつダムは、当時のエジプトの未来に明るい希望の光を灯すと期待された。
　ところが、たしかに、ダムができてみると洪水が起こらなくなったが、伝統的な灌漑用水路が使えなくなった。また、それまで上流からの養分に富ん

図13-3　湖だったアラル海の水が干上がって、湖底に取り残された船の残骸の風景

だ泥土が農地に運ばれなくなった。そのためエジプト政府は新しい灌漑水路を作ったり、化学肥料をつくるための工場を建設しなければならなくなったのである。皮肉なことに、この化学肥料を作るための電力は、アスワンハイダムで発電される分を使うことになり、結局何のためにダムで発電するのかわからなくなってしまったという話もある。

そのうえ、洪水が起こらないために下流では土の中から塩分が染みでてくる塩害が起こるようになったり、土砂が運ばれないために首都カイロがある河口のデルタ地帯が消滅する危険性まででてきたのである。

アメリカは1992年にすべてのダム建設中止を決定した。多くの先進国は政策転換に踏み切っているのだ。また先進国の多くは発展途上国のダム建設を支援していない。

一方、日本は、徳島県細川内ダムなど約10基のダム建設の中止が決定したが、建設中、建設予定のダムがまだ約380基もあるという。

13.14 新しいエネルギーについて

「新エネルギー」とは、1997年に施行された「新エネルギー利用等の促進に関する特別措置法」において、「新エネルギー利用等」として規定されており、「技術的に実用化段階に達しつつあるが、経済性の面での制約から普及が十分でないもので、石油代替エネルギーの導入を図るために特に必要なもの」と定義されている。その施行令では、①バイオマス、②地熱、③風力、④小さい水力、⑤太陽光などの利用が定められている。

さて、新エネルギーが新しい有用なエネルギーとして認められるためには、最低限の必要な条件がある。それは、新しいエネルギー供給システム全体の環境負荷が、現行のエネルギー供給システムよりも明らかに軽減されなければならないということである。新しいシステムの背景にあるすべての環境負荷や、社会的インフラをふくめたすべての追加資源、エネルギーにまで言及する必要があるということである。これを数式で表すと、

$$産出エネルギー量 \div 投入エネルギー > 1$$

となっていることが最低限の必須条件である。実際には、1をわずかに超えたくらいではほとんど意味がないが、これが ≤ 1 の場合は完全に『論外』と

いうことになる。

　投入エネルギーを算出することはなかなか難しいが、一般に工業生産物の場合、そのコストが高いということはそのシステムが資源、エネルギー浪費型だということを意味している。

　一例として太陽光発電を挙げると、30年ほど前に一度注目され、また最近再び取り沙汰されているが、太陽光発電のネックは発電コストが高いことだといわれている。新聞紙上でも「通常の2倍近い発電コストがかかるため、採算が取れるかが課題…」などと紹介されるほど、コストがかかる。言いかえると、発電のためにこれまでよりも大量のエネルギーが必要だということになり、貴重なエネルギーを無駄にしていることになる。

　同じように、風力発電も発電コストが高いといわれていて、エネルギーを無駄にしていることになっている（13.15参照）。単純に、「太陽や風で発電しているから、CO_2を出さないクリーンエネルギーである」といったことにはならないのである。

　資源エネルギー庁はホームページで、新エネルギーの長所として次のようにいっている。

　「CO_2の排出が少ないこと等環境へ与える負荷が小さく、資源制限が少ない国産エネルギー、または石油依存度低下に資する石油代替エネルギーとして、エネルギーの安定供給の確保、地球環境問題への対応に資することから、持続可能な経済社会の構築に寄与するとともに、さらに新エネルギーの導入は新規産業・雇用の創出等にも貢献するなど様々な意義を有している。」

　確かに、各エネルギーのいいところだけを取り上げれば、どれもこれも長所だけになってしまう。でも、そのようにうまくいかないのが現実である。

　石油代替エネルギーとして提案されている技術の多くは、既存システムに比べて変換過程が複雑になっている。科学的にいえば、過程が増えれば増えるほどロスは増えるのであって、これが根本的問題なのである。

13.15　風力発電はどうなのか

　最近は自動車で日本各地を回っていくと、突然巨大な風車が目の前に現れ、驚くことがある。風力で発電をするために作られた設備であるが、巨額の資金をつぎ込んでいるはずなのに、あまり景気よく回っていない羽根を見ると

大丈夫かなという気がしてくる。

　世界の風力発電の状況を見ると、2010年度末では設備容量が世界全体で194.4 GW（ギガワット）で、この1年で約22%増加したという数字がある。主な国を挙げると、中国42 GW、アメリカ40 GW、ドイツ27 GW、スペイン21 GW、インド13 GWという順になるという。日本ではNEDO（新エネルギー・産業技術総合開発機構）によると、2012年度末で1900基あまり、総設備容量は約264万kW（2.64 GW）である（図13-4）。なお、これらの数字は設備容量であるので、ほんとうにこれだけ発電しているかどうかは疑問である。とはいえ、風力発電所の数は徐々に増えており、業界団体では2020年には760万kWまで増やそうとしている。

　1997年に新エネルギー法が成立し、自治体、民間対象の風力発電機設置の補助事業が始まった。自治体の場合、最大補助率は50%である。さらに1998年には電力各社が「事業者用（売電業者）風力発電購入メニュー」を提供し、17年間は一定価格の約11円50銭/kWhで風力発電による電力の買い取りが保証されたのである。風力発電所の数がこれまで増加した最大の理由は、国や電力会社による普及支援策が整備されたためだといえよう。

　企業関係者は、「補助とともに電力の買い取り価格と期間さえ決まれば、事業として十分成立する」という。要するに、補助金と高い買い取り価格が事業化の必須条件となっているのである。ということは補助金がなく、電力会社が高く買ってくれなければ、事業として成り立たないということである。

　少し古いデータであるが、NEDOによる1993年の調査によれば、日本全国で風力発電用風車を70,481基設置することが可能だということであった。

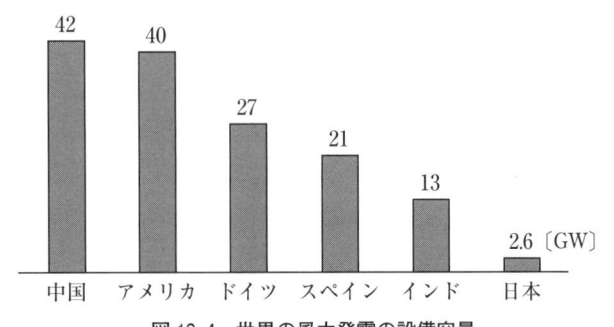

図13-4　世界の風力発電の設備容量
（日本は2012年末、他の国は2010年末の数字）

一基の定格出力が 500 kW の風車でも、すべて設置すれば約 3,500 万 kW の電力が得られるという計算にはなるが、風のエネルギーを奪ってしまうと、これまで吹いていた風が弱まって別の環境問題が起こる可能性も十分考えられる。風力発電所の後ろの方にはあまり風が吹かなくなるからである。そのうえ、改良されたとはいえ、風力発電では風車の回る音がうるさいという。今でも騒音問題を引き起こしている。

　基本的に風力発電は「風まかせ」である。風が吹いてほしいときに吹かないかもしれないし、強く吹きすぎてもダメだという。また、落雷に遭うと億単位の修理費が飛んでいくという。京都府北部に太鼓山風力発電所をもち、経営の収支を良心的に公表している京都府企業局のホームページによれば、単年度で見ても売電価格が営業費用を下回って赤字であり、莫大な建設費の回収など到底おぼつかないようである。莫大な赤字を抱えたまま、これ以上赤字を増やさないために、風車の撤去が検討されているという新聞報道もある。

　一般の人は、自然に吹いている風をタダで利用するのだから風力発電は環境のためにいいと思っているようだが、昔からの諺のとおり、『タダほど高いものはない』ということになるかもしれない。もしほんとうにいいのなら、電気を作ることが商売の電力会社が真っ先に建設に乗り出すはずであろう。現在は、なにごとも税金で済ませられる自治体が主な設置者だというところが風力発電の本質を語っているかもしれない。

13.16　太陽光発電の今後の可能性

　太陽光発電も、風力発電と同じく、太陽が当たるだけで電気がつくれるということで、環境に関心のある人々の興味を引いている。ではこの発電方法はどうなのだろう。

　まず言われていることは、13.14 でも述べたように発電コストが高いということである。製造時に大量のエネルギーが必要であるといわれており、しかも発電効率が悪く、大電力を得ることは難しい。当然のことであるが、とくに太陽の光があたっていることが必須条件であり、夜はもちろんのこと、曇ったり雨が降っている日は発電できないし、日照時間が短い冬季も厳しい。太陽光発電の装置も家電製品であり、屋外での耐久性を考えると、稼動年数

の問題もあるであろう。表面の掃除などのメンテナンスも大変そうである。

それでもテレビのコマーシャルなどで、発電して余った電気は電力会社に売電できるといったことをセールスポイントに挙げて宣伝をしている。実は、こういった電力会社による電力の買い取りは法律で義務付けられ、価格も毎年決められていて、平成25年度の買い取り価格は約38円/kWh、前年の24年度は42円/kWhであった。

一般の家庭で使って電力会社に支払う電気代は、おおよそ20数円/kWhである。とすると、奇妙なことが起こるわけで、電力会社は電力を20数円/kWhで売って企業として成り立つためには、その電力はもっと安く作っているはずである。それを、逆に電力会社が一般の家庭から、約40円/kWhで買わなくてはいけないのである。これでは電力会社は損をする。八百屋さんが、安く仕入れて200円で売っている大根を、隣のおじさんが畑から持ってきたら400円で買わなければならないとしたら、それは変だろう。

要するに、太陽光発電も、他の発電法も、電力会社が得るよりも高い値段で買い取るという制度は、これらの発電方法が高コストであり、つまりはエネルギーを無駄にして浪費することを意味している。人類にとってはエネルギーの損失ということかもしれない。

13.17 水素エネルギーについて

水素をエネルギー源として使う方法が最近よくマスコミ等で取り上げられている。たとえば燃料電池は、水素を酸素で酸化するときにエネルギーが取り出せ、しかも廃棄物としては水しかできないので、環境にやさしい夢のようなエネルギーだと思われがちである。ところが水素というものは、実はこの地球上にはそのままでは存在していないのである。

人類は、昔はエネルギーとして薪（たきぎ）を使っていた。これは山に生えていて、切って運んできて燃やせばよかった。ついで石炭を使い出した。石炭も炭田から掘り出し、運んできて燃やせば使えた。その次は石油である。石油も油田にあって、運んできて分けて燃やせばよかった。原子力のウランも同じである。このようにこれまでのエネルギーは、地球上にあったものである。

ところが水素はどこにもないのである。ということは人間がエネルギーを使って作らなければならない。「エネルギーを作るのに、エネルギーを使う」

ということが起こるのである。しかも、物理や化学の自然科学が教えるところでは、水から水素を作るには、水素のもつエネルギー以上のエネルギー(たとえば石油)が必要である。これでは何をしているのかわからないことになる。無駄な遠回りなどせずに、はじめから石油を使っておけばいいのである。

　こういうことは常識でもわかるし、地球上では例外のない法則からも明らかなのである。文科系の諸君も理解できる話であり、詭弁に惑わされずにしっかりと考えてもらいたい。

13.18　終わりに

　新エネルギーのうちで、風力はビジネスでも成り立つという評価もあるが、資源エネルギー庁長官は、それは補助金によるものであるとし、結論としては「現状では新エネルギーが増えれば増えるほど補助金負担が増す」ともいっている。また、長期的にはともかく、短期的に新エネルギーに過大の期待を抱くことは当面の緊急問題から目をそらすことにもなりかねない。

　最近では、海中にあるメタンハイドレートももてはやされているが、これは本来気体であるメタンと水が、低温、高圧下で固まってできた氷状の物質のことである。それゆえ、どのようにしてメタンを取り出すのか、取り出した後の海底はどうなるのかなどに関しては何もわかっていないのが現況である。13.2で述べたように、エネルギーとしてはあるのだけれど、人間が使いにくいエネルギーなのである。

　今のところ、自動車も走り、飛行機も飛び、電気も作れ、暖房もできるという万能のような石油にまさる新エネルギーは見つかっていない。私たちは、この貴重な石油を大切に使わなければいけないと思う。

　　　　　(同志社大学　理工学部　環境システム学科　教授　山下正和)

第14章
環境管理など国際的な取り組み

地球環境の悪化を改善するために1992年地球サミットが開催され、環境負荷の低減、省資源、省エネルギーのため、様々な国際的な取り組みがなされるようになった。環境マネジメントシステム（ISO14001）、CSR、環境報告書の作成、排出取引およびエコロジカル・フットプリントとカーボンプリントなど環境改善のための取り組みが行われている。

14.1 環境マネジメントシステム（ISO14001）

　地球温暖化をはじめ、オゾン層の破壊、酸性雨、熱帯林と野生生物種減少などの地球環境の悪化を改善することの重要性は、世界中の人々の共通認識となっている。1992年6月に、ブラジルのリオデジャネイロで開催された国連環境開発会議（地球サミット）では、地球環境を守り持続可能な開発を可能にするための討論がなされた。地球サミットにあわせて「持続可能な開発のための経済人会議」が開催され、この会議の結論として環境に関する国際規格の制定を国際標準化機構（International Organization for Standardization；ISO）に要請することになった。ISOは、1947年に設立された非政府間国際機関で、電気工学と電子工学を除くあらゆる分野にわたって11,000余りの国際規格を発行している。本部はスイスのジュネーブにある。ISOでは、1996年10月に環境マネジメントシステム（ISO14001）、環境監査（ISO14010）、環境ラベル（ISO14020）、ライフサイクルアセスメント（ISO14040）、などに関して12の規格（ISO14000シリーズ）を制定して発行し、同時にJIS（日本工業規格）化もされた。ISO14001（環境マネジメントシステム）は、これらの規格群の中核をなす規格である。ISO14001シリーズには5年ごとの見直し原則が適用されており、2004年に法的およびその他の要求事項の順守に関する管理の強化と、品質管理のISO9001との両立性の向上のため、ISOの規格が改訂され、1996年版から2004年版規格に移行した。

14.1.1 環境マネジメントシステム（ISO）とは

ISOの「環境マネジメントシステム」を図14-1に示す。ISOの規格に規定されている環境マネジメントシステムは、PDCAサイクルの構造になっており、「環境方針」と「計画」がPlanに、「実施と運用」がDoに、「点検および是正処置」がCheckに、そして「マネジメントレビュー」がActionに対応している。このPDCAサイクルをスパイラル的に繰り返し、環境改善を継続的に遂行していくものである。

ISO14001の環境方針とは、その企業のトップ（大学では学長）が示すべき基本方針である。環境目的・目標を設定・見直すための枠組みを提供し、環境関連法規制などの順守と汚染の予防、環境方針の構成員への周知と利害関係者（ステークホルダー）への開示などが必要となる。また、計画段階で

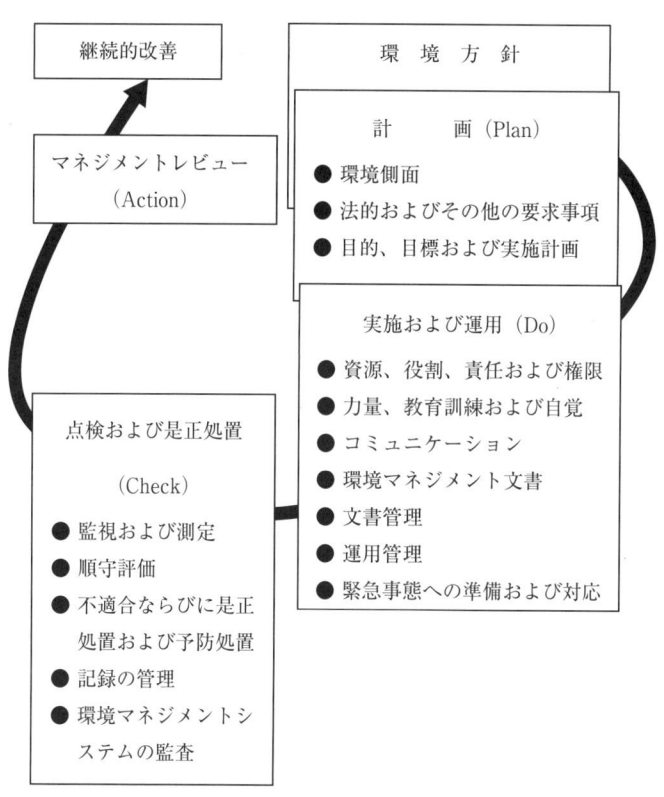

```
継続的改善
  ↑
マネジメントレビュー
    (Action)

点検および是正処置
    (Check)
● 監視および測定
● 順守評価
● 不適合ならびに是正
  処置および予防処置
● 記録の管理
● 環境マネジメントシ
  ステムの監査

環 境 方 針

  計　画（Plan）
● 環境側面
● 法的およびその他の要求事項
● 目的、目標および実施計画

  実施および運用（Do）
● 資源、役割、責任および権限
● 力量、教育訓練および自覚
● コミュニケーション
● 環境マネジメント文書
● 文書管理
● 運用管理
● 緊急事態への準備および対応
```

（出典）日本分析化学会編：環境分析ガイドブック，p.62，図2.10，丸善，2011
図 14-1　環境マネジメントシステムモデル

は、組織の事業活動や教育・研究活動に伴うすべての環境影響を洗い出し、評価する手順を定めて実行すること、適用される環境関連の法令とその内容を特定して参照する手順を定めて実行すること、さらに、環境方針と著しい環境側面（環境に著しい影響を与える組織活動、製品またはサービスの要素）に整合した環境目的と環境目標を設定し、目的と目標を達成するための手段、責任、日程を定めて実行することが要求事項になっている。環境影響とは周囲にとって有害なもの（負の環境影響）と有益なもの（正の環境影響）の両方が含まれる。環境側面の例を表14-1に示す。

　実施および運用の段階では、環境マネジメントシステムを実際に運用するための体制を定め、組織の構成員に対する適切な教育・訓練、内部および外部とのコミュニケーションに関する手順を定めて実行することが要求されている。また、規格要求事項に関連するすべての文書を管理し、特定した緊急事態への対応を含めて、著しい環境側面に関する取り組みを計画的に実行することが要求事項になっている。点検と是正処理の中には「環境マネジメントシステムの監査」の実施が明確にうたわれている。これは企業あるいは大学自らが行うべき「内部監査」である。監査人は客観的かつ公平な判別をするために被監査側とは一線を画し、独立した立場であることが必要である。さらに経営者（大学）はその環境マネジメントシステムを年々見直し、継続的改善を行っていくことが求められている。更新は、3年ごとである。

14.1.2 世界および日本における ISO14001 認証取得の現状

　環境マネジメントシステム ISO14001 は、法律ではなく「規格」で強制力はないが、当初欧米、特にヨーロッパでは環境管理システムの導入が日本より進んでいたため、輸出企業を中心に重大な影響を与えている。日本企業も電気や機械、金属、化学、食品など輸出産業を中心とする製造事業所がこの認証を多く取得しており、その取得件数は世界第1位であった。日本の ISO14001 取得件数は現在も徐々に増加しているが、特に中国の取得件数の増加が著しく、日本は 2008 年に中国に抜かれて世界第2位となっている。また、自治体や教育・学校、保険、医療などのサービス業の分野でも認証を取得する所が増えていたが、環境配慮促進法により大規模大学で環境報告書の作成が義務化されてからは、その強制力で環境マネジメントシステムを構築するためか、これらの分野での ISO14001 取得はあまり増えていない。

表 14-1　環境側面の例

1. マイナス面

番号	環境側面 分類名	環境側面 対象品	環境に対する影響
1	エネルギー	電気、ガス、灯油	資源枯渇、大気汚染
2	紙	コピー用紙 コンピュータ用紙	資源枯渇、廃棄物
3	水	水道水、井戸水	資源枯渇、水質汚濁
4	ごみ	一般廃棄物 産業廃棄物	廃棄物、悪臭
5	放流水	水質	水質汚濁
6	騒音	大型機器、人の騒音	騒音
7	化学物質	毒物、劇物、PRTR対応試薬、特定化学物質、有機溶剤	大気汚染、水質汚濁
8	実験廃液・廃棄物	有機廃液、無機廃液 固形廃棄物	大気汚染、水質汚濁 廃棄物
9	汚泥	特別管理産業廃棄物	廃棄物、悪臭
10	高圧ガス	高圧ガス	資源枯渇、大気汚染、悪臭

2. プラス面

番号	環境側面 分類名	環境側面 対象品	環境に対する影響
1	教育・研究	教育・研究活動、研究成果、人材育成	地球環境保全 地域環境保全 環境改善 省エネルギー 省資源
2	グリーン購入	環境負荷の少ない物品・サービス	地球環境保全 地域環境保全 環境改善 省エネルギー 省資源
3	キャンパス美化	構内清掃、緑化、喫煙マナー向上	地球環境保全 地域環境保全 環境改善 省エネルギー 省資源

(出典) 日本分析化学会編：環境分析ガイドブック，p.63，表2.9，丸善，2011に筆者加筆作成

教育・学校関係においては、武蔵工業大学（現 東京都市大学）が、1998年に、わが国の大学としては初の認証を取得した。2000年3月には京都精華大学が大学全体で認証取得を行った。2000年5月には信州大学工学部が国立大学で初めて認証を取得し、9月には京都工芸繊維大学の一部および熊本大学薬学部でもISO14001を取得している。京都工芸繊維大学では、さらに2003年9月に全学拡大取得をしており、学生を含めての全学取得は理工系大学では全国で初めてである。

　ISO14001取得が難しい小さな組織向けには、環境省による"エコアクション21"や京（みやこ）アジェンダ21フォーラムの"KES・環境マネジメント・スタンダード"がある。

14.1.3　環境マネジメントシステムの事例

　テクノロジーの発達などで大きな発展を遂げた20世紀の産業社会は、一方で人類の生存を脅かす地球環境問題を引き起こすこととなり、多くの企業では、環境、エネルギー、資源問題解決のために環境マネジメントシステムを構築して実施している。一例として、製造業であるA企業の環境への取り組みを図14-2に示す。

　環境や資源枯渇の問題について危機感を訴えるのみの受動的な姿勢ではなく、環境理念、環境倫理を規範とする能動的で具体的な行動が、社会全体で

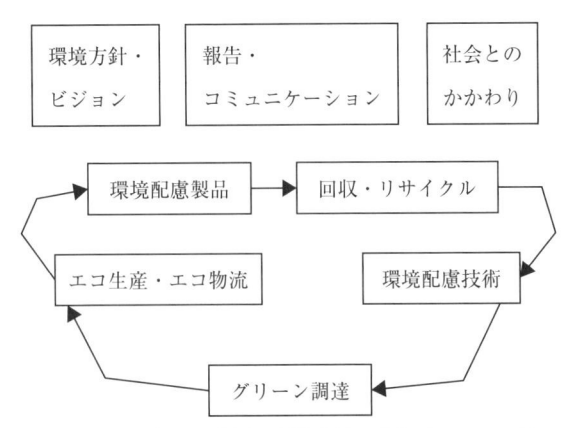

（出典）日本分析化学会編：環境分析ガイドブック，p.64，図2.11，丸善，2011

図14-2　製造業（A企業）における環境への取り組み

求められている。このような背景により、京都工芸繊維大学では、環境教育と実地体験による「環境マインド」をもつ学生を育成し、社会に送り出すことは大学の責務であると考え、行動を開始した。「環境マインド」をもつ学生とは、地球、資源、エネルギーが有限であることを認識し、これらを健全な形で将来の世代に継承していくための具体的な取り組みのできる実行力のある学生である。同大学の環境マネジメントシステムの特徴は、科学技術に付随する負の側面、化学物質、廃棄物、廃液など環境の悪化につながる要素について自己管理と学生への実地教育を行いつつ、全学体制でエネルギー、水、紙使用量などの削減を日常的な環境保全活動としてシステム化している点にある。また、教育・研究の場である大学の特色を生かし、環境負荷などマイナス面だけでなく、「教育・研究」をプラス面として評価した新しいシステムを構築し、積極的に環境教育・研究を進めている（図14-3）。

環境マネジメントシステムは、すべてを明文化し、活動の状況を文書化して記録しなければならないため、文書作成や文書管理が大変だと考えられ、敬遠されているところがある。京都工芸繊維大学では、ISOの規格要求事項は満たすが、できるだけ文書を簡素化・共通化し、既にある廃液や廃棄物の

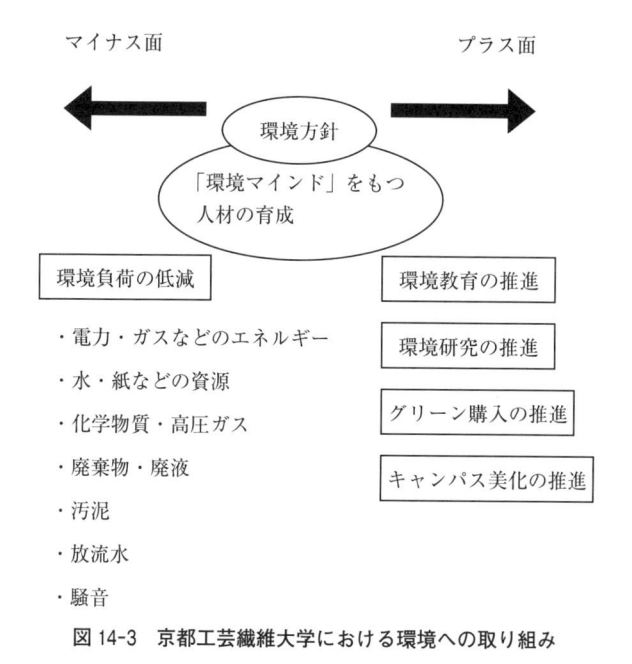

図14-3 京都工芸繊維大学における環境への取り組み

管理システムを取り入れ、本来の研究教育活動に負担にならないように実効をあげるよう工夫している。同大学では、2003年の全学拡大取得以後、2004年、2007年、2010年に3回の更新を行い、2013年には4回目の認証更新を行った。2013年4月の「環境目的・目標」は「エネルギー使用量の削減」、「水使用量の管理徹底」、「紙使用量削減による省資源」、「化学物質管理の徹底」、「実験廃液・廃棄物の管理徹底」、「廃棄物の削減・再利用・再資源化（3R）の推進」、「高圧ガスの管理徹底」、「騒音の防止」、「環境安全教育・研究の推進」、「グリーン購入の推進」、「キャンパス美化・緑化の推進」の11項目になっている。構成員の協力により、環境目的および目標の達成度は各項目とも極めて高いといえる。今後は、「環境マインド」に加えて、リスク管理など安全に配慮できる「環境安全マインド」を持つ人材を育成し、社会貢献していくことが重要である。

14.2 CSR

近年、法の枠を超えた環境・社会的配慮、説明責任、情報開示などの社会的要求は年々高まりつつある。この要請への対応として、企業はCSR（corporate social responsibility）の概念を取り入れている。CSRは、企業が利益を追求するのみならず、組織活動が社会へ与える影響に責任を持ち、あらゆるステークホルダー（利害関係者）からの要求に対して、適切な意思決定をしたことを指すものである。企業の経済活動にはステークホルダーに対して説明責任があり、説明できなければ社会的容認が得られず、信頼のない企業は持続できないとされる。持続可能な社会をめざすためには、企業の意思決定を判断するステークホルダー側である消費者の社会的責任（consumer social responsibility；CSR）、市民の社会的責任（citizen social responsibility；CSR）が必要不可欠となる。

14.2.1　CSRの概念

21世紀に入ってから、企業の社会的責任がさまざまな局面で求められることが多くなっている。企業の社会的責任は、米国型活動とヨーロッパ型活動の二つによって果たされると思われる。エンロン、ワールドコムなど重大な企業の不正行為の発生により企業の社会的責任が強く意識されることに

なった米国では、企業はステークホルダーに対して説明責任を果たし、その財務状況や経営の透明性を高めるなど、適切な企業統治とコンプライアンスを実施し、「リスクマネジメント」や「内部統制」を徹底する活動を行っている。一方、ヨーロッパでは、企業の未来への投資の一環として持続可能な社会を実現するため、環境や労働問題などに企業が自主的に取り組む活動を行っている。これら二つの活動は互いに強くかかわりあっている。適切な企業統治やコンプライアンスを実施することなしに、環境や労働問題の改善を図ろうとすることはしばしば企業の永続性の問題を生じさせるであろうし、自社のステークホルダーに対して説明責任を果たしていく過程においては、環境や労働問題の改善を図る活動を求められることもでてくる。

　従来、企業における社会的責任の概念は顧客へのサービス提供と事業利益を通じての社会的貢献に主眼が置かれてきた。この場合、社会的責任の要素は、①コンプライアンス（倫理法令遵守）、②有用な製品・サービスの提供、③収益の獲得と納税、④株主利益の確保などから構成されていたといえる。しかし、社会が多様化するにつれて、単なる法の順守や利益追求にとどまらず、社会的な貢献が重要視されるようになり、CSRの領域も拡大してきている。すなわち、企業は倫理的側面を見据えながら、製品やサービスの提供を通して社会の発展に貢献し、これを基盤としたうえで、経済、環境、および社会の側面を総合的に踏まえて持続可能な社会の創造に向けて自主的に行動することが求められている。

　CSR活動への評価は、企業の社会的業績として多くの人びとによって検討されるため、株価にも反映されやすい。反対に、商品の欠陥などの不祥事やスキャンダルなどで、社会的責任を果たしていないと判断された企業では、売り上げや株価が落ちることもある。

14.2.2　世界および日本におけるCSRの特徴

　ヨーロッパにおいては、消費者に対するイメージ向上を狙い、顧客誘引力を上げようという考えによって行われる活動はCSRとして評価されていない。ヨーロッパにおけるCSRとは、社会的な存在としての企業が、企業の存続に必要不可欠な社会の持続的発展に対して必要なコストを払い、未来に対する投資として必要な活動を行うことである。

　米国企業においては、企業が株主のものであるとする考え方が徹底されて

おり、一般の市民も多い株主への説明責任という観点から、企業のCSRへの理解、認識は歴史的に深い。しかしながら、ワールドコム、エンロンの事件にみられるように、しばしば企業の社会的責任についての考え方は、企業収益と企業価値の向上（株式総額の向上）への指向によって歪められてしまうことも多い。このため米国では米国企業改革法等を通じて、企業経営者に各ステークホルダーに対する説明責任の徹底を求め、米国証券取引委員会（SEC）等がこの実現に目を光らせることとなった。

　日本企業において、CSRという概念が広く認識されたのは、2004年5月に日本経団連により改訂版『企業行動憲章』が発表されたことが大きな契機となっている。企業行動憲章2002年版が、企業不祥事の発生を受けて企業倫理の徹底を主眼としてうたっていたのに対して、2004年の改訂版では、その序文において「企業の社会的責任（CSR）」意識の向上について明言している。また、企業活動のグローバル化に伴い取り組むべき問題として、地球温暖化対策や循環型経済社会の構築、人権問題や貧困問題、少子高齢化に伴う多様な働き手の確保等の問題をあげ、『ステークホルダー（活動を行う上で関わるすべての人）との対話を重ねつつ社会的責任を果たすことにより社会における存在意義を高めていかなければならない』としている。

14.2.3 トリプルボトムライン

　CSR達成のための基本コンセプトとして、トリプルボトムライン（triple bottom line；TBL）という考え方がある。TBLは1997年に英国のコンサルタント、John Elkingtonによって示された概念で、社会的に評価される会社は経済、環境、社会という三つの活動のバランスが取れている必要があるというものである（図14-4）。すなわち、企業のCSR達成のためには、①経済面利潤をあげ、利益を株主／社会に還元していること、②環境に対する負荷を減らす努力がなされ、適切な配慮が行われていること、③社会的なルールを守り、社会的弱者への配慮や公正さへの配慮がなされていること等が求められている。TBLの概念は現在では国際的に広く認められており、企業のサステナビリティ報告に関する国際的なガイドラインであるGRI（Global Reporting Initiative）のサステナビリティガイドラインもTBLの考えに沿って作成されている。

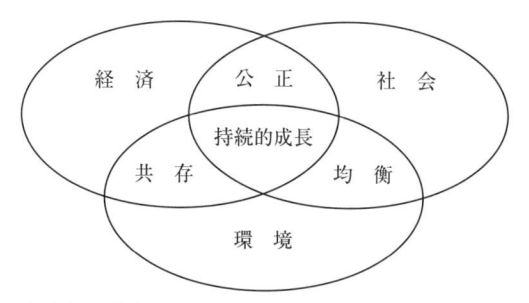

(出典) 長崎貴之:経営力創成研究(2巻1号), p.90, 2006
図14-4 トリプルボトムライン (TBL) の概念図

14.3 環境報告書

　環境報告書とは、事業者が事業活動における環境負荷および環境配慮等の取組状況に関する説明責任を果たし、ステークホルダーの判断に影響を与える有用な情報を提供するとともに、環境コミュニケーションを促進するためのものである。

　現在発行されている「環境報告書」の名称は、社会や経済分野まで記載した「サステナビリティ(持続可能性)報告書」や「社会・環境報告書」、企業の社会的責任(CSR)に基づく取り組みの成果を公表する「CSR報告書」など、その内容や作成趣旨によりさまざまである。事業者は、事業活動における環境負荷を低減する活動や環境の保全への取り組みの状況を記載した環境報告書を定期的に作成し、公表することが期待される。基本的には事業者の事業年度または営業年度に合わせ、少なくとも毎年(度)一回、作成・公表することが望まれる。環境報告書の媒体には、冊子、インターネット(URL)での公開、CD等さまざまある。CSR報告書は、ヨーロッパにおいてCSRが認知されるとともに、2000年にGRI(Global Reporting Initiative)ガイドラインという「環境報告書」の世界基準ができ、経済・環境・社会の三つの視点(トリプルボトムライン)で企業活動を考え、環境報告書を企業全体レベルの報告にするよう求められている。

　環境報告書には、事業者と社会とのコミュニケーションツールとしての外部(社会的)機能と、事業者自身の事業活動における環境配慮などの取り組みを促進させる内部機能の二つの基本的機能があり、これらにより、事業者

の自主的な事業活動における環境配慮などの取り組みが推進される。

　環境報告は、事業活動の各期間を通じて比較可能であり、かつ異なる事業者間を通じても一定の範囲で比較の基礎となる情報を提供することが望まれる。記載するデータの根拠や収集方法、測定・算定方法などを明記すること、環境省のガイドラインなど社会的に合意された環境報告のためのガイドラインに準拠して環境報告を実施すること、業界等で合意した共通の手法で環境パフォーマンスに関する情報を測定することなどは、環境報告の信頼性を高めるとともに、事業者間の比較容易性をも高めることにつながる。2005年4月に施行された「環境配慮促進法」は、国立大学法人に対し、一層の環境配慮の方向性を求めている。2006年からは同法律により環境報告書の作成が従業員500人以上の国立大学や国立病院などの独立法人、郵政公社やJR各社などの特殊法人、特殊会社など百数十社、法人で義務化された。義務化されていない小規模な大学でもISO14001を認証取得している大学は、2005年頃から環境報告書を作成し、公表している。企業については、自主性に任せるため、法制化は見送られている。

14.4　環境に関連する法律

　わが国の環境関連法規は地方自治体のばい煙規制に端を発している。まず、1932年の「大阪府ばい煙防止規制」、1933年の「京都府ばい煙防止規制」などから、1955年の「福岡県公害防止条例」、「東京都ばい煙防止条例」までを第1期とした地方自治体条例先行時代があった。1958年に至り「公共用水域の水質の保全に関する法律」、「工場排水等の規制に関する法律」といった、いわゆる旧水質2法の制定から1970年の公害国会での"経済調和条項の削除"によって新時代を迎え、第3期の国法完成時代に入り現在に至っている。

　1967年に環境行政の根幹となるべき「公害対策基本法」が制定され、1968年に「大気汚染防止法」、1970年に「水質汚濁防止法」などが制定されることにより環境保全、公害防除に関する法体系が整備し、大気、水質、土壌などに対する各種の汚染物質について環境基準が定められた。これを達成するため、規制の対象となる施設、設備を特定し、それから排出する、いわゆる公害の原因となる物質について、それぞれ排出基準、排水基準を公示し、こ

れら物質の防除につとめている。また、環境保全と自然保護の観点から、各種の開発行為も規制をうけることになっている。

さらに、これらの公害対策の推進にあたって、必要に応じ財政上、金融上の助成措置をとるべきこと、また、健康や財産の被害に対する救済措置を講ずべきことなどの政府の責任が示されている。また、汚染物質排出者に対しては、罰則規定があり、無過失責任を含む賠償責任も定められている。

さらに、国のこうした法令をうけた形で、各地域の特性に応じて、適切、有効な公害防止行政を具体的に進める必要から、地方自治体の条例が公布されており、国の基準を上回る、いわゆる上乗せ基準や横乗せ基準が盛りこまれている。

環境行政の一つの大きな流れとして、濃度規制方式から総量規制方式への転換があげられる。硫黄酸化物の総量規制に加え、環境庁では、1979年6月12日を施行の日とし、汚濁のひどい東京湾、伊勢湾、瀬戸内海の閉鎖性三水域について水質の総量規制に踏み切った。対象項目は当初、化学的酸素要求量（Chemical Oxygen Demand；COD）に限られていたが、富栄養化対策のため、1993年からはリンと窒素も規制されている。

1980年に入り、アメリカのサンフランシスコ郊外のシリコンバレーで半導体等の先端技術産業から排出される 1, 1, 1-トリクロロエタンによる地下水汚染が報告された。日本でも半導体等の先端技術産業やクリーニング業から排出されるトリクロロエチレンおよびテトラクロロエチレンによる地下水汚染が社会的問題となり、1989年に「水質汚濁防止法」が一部改正された。さらにごみ増大による廃棄物処理が大きな社会問題となってきたため、1991年10月に「廃棄物処理法」が大幅に改正され、1992年7月4日から施行されている。ここでは「廃棄物の排出の抑制・分別・再生」が法律の目的として明確化されている。この法律では、爆発性、毒性、感染性等の人の健康や生活環境に被害を生ずるおそれのある廃棄物を新しく特別管理産業廃棄物として区分し、それ以外の廃棄物より厳しい処理基準を設定している。

さらに、地球温暖化やオゾン層破壊など地球規模の環境問題が大きな問題となり、1992年の地球サミットでも議論されたように、これらの問題を解決するために国際協調の重要性が認識された。そのため、環境保全の基本理念と環境行政の結合的・計画的な推進策を定める環境関連法令の憲法ともいえる「環境基本法」が1993年11月19日に公布、施行され、「公害対策基本

法」は廃止された。

環境基本法の特筆すべき点は、次の点にある。

　①環境問題に取り組む国家としての基本姿勢を示した環境憲法ともいえる環境基本法を制定したのは、世界に先駆け日本が初めてである。
　②規制的法律ではなく、国民や産業社会が自主的に社会システムや行動様式を見直すことを推進し、育成する法令である。
　③環境問題を地球的規模でとらえ、国際的協調の重要性を国の姿勢として打ち出した。

また1993年3月に環境基準が改正されたのに伴い、排水にもジクロロメタン（塩化メチレン）、1,2-ジクロロエタンなど13項目が新たに規制項目として追加され、1994年2月1日より実施されている。1997年に「大気汚染防止法」では、長期的暴露によって発がん等の健康影響が顕在化するおそれがあると指摘される有害大気汚染物質（現在、ベンゼン、トリクロロエチレン、テトラクロロエチレン、ダイオキシン類の4物質が指定）に対して一部改正が行われた。1997年には厚生省のガイドラインが出され、焼却炉からのダイオキシンの発生を抑制するために、高温（800℃以上）での燃焼や排ガスの急冷などが定められた。これに加えて1999年7月にダイオキシン類から国民の健康の保護を図ることを目的とした「ダイオキシン類対策特別措置法」が公布された。同法では、ダイオキシン類による環境の汚染の防止およびその除去などのため、ダイオキシン類に関する施策の基本とすべき基準として「耐容一日摂取量」を定めるとともに、大気、水質、土壌の環境基準、大気および水質の規制、汚染土壌に係わる措置などを定め、2000年1月15日に施行された。

また、PRTR（Pollutant Release and Transfer Register：環境汚染物質排出・移動登録）は、「有害性のある化学物質の環境への排出量および廃棄物に含まれての移動量を登録して公表する仕組み」であり、環境に有害な影響を及ぼす可能性のある化学物質の大気・水・土壌への排出量や、廃棄物としての移動量を把握し、これを行政等に報告し、登録する制度である。PRTR制度とも呼ばれ、化学物質安全データシート MSDS（Material Safety Data Sheet）により、化学物質の使用や処理、緊急時の対応を認識する MSDS 制度と合わせて、この法律は通称「化学物質管理法」と呼ばれ、2001年から適用されている。2001年6月に「水質汚濁防止法（下水道法）」が一部改正

され、ほう素およびその化合物とふっ素およびその化合物がこれまでの生活環境項目よりも厳しく健康項目（有害物質）として規制されるようになり、アンモニア、アンモニウム化合物、亜硝酸化合物および硝酸化合物が新たに環境項目として指定されている。2012年6月に法律が一部改正され、1,4-ジオキサンが規制項目となった。図14-5に環境関連法規の概要を示す。

```
環境基本法
(1993年)
├ 大気関係 ─┬ ・大気汚染防止法（1968）
│          ├ ・悪臭防止法（1971）
│          └ ・その他
│
├ 水質関係 ─┬ ・水質汚濁防止法（1970）
│          ├ ・瀬戸内海環境保全特別措置法（1973）
│          ├ ・下水道法（1958）
│          ├ ・河川法（1964）
│          ├ ・海洋汚染及び海上災害の防止に関する法律（1970）
│          ├ ・水道法（1957）
│          └ ・その他
│
├ 廃棄物関係 ┬ ・廃棄物の処理及び清掃に関する法律（1957）
│          ├ ・毒物及び劇物取締法（1950）
│          ├ ・消防法（危険物の取扱いに関するもの）
│          ├ ・へい獣処理場等に関する法律（1948）
│          └ ・その他
│
├ 騒音・振動関係 ┬ ・騒音防止法（1968）
│             ├ ・振動防止法（1976）
│             └ ・その他
│
├ 土壌・農薬関係 ┬ ・農民地の土壌の汚染防止法に関する法律（1970）
│             └ ・農薬取締法（1948）
│
├ 地盤沈下 ─┬ ・建築用地下水の採取の規制に関する法律（1962）
│         └ ・工場用水法（1956）
│
└ その他の法令 ┬ ・ダイオキシン類対策特別措置法（1999）
              ├ ・化学物質管理法（PRTR制度）（1999）
              └ ・立地規制、土地利用、公害紛争処理、被害者救済、事
                業者の責務、自然環境保全などに関するもの
```

＊公害対策基本法（1967年）は、環境基本法の施行に伴い廃止。

図 14-5　環境関連法規の概要

14.5　その他の国際的な取り組み

14.5.1　排出取引

排出取引（Emissions Trading）とは、各国家や各企業ごとに温室効果ガ

スの排出枠を定め、排出枠が余った国や企業と、排出枠を超えて排出してしまった国や企業との間で取引（トレード）する制度である。「排出量取引」、「排出権取引」ともいう。京都議定書の第17条に規定されており、温室効果ガスの削減を補完する京都メカニズム（柔軟性措置）の一つである。

1990年代前半から、アメリカ合衆国で硫黄酸化物の排出取引が行われた（国内排出取引制度）。大気汚染や酸性雨の原因となる硫黄酸化物（SOx）に排出枠を定めたうえで、排出枠を下回った者がその削減分に付加価値をつけて排出枠を上回った者と取引するもので、硫黄酸化物の排出量の削減に大きく貢献したと見られている。アメリカはこうした経験を踏まえ、京都議定書の策定交渉時においても排出取引制度の導入を強く求めた経緯がある。同国はその後に京都議定書から離脱したが、排出取引制度は京都メカニズムとして組み入れられた。排出枠の対象を温室効果ガスに、対象を国単位に変えたものである。この考え方は国内（域内）排出取引としても活用され、EU域内ではデンマーク、イギリス、ドイツなどが国内排出取引制度を設けており、2005年1月にはEU域内で共通の取引市場として機能するEU ETS（The EU Emission Trading Scheme）が創設された。政府が離脱したアメリカにおいても、州単位で導入する動きがある。

排出取引制度が導入された背景には、温室効果ガスの排出量を一定量削減するための費用が、国や産業種別によって違いがあることが挙げられる。例えば、未発達の技術を用いて経済活動をしている開発途上国では、すでに先進国で使われている技術を導入すれば温室効果ガスを削減できるので、比較的少ない費用で済む。一方で、これまでに環境負荷を低減するために努力してきた先進国では、さらに温室効果ガスを削減するためには新しい技術やシステムを実用化する必要があり、多大な投資や労力が必要となる。ここに市場原理を生かし、社会全体として削減費用が最も少ない形で温室効果ガスを削減することが期待されている。

ただしその一方で、先進国がより少ない投資や労力で済む排出取引を積極的に利用してしまうと、温室効果ガスを削減するための新たな技術やシステムの開発の必要性が薄れ、技術やシステムが広く普及してしまえば削減が難しくなり、結果的に温室効果ガスの削減が停滞することも考えられる。また、もともと排出枠に余裕がある国・企業や、経済が後退している国・企業の余剰排出枠（持て余している排出枠、ホットエア）を買い取って現在以上に排

出することにより、本来減少するはずの地球全体の排出量が逆に増える可能性もある。そのため、単なる数字合わせのためだけの排出取引に頼ることは問題であり、削減努力を阻害しないように、それぞれの国や企業に対して排出取引の上限値が定められることとなっている。

14.5.2 エコロジカル・フットプリントとカーボンプリント

1990年代に、人間活動が環境に与える負荷を資源の再生産や廃棄物の浄化に必要な面積に換算して表す、エコロジカル・フットプリント（Ecological footprint）という概念が提唱された。一方、カーボンフットプリント（Carbon footprint）という言葉はEcological footprintの由来と同じく、「人間活動が（温室効果ガスの排出によって）地球環境を踏みつけた足跡」という比喩からきており、一般的に製品が販売されるまでの温室効果ガス排出量により表される。エコロジカル・フットプリントは面積、カーボンフットプリントは温室効果ガス排出量（重量）で表す点が大きな違いであり、特徴である。国家や行政区画などの大規模なコミュニティ単位で環境負荷を考える際には、エコロジカル・フットプリントの面積で表すのが分かりやすいのに対し、個人や企業単位で考える際は、カーボンフットプリントの概念で単に排出される温室効果ガスの量を量れば良い。

カーボンフットプリントが提唱されたことで、欧米を中心に、個人が生活のどの部分でどれだけの温室効果ガスがどのように出されているかということを把握し、できる所からその排出量を減らしていこうという活動が活発化した。やがて、これを企業に当てはめて商品に表示する試みも始まった。一つの商品における原料の採掘や栽培、製造、加工、包装、輸送、および購買・消費されたあとの廃棄に至るまでの、それぞれの段階で排出された二酸化炭素（CO_2）などの温室効果ガス（温暖化効果ガス）の総合計を重量で表し（カーボンフットプリント）、商品に表示する。カーボンラベリング（Carbon labeling）、二酸化炭素（CO_2）の可視化、といった呼び方もある。カーボンフットプリントの表示は環境ラベリング制度の一つで、地球温暖化防止活動においては、最も直接的に商品が地球温暖化に与える影響を知ることができるラベリング方法である。

経済活動の中で、ある商品がたどる流れは次のようになる。商品の製造計画を決め、原材料を採取して工場まで輸送し、工場で加工・包装などを行い、

出荷され店頭に並び、消費され、廃棄される。この一連の流れを商品のライフサイクル（一生）と呼ぶ。これらすべての段階で、輸送機器や機械などを動かすことで間接的に、あるいは燃焼などにより直接的に、CO_2を短時間で固定できない枯渇性エネルギー（化石燃料）を使用してCO_2を発生させる。ここで出るCO_2の量を、実際に測定するか科学的に証明されている方法で推定し、1製品あたりの排出量を求める。これはライフサイクルアセスメント（LCA）と呼ばれる手法の一種である。そのCO_2排出量を、商品の包装の外側に書き表すのがカーボンフットプリントである。商品の原料を作る段階から商品の廃棄に至るまでに関係する事業者と、その商品の消費者の双方にCO_2排出量を自覚・認識させて、温室効果ガスの排出量を削減しやすくなるよう促すことを目的としている。対象とする温室効果ガスは二酸化炭素、メタン、亜酸化窒素、ハイドロフルオロカーボン類、パーフルオロカーボン、六フッ化硫黄などで、すべて地球温暖化係数をもとに二酸化炭素に換算（単位は$g\text{-}CO_2eq$）されて、合計値で商品の外装に表示される。

（京都工芸繊維大学　環境科学センター　教授　山田　悦）

参考文献

1章

1) 森家章雄, 西川祥子,『環境問題の根本認識について』神戸商科大学研究叢書 LIV, 神戸商科大学経済研究所（1996）.
2) 大井万紀人,『宇宙と地球の自然史』, 勁草書房（2012）.
3) 岡村定矩ほか編,〈シリーズ現代の天文学 第1巻〉『人類の住む宇宙』, 日本評論社（2007）.
4) 『Newton 別冊 大宇宙～完全版』, ニュートンプレス（2012）.
5) 『Newton 別冊 宇宙図～宇宙誕生からの時空を一望する（新改訂第2版）』, ニュートンプレス（2013）.
6) 在田一則ほか編著,『地球惑星科学入門』, 北海道大学出版会（2010）.
7) 野本憲一ほか編,〈シリーズ現代の天文学 第7巻〉『恒星』, 日本評論社（2009）.
8) 国立天文台編,『理科年表 平成26年版』, 丸善出版（2013）.
9) 日本科学者会議編・日本環境学会協力,『環境事典』, 旬報社（2008）.
10) 沢田 健ほか編著,『地球と生命の進化学～新・自然史科学Ⅰ』, 北海道大学出版会（2008）.
11) P.ウルムシュナイダー著（須藤 靖ほか訳),『宇宙生物学入門～惑星・生命・文明の起源』, 丸善出版（2012）.
12) 国際層序委員会編, International Stratigraphic Chart［国際年代層序表］（2012）.
13) 田近英一監修,『地球・生命の大進化』, 新星出版社（2012）.
14) 森本雅樹, 天野一男, 黒田武彦ほか,『地学基礎』, 実教出版（2013）.
15) M.Redfern 著（川上紳一訳),『地球～ダイナミックな惑星』, 丸善出版（2013）.
16) M.J.Benton 著（鈴木寿志, 岸田拓士訳),『生命の歴史～進化と絶滅の40億年』, 丸善出版（2013）.
17) 『Newton 別冊 奇跡の惑星 地球の科学～誕生と歴史, 構造と環境』, ニュートンプレス（2014）.
18) 山岸明彦編,『アストロバイオロジー～宇宙に生命の起源を求めて』, 化学同人（2013）.

19) 週刊『地球46億年の旅』4号［生命の起源］，朝日新聞出版（2014）．

2章

1) 内田悦生，高木秀雄編，『地球・環境・資源〜地球と人類の共生をめざして〜』，共立出版（2008）．
2) M.Redfern 著（川上紳一訳），『地球〜ダイナミックな惑星』，丸善出版（2013）．
3) 丸山健人，水野　量，村松照男，〈地学団体研究会編　新版地学教育講座14巻〉『大気とその運動』，東海大学出版会（1995）．
4) 森本雅樹，天野一男，黒田武彦ほか，『地学基礎』，実教出版（2013）．
5) 椛根　勇，『水と気象』，朝倉書店（1989）．
6) 青木　斌ほか，〈地学団体研究会編　新版地学教育講座10巻〉『地球の水圏〜海洋と陸水』，東海大学出版会（1995）．
7) 国立天文台編，『理科年表　平成26年版』，丸善出版（2013）．
8) 森家章雄，西川祥子，『環境問題の根本認識について』神戸商科大学研究叢書 LIV，神戸商科大学経済研究所（1996）．
9) R.H.ホイッタカー著(宝月欣二訳)，『生態学概論　第2版』，培風館(1975)．
10) M.Begon ほか著（堀　道雄監訳），『生態学〜個体・個体群・群集の科学　原書第3版』，京都大学学術出版会（2003）．
11) J. B. Reece ほか著（池内昌彦，伊藤元己，箸本春樹監訳），『キャンベル生物学　原書9版』，丸善出版（2013）．
12) 浅島　誠ほか，『生物』，東京書籍（2013）．
13) 浅島　誠ほか，『新編生物基礎』，東京書籍（2012）．
14) 河村　武ほか編，『環境科学Ⅰ』，朝倉書店（1988）．
15) 日本科学者会議編・日本環境学会協力，『環境事典』，旬報社（2008）．

3章

1) 大喜多敏一，『大気保全学』，産業図書（1982）．
2) 森口　實，千秋鋭夫，小川　弘，『環境汚染と気象』，朝倉書店（1990）．
3) 河村　武，『大気環境論』，朝倉書店（1987）．
4) 日本化学会編,『化学総説 No.10　大気の化学』,学会出版センター(2000)．

5）安成哲三，岩坂泰信編，『岩波講座　地球環境学3　大気環境の変化』，岩波書店（1999）．
6）山口勝三，菊池　立，斉藤紘一，『環境の科学　われらの地球、未来の地球』，培風館（1998）．
7）日経サイエンス2013年5月号，日経サイエンス（2013）．
8）兼保直樹ほか，大気環境学会誌，45巻5号，227-234（2010）．
9）金谷有剛ほか，大気環境学会誌，45巻6号，289-292（2010）．
10）兼保直樹ほか，大気環境学会誌，46巻2号，111-113（2011）．

4章

1）米本昌平，〈岩波新書〉『地球環境問題とは何か』，岩波書店（1994）．
2）槌田敦，『CO_2温暖化説は間違っている』，ほたる出版（2006）．
3）山下正和，『環境問題の「ほんとう」を考える』，化学同人（2003）．
4）気候ネットワーク，『よくわかる地球温暖化問題』，中央法規出版（2009）．
5）渡辺正，『Climategate事件』，化学 Vol. 65，化学同人（2010）．
6）環境経済・政策学会，『地球温暖化防止の国際的枠組み』，東洋経済新報社（2010）．
7）藤井耕一郎，『排出権取引は地球を救えない！』，光文社（2009）．
8）伊藤公紀，『地球温暖化』，日本評論社（2003）．
9）西岡秀三監修，『地球温暖化』，Newton別冊，ニュートンプレス（2008）．

5章

1）山下正和，『環境問題の「ほんとう」を考える』，化学同人（2003）．
2）F.S. Rowland，『成層圏オゾン層破壊と地球温暖化』，現代化学 No. 7，東京化学同人（1999）．
3）小西雅子，〈岩波ジュニア新書〉『地球温暖化の最前線』，岩波書店（2009）．

6章

1）石　弘之，〈岩波新書〉『酸性雨』，岩波書店（1998）．
2）村野健太郎，『酸性雨と酸性霧』，裳華房（1994）．
3）畠山史郎，『酸性雨』，日本評論社（2003）．
4）広瀬広忠，〈NHKブックス〉『酸性化する地球』，日本放送出版協会（1990）．

5) 谷山鉄郎,『恐るべき酸性雨』, 合同出版 (1989).
6) 環境省編,『環境白書（平成 24 年版）』,（2012）.
7) 秋元　肇ほか編,『対流圏大気の化学と地球環境』, 学会出版センター (2002).
8) 日経サイエンス 2013 年 5 月号, 日経サイエンス (2013).

7 章

1) 日本化学会編,『化学総説 No. 4　陸水の科学』, 学会出版センター (1992).
2) 近藤次郎,『環境科学読本』, 東洋経済新報社 (1984).
3) 保田仁資,『やさしい環境科学』, 化学同人 (1997).
4) 鈴木静夫,『水の環境科学』, 内田老鶴圃 (1993).
5) 鈴木啓三,『水の話・十講』, 化学同人 (1997).
6) 深井三郎,『とやまの水』, 北日本新聞社 (1985).
7) 森下郁子,『生物モニタリングの考え方』, 山海堂 (1985).
8) 門司正三, 高井康雄編,『陸水と人間活動』, 東京大学出版会 (1984).
9) 滋賀大学湖沼実習施設編,『びわ湖を考える』, 新草出版 (1992).
10) 中西準子,『いのちの水』, 読売新聞社 (1990).
11) 大学等廃棄物処理施設協議会環境教育部会編,『環境講座　環境を考える』, 科学新聞社 (1999).
12) 堀部純男編,『海洋環境の科学』, 東京大学出版会 (1977).
13) 丹保憲仁編著,『水道とトリハロメタン』, 技報堂出版 (1989).
14) 御代川貴久夫,『環境科学の基礎〔改訂版〕』, 培風館 (2004).

8 章

1) 原田正純,〈岩波新書〉『水俣病』, 岩波書店 (1972).
2) 原田正純,『水俣が映す世界』, 日本評論社 (1989).
3) 宇井　純,『公害の政治学—水俣病を追って』, 三省堂 (1968).
4) 石牟礼道子,『苦海浄土—わが水俣病』, 講談社 (1969).
5) レイチェル・カーソン著（青樹簗一訳）,『沈黙の春』, 新潮文庫 (2002).
6) 長山淳哉,〈ブルーバックス〉『しのびよるダイオキシン汚染』, 講談社 (1994).

7) シーア・コルボーン，ダイアン・ダマノスキ，ジョン・ピーターソン・マイヤーズ著（長尾　力訳），『奪われし未来』，翔泳社（1997）．
8) デボラ・キャドバリー著（古草秀子訳），『メス化する自然』，集英社（1998）．
9) 筏　義人，『環境ホルモン』，講談社（1998）．
10) 酒井伸一，〈岩波新書〉『ゴミと化学物質』，岩波書店（1998）．
11) 宮田秀明，『よくわかるダイオキシン汚染』，合同出版（1998）．
12) 中西準子，『環境リスク学』，日本評論社（2004）．
13) 中西準子，益永茂樹，松田裕之編，『演習　環境リスクを計算する』，岩波書店（2004）．
14) 安原昭夫，小田淳子，『地球の環境と化学物質』，三共出版（2008）．
15) 玉浦　裕ほか，『環境安全科学入門』，講談社（1999）．

9 章

1) 井田徹治，〈岩波新書〉『生物多様性とは何か』，岩波書店（2013）．
2) 石城謙吉，〈岩波新書〉『森林と人間』，岩波書店（2008）．
3) 林野庁，『森林・林業白書（平成 18 年版）』，（2006）．
4) 森林・林業学習館ホームページ，『世界の森林』（2014）．
5) 地球環境センターホームページ，『地球環境データベース　炭素吸収量／炭素排出量』（2009）．
6) 林野庁，『林業白書（平成 10 年版）』，世界の木材生産量（1998）．
7) 鳥取大学乾燥地研究センターホームページ，井上光弘『砂漠化とその原因』
8) 環境庁地球環境部，『地球環境キーワード辞典』，中央法規（1999）．
9) 小林　光ほか，『食糧と地球環境』，家の光協会（1999）．
10) 石川宗孝編著，『環境読本』，電気書院（2011）．

10 章

1) 農林水産省，『平成 23 年版食料・農業・農村白書』（2011）．
2) 農林水産省，『平成 25 年版食料・農業・農村白書』（2013）．
3) 『世界大百科事典 ver 2.02.0』，「農薬」の項，日立デジタル平凡社（1998）．
4) 国連食糧農業機関，『COMMITTEE ON AGRICULTURE Seventeenth Session』，p. 1（2003）．

5) 新藤純子,「食料増産と資源・環境問題としての肥料」, 第 32 回農業環境シンポジウム資料（2010）.
6) 日本学術会議,「地球環境・人間生活にかかわる農業及び森林の多面的な機能の評価について（答申）」（2001）.

11 章
1) 山口勝三, 菊池　立, 斉藤紘一,『環境の科学』, 培風館（1998）.
2) 内嶋善兵衛編,『地球環境の危機』, 岩波書店（1990）.
3) 斉藤武雄,『地球と都市の温暖化』, 森北出版（1992）.
4) 河村　武, 岩城英夫編,『環境科学Ⅰ　自然環境系』, 朝倉書店（1988）.
5) 河村　武, 橋本道夫編,『環境科学Ⅱ　測定と評価』, 朝倉書店（1988）.

12 章
1) 左巻健男, 金谷　健編著,『ごみ問題 100 の知識』, 東京書籍（2004）.
2) 『廃プラスチック（サーマル＆リサイクリング）』, 化学工業日報社（1994）.
3) 資源エネルギー庁監修,『資源エネルギー年鑑』, 通商産業省資料調査会（1995）.
4) 本田淳裕,『ゴミ・資源・未来, 急げリサイクル社会へ』, 省エネルギーセンター（1995）.

13 章
1) 山下正和,『環境問題の「ほんとう」を考える』, 化学同人（2003）.
2) アル・ゴア,『地球の掟』, ダイヤモンド社（1992）.
3) 小島紀徳,『エネルギー』, 日本評論社（2003）.
4) 京都市企業局ホームページ

14 章
1) 日本分析化学会編,『環境分析ガイドブック』, 丸善　（2011）.
2) 吉澤　正監修,『対訳 ISO14001-14004　環境マネジメントシステム』, 日本規格協会（2000）.
3) NEC 環境管理部編,『NEC における ISO14001 内部環境監査』, 日本規格協会（2000）.

4) 左巻健男，金谷　健編著,『ごみ問題100の知識』，東京書籍（2004）.
5) 私立大学環境保全協議会・ISO14001委員会編著,『大学のISO14001―大学版・環境マネジメントシステム』，研成社（2004）.
6) 高月　紘編著,『環境安全学―これからの研究教育の必須学』，丸善（2006）.

ほか環境省，総務省，農林水産省，気象庁のホームページなど

索　引

◆ 数字・アルファベット ◆

3R　166
ADI　128
Angus Smith　76
BHC　113, 119, 143
BOC　95
Can to Can　172
CDM　61
CERCLA　111
CERs　61
CFC　67
CFCs　46
Climategate 事件　63
CO_2　9
CO_2 排出量　155
COD　95
COP3　58
COP10　138
Co-PCBs　122
CSR　196, 202
DDT　113, 119, 143
DO　99
DU　71
EMEP　82
EPA　108
FAO　146
GAP　145
GPP　26
HFC　53
IPCC　46, 55, 56
ISO　196
ISO9001　196
ISO14000 シリーズ　196
ISO14001　196
ISO14010　196
ISO14020　196
ISO14040　196

IUCN　135
LCA　177, 212
LD_{50}　127
MSDS　129, 208
NADP　84
NAPAP　84
NEDO　192
NOAEL　127
NPP　26
ODA　135
Our Stolen Future　124
PCB　113
PCBs 廃棄物の適正な処理の推進に関する特別措置法　121
PCDDs　122
PCDFs　122
PDCA サイクル　197
PFC　53
pH　76
PM2.5　40
POPs　121
POPs 条約　121
ppb　70
ppm　53
ppt　124
PRTR　129, 208
Rain out　78
RDF　168
Rowland　69, 72
SARA　111
SF_6　53
Silent Spring　119
SPM　40
TEQ　122
UNCCD　135
Wash out　78
WHO　108

220………索　引

◆ あ行 ◆

愛知目標　138
アオコ　99
悪臭物質　99
アセノスフェア　23
天の川銀河　2
亜硫酸ガス　37
アンガス・スミス　76, 82
暗黒エネルギー　4
暗黒物質　4
アンモニアストッピング法　106
硫黄酸化物　76
いき値　127
イタイイタイ病　94, 118, 151
一次消費者　25
一次生産者　25
一次生産力　26
著しい環境側面　198
一日許容用量　128
一酸化二窒素　18, 46
一般廃棄物　166
遺伝子組み換え作物　153
移動発生源　77, 89
意図しない副生成物　123
インフレーション宇宙モデル　3
ウィングスプレッド宣言　124
宇宙図　4
宇宙の晴れ上がり　3
宇宙背景放射　2
奪われし未来　124
上乗せ基準　207
雲下洗浄　78
雲内洗浄　78
エアロゾル　39
栄養段階　25
液相反応　78
エコファーマー　145
エコロジカル・フットプリント　196, 211
越境大気汚染　40

エディアカラ生物群　16
エネルギー自給率　183
エネルギー資源　180
エネルギー消費量　183
エネルギー使用量　161
塩害　134
塩素ラジカル　69
エンドポイント　126
オス化　124
オゾン　11, 18, 64
オゾン・活性炭による高度処理　109
オゾン層　8, 11, 19, 64, 65
オゾン層破壊　43, 72
オゾンホール　39, 65
温室効果　9
温室効果ガス　18, 43, 46, 52

◆ か行 ◆

カーボンフットプリント　155
カーボンプリント　196, 211
カーボンラベリング　211
外核　22
海水準の大変動　12
海水の構造　112
買い取り価格　192
海洋　91
海洋汚染　112, 113
海洋生態系　30
海洋の大循環　22
化学合成　15
化学進化　14
化学物質管理法　208
化学物質と環境　118
化学物質の審査及び製造等の規制に関する法律　121
化学物質排出管理促進法　129
化管法　129
核　22
確認埋蔵量　179, 180, 181
核融合　5
可採年数　180, 181

索　引………221

火山岩	23	気候変動枠組条約	57
化審法	121	気相反応	78
火成岩	23	基底流入量	163
化石燃料	36, 49, 178	京都議定書	52, 57, 59
風の道	162	京都メカニズム	61
活性汚泥法	105	銀河系のハビタブルゾーン	8
合併浄化槽	104	クォーク	3
家電リサイクル法	171	クリーン開発メカニズム	61
カドミウム	94, 118	グリーン購入法	171
過放牧	134, 157	クロロフルオロカーボン	46
環境影響	198	景観	165
環境監査	196	継続的改善	198
環境関連法	197	下水処理場	103
環境関連法規	206	下水道	104
環境基準	39, 79, 95	下水道法	208
環境基本法	207	ケミカルリサイクル	174
環境収容力	25	原核生物	15
環境に関する国際規格	196	嫌気性微生物	99
環境負荷	142, 177, 196	健康項目	95, 209
環境報告書	196, 205	原索動物	16
環境方針	197	原始海洋	11
環境保全	207	原始大気	9
環境保全的機能	141	原始地球	9
環境ホルモン	118, 124	原子力	178
環境マネジメントシステム	196	原子力発電	184
環境目的・目標	197	建設リサイクル法	171
環境容量	25	原油流出	115
環境ラベル	196	公害	206
環境リスク	126	公害対策基本法	38, 118, 206, 207
乾性降下物	77	公害病	79
乾性沈着	77	公害問題	94, 118
岩石型惑星	7	光化学オキシダント	39
岩石圏	23	光化学スモッグ	39, 79
感染性産業廃棄物	167	好気性細菌	16
カンブリア大爆発	16	好気性微生物	95
キーリング	56	光合成	11, 15, 26
気温の逆転層	37	光合成イオウ細菌	15
気温の上昇	43	光合成生物	130
気圏	18	黄砂	40
気候変動	43	工場排水	103
気候変動に関する政府間パネル	46, 55	恒星内部のタマネギ構造	6

高度処理　　106
枯渇　　178
国際自然保護連合　　135
国際標準化機構　　196
黒体放射　　2
国連環境開発会議　　196
国連食糧農業機関　　145
古細菌　　15
湖沼水質保全特別措置法　　94
湖沼などの富栄養化　　99
湖沼の酸性化　　76
固体地球　　22
固定発生源　　77, 89
コプラナーポリ塩化ビフェニル　　122
コンプライアンス　　203

◆ さ行 ◆

サーマルリサイクル　　174
最終処分場　　169
細胞器官共生説　　16
里地里山　　142
砂漠化　　131, 157
砂漠化防止条約　　135
酸化層　　102
産業廃棄物　　110, 166
産業廃棄物最終処分場　　170
酸性雨　　39, 76
酸性雨モニタリング　　80
酸性降下物　　76
酸性霧　　76
酸素　　11
酸素呼吸　　15
酸素毒性　　15
残留性有機汚染物質　　121
シアノバクテリア　　11
シーア・コルボーン女史　　124
紫外線　　11, 19, 66
識別マーク　　174
資源有効利用促進法　　171
自然生態系　　28
自然的要因　　134

自然発生源　　40
自然保護　　207
持続可能な開発のための経済人会議　　196
湿性降下物　　77
湿性沈着　　77
自動車リサイクル法　　171
し尿　　104
ジャイアント・インパクト　　9
従属栄養生物　　15, 25
主系列星　　5
純一次生産　　26
循環型社会形成推進基本法　　171
省エネルギー　　177, 196
焼却　　168
焼却施設　　168
省資源　　177, 196
商用の伐採　　132
植生の減少　　160
食品衛生法　　152
食品リサイクル　　156
食品リサイクル法　　171
食品ロス　　156
食物網　　25
食物連鎖　　25, 114, 119
人為生態系　　28
人為的要因　　134
人為発生源　　40
新エネルギー　　178
新エネルギー利用等の促進に関する特別措置法　　190
人工排熱　　159
深成岩　　23
真正細菌　　15
深層　　21
深層水　　22, 112
森林の立ち枯れ　　76
森林伐採　　157
森林被害　　88
水温成層　　102
水温躍層　　21, 102

水圏　　　18, 21
水質汚染　　　91
水質汚濁防止法　　　94, 206, 208
水質基準値　　　126
水質総量規制　　　94
水食　　　134
水素エネルギー　　　194
水力発電　　　188
スーパーファンド法　　　111
ステークホルダー　　　197
ストックホルム条約　　　121
ストロマトライト　　　10
スノーボール・アース　　　12
スバンテ・オーデン　　　82
生活環境項目　　　95, 209
生活排水　　　103
生起確率　　　126
生元素　　　27
生殖機能異常　　　124
生殖行動異常　　　124
生食連鎖　　　25
成層圏　　　18, 19, 65
生態系　　　24
生態的地位　　　17, 25
生体必須元素　　　7
生態ピラミッド　　　25
生物学的循環　　　27
生物群系　　　28
生物圏　　　18, 24
生物脱窒法　　　106
生物多様性　　　28, 130
生物多様性国家戦略　　　138
生物多様性条約　　　137
生物多様性のホットスポット　　　138
生物地球化学的循環　　　27
生物濃縮　　　28, 114, 119
生物量　　　25
赤外線吸収能力　　　53
石炭　　　10
石炭紀　　　16
絶滅危惧種　　　136

絶滅種　　　136
全球凍結　　　12
選択接触還元法　　　89
潜熱　　　160
総一次生産　　　26
騒音、振動の問題　　　164
騒音・振動問題　　　164
騒音問題　　　157

◆　た行　◆

ダークエネルギー　　　4
ダークマター　　　4
ダイオキシン　　　118
ダイオキシン類対策特別措置法　　　121, 168, 208
大気汚染　　　36, 157
大気汚染防止法　　　38, 206, 208
大気環境基準　　　126
大気圏　　　18
大気の鉛直循環　　　20
堆積岩　　　23
代替フロン　　　39
第二水俣病　　　94
タイムズビーチ事件　　　110
太陽系のハビタブルゾーン　　　8
太陽光　　　190
太陽光発電　　　191, 193
太陽質量　　　5
太陽放射エネルギー　　　7
対流圏　　　18, 65
対流圏オゾン　　　54
対流圏界面　　　18
大量生産・大量消費　　　166
大量絶滅　　　130
多環芳香族炭化水素　　　40
田中正造　　　38
田邊朔郎　　　101
単弓類　　　16
炭酸塩岩石　　　11, 33
淡水　　　91
淡水赤潮　　　99

単独浄化槽　　　104
チェルノブイリ　　　187
地下水位の低下　　　157
地下水汚染　　　110, 118
地下水涵養量　　　163
地球温暖化　　　43
地球温暖化 CO_2 主因説　　　47
地球温暖化現象　　　39
地球温暖化問題　　　43
地球寒冷化説　　　45
地球サミット　　　58, 137, 196
地球磁気圏　　　9
地球上の水循環　　　21
窒素　　　9
窒素酸化物　　　76
地動説　　　1
地熱　　　190
中間塩素処理　　　109
中間圏　　　19
超ウラン元素　　　7
潮間帯　　　31
長距離輸送　　　83
超新星爆発　　　5
超大陸　　　12
沈黙の春　　　119
対消滅　　　3
低硫黄重油　　　38, 79
ディーゼル車　　　89
定常宇宙論　　　2
適応放散　　　16
デトリタス　　　25
電気エネルギー　　　178
電気自動車　　　90
天動説　　　1
毒性等量　　　122
特定フロン　　　39
特別管理産業廃棄物　　　166
独立栄養生物　　　15, 25
都市型洪水　　　157
都市計画　　　157
都市ドーム　　　161

都市の気温上昇　　　157
都市の人口増加　　　157
都市プルーム　　　161
土壌　　　28
ドブソン　　　71
トリハロメタン　　　107
トリプルボトムライン　　　204

◆ な行 ◆

内核　　　22
内水氾濫　　　163
内分泌かく乱物質　　　124
名古屋議定書　　　138
南極オゾンホール　　　71
二酸化炭素　　　18, 46
二次消費者　　　25
二次生産者　　　25
日照権　　　165
ニッチ　　　25
人間環境会議　　　82
認証排出削減量　　　61
熱圏　　　19
熱帯雨林の破壊　　　131
熱帯多雨林　　　28
熱帯夜　　　159
熱帯林　　　131
熱中症　　　161
燃料電池車　　　90
農業生産工程管理　　　145
農薬　　　143
農薬取締法　　　121, 147
農用地の土壌の汚染防止等に関する法律　　　151

◆ は行 ◆

ばい煙　　　36
ばい煙規制　　　206
排煙脱硝　　　89
排煙脱硫技術　　　38
排煙脱硫装置　　　89
バイオーム　　　28

バイオスフェア　　24
バイオマス　　190
廃棄物　　165, 166
廃棄物処理法　　166, 207
廃棄物の処理及び清掃に関する法律
　　166
排出基準　　168, 206
排出権取引　　210
排出取引　　196, 209
排出量取引　　61, 210
排水基準　　95, 206
ハイテク汚染　　111
ハイブリッド車　　90
暴露量　　126
パソコンリサイクル法　　175
発がんリスク　　128
発電コスト　　191
ハッブルの法則　　2
ハロン　　74
ハワイ・マウナロア観測所　　47
反応率　　126
反粒子　　3
ピーク流量　　164
ヒートアイランド現象　　157
非意図的生成物　　123
非浸透域　　163
ビッグバン　　2, 32
ビッグバン元素合成　　3
氷河時代　　12
表層混合層　　21
氷柱　　48
表面流出　　163
品質管理　　196
風食　　134
フード・マイレージ　　155
風力　　190
風力発電　　191
腐植物質　　109
腐食連鎖　　25
フミン物質　　109
浮遊粒子状物質　　39

プルームテクトニクス　　11
プレートテクトニクス　　9, 11, 23
フロン　　64, 67
分解者　　25
閉鎖性水域　　99
ヘリウム　　2
変成岩　　23
放射性汚染物質対策特措法　　153
放射性廃棄物　　115, 167
放射能汚染対策　　152
ホモ・サピエンス　　17
ホモ属　　17
ポリ塩化ジベンゾダイオキシン　　122
ポリ塩化ジベンゾフラン　　122

◆ ま行 ◆

マグマオーシャン　　9
マテリアルリサイクル　　174
マングローブ　　31
マントル　　23
水資源の危機　　116
水の自浄作用　　98
ミトコンドリア　　16
水俣病　　94, 118
ミランコヴィッチ・サイクル　　12
無顎類　　16
無毒性量　　127
メス化　　124
メタン　　18, 46
メタンハイドレート　　195
メチル水銀　　94
モントリオール議定書　　74

◆ や行 ◆

焼畑農業　　132
有害影響の出現率　　126
有害紫外線　　18
有害大気汚染物質　　208
有害物質　　170
有機塩素化合物　　113
有機塩素系農薬　　118

有機金属化合物　　124
有機水銀化合物　　118, 124
有機スズ化合物　　124
容器包装リサイクル法　　171
葉緑体　　16
横乗せ基準　　207
四日市ぜんそく　　38, 79

◆ ら行 ◆

ライフサイクルアセスメント　　177, 196, 212
ラブキャナル事件　　110
ラムサール条約　　137
藍藻　　11
利害関係者　　197
リスク概念　　126

リスク評価　　126
リスクマネジメント　　203
リソスフェア　　23
リターナブルびん　　172
レイチェル・カーソン　　119
レッドリスト　　135
ローランド　　68, 72
ロサンゼルス型スモッグ　　37
ロンドン型スモッグ　　37
ロンドンスモッグ　　37

◆ わ行 ◆

惑星系のハビタブルゾーン　　8
ワシントン条約　　137
ワンウェイびん　　172

索　引………227

編著者・著者紹介

山田　悦（やまだ　えつ）……3、6〜9、11〜12、14 章執筆
京都工芸繊維大学　環境科学センター　教授
理学博士

山下　正和（やました　まさかず）……4〜5、13 章執筆
同志社大学　理工学部　環境システム学科　教授
工学博士

森家　章雄（もりや　ふみお）……1〜2 章執筆
兵庫県立大学　経済学部　応用経済学科　教授
理学博士

湯川　剛一郎（ゆかわ　ごういちろう）……10 章執筆
東京海洋大学　先端科学技術研究センター　教授
技術士（農業部門及び総合技術管理部門）

布施　泰朗（ふせ　やすろう）……8、11 章執筆
京都工芸繊維大学　環境科学センター　助教
博士（工学）

Ⓒ Etsu Yamada 2014

地球環境論—緑の地球と共に生きる—
2014 年 4 月 10 日　第 1 版第 1 刷発行

編著者　山　田　　　悦
発行者　田　中　久米四郎
発　行　所
株式会社　電　気　書　院
www.denkishoin.co.jp
振替口座　00190-5-18837
〒101-0051
東京都千代田区神田神保町 1-3 ミヤタビル 2F
電　話　(03) 5259-9160
Ｆ Ａ Ｘ　(03) 5259-9162

ISBN 978-4-485-30071-8　C 3040　　　亜細亜印刷株式会社
Printed in Japan

・万一，落丁・乱丁の際は，送料弊社負担にてお取り替えいたします．直接，弊社まで着払いにてお送りください．
・正誤のお問い合わせにつきましては，書名を明記の上，編集部宛に郵送・FAX（03-5259-9162）いただくか，弊社ホームページの「お問い合わせ」をご利用ください．

JCOPY　〈(社)出版者著作権管理機構　委託出版物〉
本書の無断複写（電子化含む）は著作権法上での例外を除き禁じられています．複写される場合は，そのつど事前に，(社)出版者著作権管理機構（電話：03-3513-6969，FAX：03-3513-6979，e-mail：info@jcopy.or.jp）の許諾を得てください．
また本書を代行業者等の第三者に依頼してスキャンやデジタル化することは，たとえ個人や家庭内での利用であっても一切認められません．